中国特色社会主义生态文明教育研究

蒋笃君　蒋晓龙　著

Research on Ecological Civilization Education of
Socialism with Chinese Characteristics

社会科学文献出版社
SOCIAL SCIENCES ACADEMIC PRESS (CHINA)

本书由国家社科基金一般项目"中国之治视域下社会主义生态文明教育研究"（项目编号：20BKS056；结项证书编号：20231869；鉴定等级：优秀）资助出版

前　言

"生态兴则文明兴，生态衰则文明衰。"① 党的十八大以来，以习近平同志为核心的党中央高度重视生态文明建设，将生态文明建设纳入中国特色社会主义事业"五位一体"总体布局，美丽中国建设迈出重要步伐，彰显了中国特色社会主义的强大生机活力，不断开辟中国之治新境界。教育是国之大计、党之大计。生态文明教育是推动生态文明建设、成就中国之治的奠基工程。必须把生态文明教育贯穿国民教育各个学段、覆盖国民教育全过程，聚焦"人与自然和谐共生"的发展目标，牢固树立和践行"绿水青山就是金山银山"的发展理念，确保习近平生态文明思想入耳入脑入心入行，让绿色低碳的生产生活方式成风化俗，把建设美丽中国的宏伟蓝图转化为全体人民的思想行动自觉，共同绘就美丽中国新画卷，绘就中国式现代化的生态底色。中国特色社会主义生态文明教育筑牢绿色发展的人才基础，培育生态文明建设时代新人，赋能人与自然和谐共生的中国式现代化建设。

本书主要包括八个部分。

绪论部分对中国特色社会主义生态文明教育研究进行综述。首先，叙述本书的研究缘起及研究意义；其次，梳理相关研究的学术史，明确本书的研究思路和研究方法；再次，介绍本书的主要内容和学术价值；最后，明确中国特色社会主义生态文明的视域，为走向社会主义生态文明新时代贡献学术力量。

第一章对中国特色社会主义生态文明教育进行概念阐释。首先，详细阐述新时代中国之治的时代背景、主要内容以及战略定位，为本书奠定宏观视野；其次，梳理生态文明建设的基本内涵，中国特色社会主义生态文

---

① 《习近平谈治国理政》第 3 卷，外文出版社，2020，第 374 页。

1

明建设的缘起、内涵以及意义，分析中国特色社会主义生态文明建设取得的成效以及面临的挑战；最后，明确生态文明教育的基本内涵，梳理中国特色社会主义生态文明教育的概念界定、价值意蕴、战略目标、生成逻辑，培养生态文明建设后备军。

第二章梳理中国特色社会主义生态文明教育的理论指导。首先，明确我国新时代社会主义生态文明教育的指导思想——习近平生态文明思想，从生成、成熟和完善发展三个阶段对其发展历程进行梳理和论证，明确习近平生态文明思想的产生、发展、完善过程，阐述习近平生态文明思想的主要内容；其次，梳理马克思、恩格斯、列宁、中国共产党领导人关于生态环境保护、生态文明建设、生态文明教育的重要论述，以及中华优秀传统文化中所蕴含的生态文明观点，为进一步研究中国特色社会主义生态文明教育提供理论基础。

第三章分析中国特色社会主义生态文明教育的历史与现状。首先，回顾我国生态文明教育的环境保护阶段、可持续发展教育阶段、生态文明教育阶段的发展历程，总结新时代生态文明教育的基本方略；其次，对我国生态文明教育的现状展开问卷调查，并根据问卷调查结果分析我国社会主义生态文明教育的发展现状，为后续解决问题提供出发点；再次，分析我国生态文明教育的基本特征，将其概括为教育主体多元化、教育对象差异化、教育方式多样化以及教育载体信息化等基本特征；复次，从坚持中国共产党的集中统一领导、挖掘中华传统生态文明思想、借鉴国外生态文明教育经验三个方面阐述中国特色社会主义生态文明教育的经验，指出中国特色社会主义生态文明教育发展过程中存在的人与自然发展失衡、传统粗放式发展模式、长期应试教育主导三大教训；最后，分析当前生态文明教育面临的困境，主要有教育实效有待提高、教育队伍相对薄弱、教育机制不够完善等。

第四章着手构建中国特色社会主义生态文明教育体系。首先，从家庭教育、学校教育、社会教育、党政干部培训等方面明确我国社会主义生态文明的基本模式；其次，强调我国生态文明教育的对象是全体公民，突出要贯穿大中小学教育教学全过程，延伸覆盖机关、社区、乡村、企业等；再次，明确我国社会主义生态文明教育的主要内容，包括生态意识、生态知识、生态技能、生态道德、生态法制、生态责任、生态制度等；最后，指出社会主义生态文明教育的教育队伍要加强教育培训、深化机制改革以及完善考评体系，讲好生态文明中国故事，持续深化习近平生态文明思想的大众化传播，不断满足培育生态文明建设时代新人的实践诉求。

第五章构建中国特色社会主义生态文明教育工作的体制机制。首先，构建坚持党的领导、发挥政府主导、统筹社会协同、全民共同参与的教育工作机制；然后，构建以宣传教育机制、组织管理机制、制度保障机制、监督考核机制、反馈评价机制为内容的生态文明教育运行机制，强调以"制"促"治"、以"制"促"教"、以"制"促"学"。

第六章谋划中国特色社会主义生态文明教育的推进策略。首先，明确政府主导与民间参与相结合、学校教育与社会协同相结合、集中授课与分类指导相结合、理论教学与生态实践相结合的基本原则；其次，建构融"学校—社会—家庭—干部培训"为一体的社会主义生态文明教育实施路径，形成"特色鲜明、上下衔接、内容丰富"的绿色低碳发展国民教育体系，明确各自的责任及职能；最后，基于客观需要，设计以发挥环境育人、借助信息技术、搭建实践平台为主要内容的生态文明教育创新载体，明确实践方向。

第七章研究中国特色社会主义生态文明教育的治理价值。首先，从生态文明教育对于灌输新发展理念、增强生态软实力的作用入手，强调生态文明教育对于促进新时代高质量发展的重要功能；其次，从生态文明教育主张生态优先、强调党政同责、培育生态公民三个方面指出生态文明教育促进我国生态治理体系不断完善；最后，从生态文明教育的全球视角展开研究，指出生态文明教育是全球生态文明建设的基础工程，是构建人类命运共同体的战略举措。

总之，人与自然和谐共生是人类通往未来的必由之路，本书旨在坚持以习近平新时代中国特色社会主义思想为指导，初步构建中国特色社会主义生态文明教育体制机制，期冀在一定程度上丰富新时代中国特色社会主义生态文明教育研究，全面培育高素质生态文明建设时代新人、建成人与自然和谐共生的中国式现代化，并以此抛砖引玉，将研究成果供学界交流互鉴，推动理论研究创新，同时，为教育、环境保护等部门决策提供建议和参考。

目　录

绪 论

第一节 研究缘起及研究意义

一 研究缘起

"生态兴则文明兴，生态衰则文明衰。"① 习近平总书记指出："走向生态文明新时代，建设美丽中国，是实现中华民族伟大复兴的中国梦的重要内容。"② 生态文明建设关乎国家富强、民族复兴、人民幸福，新时代生态文明建设是贯彻落实新发展理念、实现中华民族永续发展的根本大计。党的十八大以来，以习近平同志为核心的党中央高度重视生态文明建设，将生态文明建设纳入中国特色社会主义事业"五位一体"总体布局。习近平总书记明确指出："要正确处理好经济发展同生态环境保护的关系，牢固树立保护生态环境就是保护生产力、改善生态环境就是发展生产力的理念，更加自觉地推动绿色发展、循环发展、低碳发展，决不以牺牲环境为代价去换取一时的经济增长。"③ "生态文明建设是关系中华民族永续发展的根本大计。"④ 党的十九大报告指出："我们要牢固树立社会主义生态文明观，推动形成人与自然和谐发展现代化建设新格局。"⑤ 党的十九届四中

---

① 《习近平谈治国理政》第 3 卷，外文出版社，2020，第 374 页。
② 《习近平关于社会主义生态文明建设论述摘编》，中央文献出版社，2017，第 20 页。
③ 《习近平关于社会主义生态文明建设论述摘编》，中央文献出版社，2017，第 20 页。
④ 习近平：《论把握新发展阶段、贯彻新发展理念、构建新发展格局》，中央文献出版社，2021，第 246 页。
⑤ 习近平：《决胜全面建成小康社会　夺取新时代中国特色社会主义伟大胜利——在中国共产党第十九次全国代表大会上的报告》，人民出版社，2017，第 52 页。

全会指出："坚持和完善生态文明制度体系，促进人与自然和谐共生。"①
党的十九届五中全会通过的《中共中央关于制定国民经济和社会发展第十
四个五年规划和二〇三五年远景目标的建议》提出，"十四五"时期，要
"推动绿色发展，促进人与自然和谐共生"②。党的二十大报告明确指出：
"我们坚持绿水青山就是金山银山的理念，坚持山水林田湖草沙一体化保
护和系统治理，生态文明制度体系更加健全，生态环境保护发生历史性、
转折性、全局性变化，我们的祖国天更蓝、山更绿、水更清。"③ 美丽中国
建设迈出重要步伐，彰显了中国特色社会主义的强大生机活力。

工业文明的迅猛发展与科学技术的日新月异，给人类带来了前所未有的
物质财富，同时也严重破坏了生态平衡，导致环境污染、能源危机、资源耗
竭、温室效应、尘暴酸雨、森林破坏、水土流失、生物灭绝、土地沙化等生
态系统失调的问题，造成了人与人、人与自然关系的异化和日益严重的生态
危机。1866 年德国生物科学家奥古斯特·海克尔（August Haeckel）提出了
"生态"概念，深刻揭示了地球是一个相互联系、相互作用的有机整体，要
求人类放下自己的傲慢和固执、恢复对大自然的敬畏。严重的生态危机给人
们敲响了生存警钟，从而唤起了世界生态文明教育的兴起与发展。1949 年，
美国学者奥尔多·利奥波德（Aldo Leopold）发表《沙乡年鉴》，把道德关怀
的对象从人类拓展到自然，形成了"大地伦理学"，被看作理论形态的生态
文明诞生的标志。1962 年，美国生物学家蕾切尔·卡森（Rachel Carson）
的《寂静的春天》因告诫人们"人类正生活在幸福的坟墓之中"而被列入
"改变美国的书"名录。1968 年，罗马俱乐部发表了《人类处在十字路
口》《增长的极限》等研究报告，深刻阐述了生态环境的重要性以及资源
与人口之间的密切关系。1972 年，英国学者芭芭拉·沃德（Barbara Ward）
和美国学者 R. 杜博斯（R. Dubos）组织编写的《只有一个地球》（*Only
One Earth*）出版，全面阐释了全球共同面临的生态环境问题。

1992 年，在巴西召开的联合国环境与发展大会通过了《里约环境与发展

---

① 《十九大以来重要文献选编》（中），中央文献出版社，2021，第 289 页。
② 《十九大以来重要文献选编》（中），中央文献出版社，2021，第 806 页。
③ 习近平：《高举中国特色社会主义伟大旗帜　为全面建设社会主义现代化国家而团结奋
斗——在中国共产党第二十次全国代表大会上的报告》，人民出版社，2022，第 11 页。

宣言》（*Rio Declaration*），让"只有一个地球"的观念深得各国人民和政府的认可，认为全球生态系统不可逆转的破坏势必导致人类受损。1992 年 6 月，联合国通过的《21 世纪议程》（*Agenda 21*）指出，教育对促进可持续发展和提高人们解决环境和发展问题的能力至关重要。人们逐渐认识到，人类和自然界是一个相互制约、相互影响和相互作用的有机整体，明确了环境教育是面向所有人的终身教育，强调了生态文明教育在尊重与爱护自然环境中的重要作用。毋庸讳言，日益严重的生态危机助推了世界生态文明教育的发展。20 世纪震惊世界的环境污染"八大公害事件"为发达国家敲响了生态警钟，人们开始重视生态文明教育与国民生态文明素质培养。生态文明教育理论研究源于西方，国外理论研究对我国生态文明教育理论研究起到了巨大的推动作用。例如，20 世纪 70 年代，北京大学、中山大学等高校开办了生态学专业，开始注重生态文明教育专业人才培养。1998 年，清华大学启动"绿色大学示范工程"，把生态文明教育列为教学改革的重要环节。

教育是国之大计、党之大计。生态文明教育是推动生态文明建设、成就中国之治的奠基工程。必须把生态文明教育融入国民教育各个学段的全过程，推动形成绿色发展方式和生活方式，培养具有生态文明价值观和生态实践能力的建设者和接班人。习近平总书记指出："每个人都是生态环境的保护者、建设者、受益者，没有哪个人是旁观者、局外人、批评家，谁也不能只说不做、置身事外。"[①] 诚然，生态文明教育源于人类对生态危机的反思与自救，体现万物平等、天地和谐的价值取向，教育引导社会公众对大自然保持应有的尊重和敬畏，推动形成节约适度、绿色低碳、文明健康的生活方式和消费模式。要把建设生态文明转化为每一个人的自觉行动，形成全社会共同参与的良好风尚，确保生态文明教育优先发展。

二 研究意义

（一）理论意义

1. 生态文明教育理论是社会主义生态文明理论的重要组成部分

生态文明建设是新时代"五位一体"总体布局的重要组成部分，贯穿

---

① 《习近平著作选读》第 2 卷，人民出版社，2023，第 173 页。

经济、政治、文化、社会全领域各方面，是全局性、系统性工程。生态文明建设任重道远，推进生态文明建设不能"毕其功于一役"，而要久久为功，要在习近平生态文明思想指导下统筹兼顾、全面安排、突出重点、精准发力，为中国式现代化、人类命运共同体、中华民族伟大复兴贡献生态力量。生态文明教育是生态文明建设的基础性、先导性工作。在新时代研究中国特色社会主义生态文明教育，准确把握生态文明的核心要义，结合社会主义教育的发展规律，以目标导向、问题导向统揽全局，对深化中国特色社会主义生态文明理论研究具有重要意义。

2. 生态文明教育理论丰富了马克思主义人的全面发展理论

马克思主义认为，人是社会实践的主体，人既被现实社会所塑造，又在推动社会进步中实现自身发展。实现人的全面发展，是马克思主义追求的根本价值目标。生态文明建设是人类社会前进的发展方向，全社会生态文明意识的养成是生态文明建设健康发展的基础和前提，生态文明教育是培养全社会生态文明意识、提高生态文明建设能力的主要举措。人类社会的进步需要人的全面发展，人的全面发展需要科学认识自然、尊重自然、改造自然，良好的生态文明建设可以为人的全面发展提供生态环境保障，满足人的物质和精神需求。构建生态文明教育体系促进生态文明的养成，一方面可以促使人们进行世界观、人生观、价值观、伦理观的生态转换和完善，另一方面可以转变人们的习惯思维方式、生产生活方式、消费方式，从而促进人的全面发展。

3. 生态文明教育理论完善了新时代思想政治教育体系研究

新时代，随着我国经济社会从高速度增长不断转向高质量发展，针对新旧动能接续转换过程中的不和谐因素，思想政治教育是化解社会矛盾和解决社会问题的有效途径。人与自然的矛盾作为人类社会的基本矛盾之一，也是人类必须正确面对和解决的问题，在当代社会已经到了不可忽视的地步。生态文明教育是思想政治教育的重要内容，思想政治教育也是开展生态文明教育的主要渠道。通过构建完善的中国特色社会主义生态文明教育体系，能够丰富新时代我国思想政治教育内容、健全思想政治教育体系，对进一步发挥思想政治教育的政治认同、思想引导、价值引领、立德树人等功能都具有战略性意义。

（二）实践意义

1. 生态文明教育有助于提高公民生态文明素质，为成就中国之治奠定人才基础

生态就是资源，"保护生态环境就是保护生产力"①。生态文明教育是反思生态问题的必然产物，生态文明教育能够全面提高公民的生态素养和生态文明建设能力。中国特色社会主义生态文明教育要扎根中国大地、立足中国国情，推进生态文明教育进教材、进课堂、进网络、进头脑，以及进机关、进企业、进社区、进乡村、进家庭，全面提高我国生态软实力，切实提高公民参与美丽中国建设的层次与品位，为推动绿色发展、建成美丽中国、实现中国之治奠定坚实基础。

2. 生态文明教育有助于促进绿色发展，增强我国生态文明综合软实力和竞争力

"理论一经掌握群众，也会变成物质力量。"② 从其实质上来说，生态文明应当分为意识上的生态文明和物质上的生态文明。意识上的生态文明存在于人们的思想观念和法律文化中，物质上的生态文明存在于人们的生产生活和客观实在中。物质上的生态文明决定意识上的生态文明，意识上的生态文明对改造物质上的生态文明具有能动的反作用。要构建中国特色社会主义生态文明教育体系，形成"加强生态文明教育—提高公民生态素养—促进生态文明建设—成就中国之治"的闭环效应，从意识上的生态文明入手，凝聚起14亿人民建设生态文明的信心和决心，发挥人民群众在生态文明建设实践中的磅礴伟力，全面增强我国生态文明建设的软实力和国际竞争力。

3. 生态文明教育为促进我国生态文明建设、成就中国之治提供新的视角

生态文明建设功在当代、利在千秋，是中国式现代化、中华民族伟大复兴、构建人类命运共同体的基础工程。然而，统观世界环境保护与我国生态建设历程不难发现，传统生态文明建设往往把目光局限于"物的开发"，专注于生态环境的修复与保护，在人的角度大多通过立法、宣传等

---

① 《习近平关于总体国家安全观论述摘编》，中央文献出版社，2018，第179页。
② 《马克思恩格斯全集》第3卷，人民出版社，2002，第207页。

方式限制和引导人的行为，在很大程度上忽视了"心的开发"。生态文明建设关键在干、关键在人，人的生态文明意识、生态文明素养、生态文明能力是生态文明建设成败的关键所在。要对我国生态文明教育展开研究，分析生态文明教育与生态文明建设、新时代中国之治的内在联系，从中国式现代化、中华民族永续发展的视角构建中国特色社会主义生态文明教育体系，促进全体公民的生态文明观转变，充分发掘 14 亿人民的生态文明建设"内生动力"，为我国生态文明建设理论与实践提供新的视角，促进我国生态治理能力和治理水平实现新跨越，以高质量的生态之治赋能中国之治。

第二节　学术综述及研究思路和方法

一　国内外相关研究学术史梳理及研究动态

（一）国内学术史梳理及研究动态

1. 中国之治的生态制度研究

"国家治理体系与治理能力现代化"相关研究在党的十八届三中全会后逐渐凸显。党的十九届四中全会以来，中国之治成为研究热点。中国之治基于中国特色社会主义制度优势的观点已成学界共识。中国之治的最大优势是中国共产党领导的中国道路的成功，富含中国特色。① 中国之治是党的十九大以来以理论回应中国治理实践的最新成果，彰显中国特色。② 中国式现代化是国家治理体系与治理能力现代化的"中国之治"的鲜明特征。③ "生态制度"研究倍受学者关注。一是制度的重要性。强调实行生态

① 这方面的主要研究成果参见辛鸣《中国之治的制度逻辑》，《理论导报》2018 年第 11 期；张新平、刘栋《"世界之乱"与中国之治的原因探析及启示》，《思想理论教育导刊》2018 年第 10 期；邓亦林等《论中国之治的历史逻辑、理论逻辑和实践逻辑》，《新疆师范大学学报》（哲学社会科学版）2020 年第 2 期。

② 这方面的主要研究成果参见叶娟丽、范晨岩《中国之治概念考》，《探索》2020 年第 1 期；刘伟、周锦丽《新时代中国之治的战略思维：理论内涵与实践启示》，《社会主义研究》2022 年第 2 期。

③ 冀祥德：《中国式现代化是国家治理模式的"中国之治"》，《人民司法》2022 年第 34 期。

文明建设问责制①，认为坚持和完善生态文明制度必将推动我国生态文明建设发生根本性、全局性的深刻变革。② 二是制度运行问题。我国对生态环境保护已逐渐形成社会共识，但生态文明理念的践行度较低，在实践中难以形成集体行动。③

2. 我国生态文明教育学术史研究

钱易教授开启"生态环境保护"的生态文明教育，研究呈现"生态环境危机→生态文明建设→生态文明教育"的脉络。生态危机呼唤生态文明教育。生态文明教育源于人类对生态危机的反思与自救，教育引导社会公众对大自然保持应有的尊重和敬畏。④ 绿色发展理念主要是解决人与自然和谐共生问题，全球生态危机呼唤具有独特生态智慧的儒家生态伦理学出场。⑤

生态文明教育体现万物平等、天地和谐的价值取向⑥，是生态文明建设的现实需要⑦，是规避人类生存灾难的救世良药，也是实现中国梦的重要路径。⑧ 通过生态文明教育普及生态意识、生态道德、生态法治等，有助于推动习近平生态文明思想深入人心。⑨

---

① 这方面的主要研究成果参见李嵩誉《生态优先理念下的环境法治体系完善》，《中州学刊》2017 年第 4 期；马丽、尧凡《党政领导干部环境责任追究的机制演变与逻辑阐释——兼论政党对公共行政的调节》，《当代世界与社会主义》2021 年第 2 期。

② 这方面的主要研究成果参见黄承梁《走进社会主义生态文明新时代》，《红旗文稿》2018 年第 3 期；杜昌建《习近平生态文明思想研究述评》，《北京交通大学学报》（社会科学版）2018 年第 1 期。

③ 这方面的主要研究成果参见顾钰民《论生态文明制度建设》，《福建论坛》（人文社会科学版）2013 年第 6 期；郇庆治《论我国生态文明建设中的制度创新》，《学习论坛》2013 年第 8 期。

④ 这方面的主要研究成果参见邢永富《世界教育的生态化趋势与中国教育的战略选择》，《北京师范大学学报》（社会科学版）1997 年第 4 期；温远光《世界生态教育趋势与中国生态教育理念》，《高教论坛》2004 年第 2 期；孙芙蓉《健康课堂生态系统研究刍论》，《教育研究》2012 年第 12 期。

⑤ 这方面的主要研究成果参见余卫国《儒家生态伦理思想的核心价值和出场路径》，《西南民族大学学报》（人文社会科学版）2014 年第 2 期；杜昌建《我国生态文明教育存在的问题及其原因》，《中学政治教学参考》2016 年第 12 期。

⑥ 杜昌建：《论构建我国生态文明教育机制的三个维度》，《沈阳师范大学学报》（社会科学版）2018 年第 5 期。

⑦ 万俊人等：《生态文明与"美丽中国"笔谈》，《中国社会科学》2013 年第 5 期。

⑧ 王宁：《传统生态文明与当代教育的价值选择》，《东北师范大学学报》（哲学社会科学版）2015 年第 4 期。

⑨ 李大健：《夯实少数民族地区建设生态文明的思想基础》，《新疆大学学报》（哲学·人文社会科学版）2018 年第 2 期。

公民生态文明素质决定着生态文明建设进程，生态文明教育在生态文明建设中发挥着基础性作用，确保生态文明教育优先发展。[①] 加强生态文明教育实现可持续发展，可以促进美丽中国建设。

3. 我国生态文明教育现状研究

（1）教育对象。目前存在几种倾向，大学生生态文明教育是主流，还涉及社会各阶层、中小学，强调对社会公众宣传灌输生态环境保护思想。[②]

（2）课程体系。生态文明教育处于国民教育边缘，亟须建构多维度、有中国特色的生态文明教育课程与理论体系。[③]

（3）制度建设。我国生态文明教育缺乏政策、法规、机制等配套措施保障，严明的生态文明教育、生态治理制度有助于从根本上转变人类活动方式。[④]

（二）国外学术史梳理及研究动态

1. 国外生态文明教育研究

《联合国人类环境宣言》（1972 年）是全球生态文明教育的发端。《贝尔格莱德宪章》（1975 年）、《第比利斯宣言》（1977 年）是生态文明教育的纲领性文件。国外学者认为，公民个体发展受所在生态系统的交互影响，建议政府注重培育生态公民，否则人类必将毁灭。[⑤] 生态文明教育让"只有一个地球"观念深得世人认可，在生态学基础上拓展形成了生态伦

---

① 这方面的主要研究成果参见刘振清《美丽中国视域下大学生生态文明教育探析》，《黑龙江高教研究》2014 年第 9 期；李龙强《公民环境治理主体意识的培育和提升》，《中国特色社会主义研究》2017 年第 4 期。

② 这方面的主要研究成果参见余谋昌《论生态安全的概念及其主要特点》，《清华大学学报》（哲学社会科学版）2004 年第 2 期；沈国明、刘华《地方法制化建设和地方立法》，《毛泽东邓小平理论研究》2005 年第 4 期；陈艳《论高校生态文明教育》，《思想理论教育导刊》2013 年第 4 期；高勇、吴莹《"强国"与"新民"中国情境中的国家 – 社会议题》，《甘肃行政学院学报》2014 年第 1 期。

③ 这方面的主要研究成果参见孙芬、曹杰《论中国生态制度建设的现实必要性和基本思路》，《学习与探索》2011 年第 6 期；于江丽《生态教育：学校教育新使命》，《思想政治课教学》2017 年第 11 期。

④ 陆雪飞、潘加军：《澄明与辨正：生态文明自然观的理论出场》，《学术论坛》2017 年第 4 期。

⑤ 这方面的主要研究成果参见 Bronfenbrenner, U. , *The Ecology of Human Development: Experiences by Nature and Design*（Harvard University Press, 1979）；大卫·雷·格里芬《后现代精神》，王成兵译，中央编译出版社，1998。

理学、生态经济学、生态政治学等方面的研究成果。①

2. "生态重建"理论研究

美国学者奥尔多·利奥波德《沙乡年鉴》被认为是生态文明理论层面诞生的标志。② 美国学者蕾切尔·卡森《寂静的春天》引起了广泛的社会讨论，是人类生态环境保护意识觉醒的重要标志。国外学者指出，为了实现人类自身可持续发展，人类活动应与生态系统需求保持平衡；并在对现代化批判基础上提出了"生态重建"理论，强调沿着生态路线重建社会整体。③

3. 生态危机制度批判研究

加拿大学者指出，生态危机的根源在于资本主义制度"控制自然"及社会异化的消费观念，揭示了资本主义制度反自然、反生态的本质，主张对资本主义制度进行根本性变革。④ 法国学者认为，资本主义生产无限扩张导致全球生态失衡与各种灾难性后果，必须通过改变资本主义经济社会结构来优化生态治理。⑤

（三）国内外研究述评

综观国内外研究成果，虽然社会主义生态文明教育问题已引起了学术界广泛关注，国外相关研究也为本课题研究提供了一定启示，但已有成果尚存不足。

1. 社会主义生态文明教育研究尚未提升到中国之治的战略高度

中国特色社会主义进入新时代，生态文明建设也进入新时代。新时代

---

① 这方面的主要研究成果参见本·阿格尔《西方马克思主义概论》，慎之等译，中国人民大学出版社，1991；丹尼尔·A. 科尔曼《生态政治：建设一个绿色社会》，梅俊杰译，上海译文出版社，2006；克莱夫·庞廷《绿色世界史：环境与伟大文明的衰落》，王毅译，中国政法大学出版社，2015；塞尔日·莫斯科维奇《还自然之魅：对生态运动的思考》，庄晨燕等译，上海三联书店，2005。

② 奥尔多·利奥波德：《沙乡年鉴》，侯文蕙译，商务印书馆，2017。

③ 这方面的主要研究成果参见迈克·波特、诺曼·迈尔斯《最终的安全：政治稳定的环境基础》，王正平、金辉译，上海译文出版社，2001；安德烈·克莱威尔、詹姆斯·阿伦森《生态修复——新兴行业的原则、价值和结构》，姜芊孜等译，中国城市出版社，2022；理查德·瑞吉斯特《生态城市：重建与自然平衡的城市》，王如松、于占杰译，社会科学文献出版社，2010。

④ 威廉·莱易斯：《自然的控制》，岳长岭、李建华译，重庆出版社，2007。

⑤ Löwy Michael, *Ecosocialism*：*A Radical Alternative to Capitalist Catastrophe*（Chicago：Haymarket Books，2015）。

生态文明教育至关重要，需要全社会各行各业参与。现有研究普遍认识到生态文明教育对社会主义生态文明建设、美丽中国建设的重要性，但鲜有把生态文明教育作为促进人民群众对我国生态治理制度认同的重要抓手、推进生态文明建设的基础工程以及从新时代中国之治战略高度展开研究的成果，相关研究需要提高维度、扩展视野。

2. 社会主义生态文明教育现状研究的科学性、系统性需要建构

全方位、立体化、多层次将生态文明教育融入学校、社会、家庭、干部培训等，培养对我国根本制度、基本制度、重要制度高度认同和自信的生态文明建设的积极参与者、贡献者，对建设社会主义生态文明、提升中国之治效能、以中国式现代化推进中华民族伟大复兴具有重要意义。已有研究尚未认识到生态制度教育内容及教育体系建构的重要性，在相关教育模式、政策法规、体制机制等方面的研究存在笼统化、碎片化现象，研究的科学性、系统性需要建构。

3. 基于比较的社会主义生态文明建设制度优势方面的研究罕见

中国特色社会主义的制度优势体现在我国经济社会发展的方方面面，中国特色社会主义生态文明建设、生态文明教育是制度优势的生动体现。已有研究关注到了生态文明教育的重要性，总体上注重生态价值观教育、可持续发展教育理念和生态公民培养，也有制度批判的视角，但很少有研究成果关注到国外社会制度缺陷导致的"生态重建"理论难以付诸实践，论述其"顶层设计、生态制度、治理成效"的欠缺。

本书认为，人的生态文明素养培育是社会主义生态文明教育的重要内容，是国家治理体系与治理能力现代化的基础，是提升中国之治的关键"硬核"。社会主义生态文明教育有助于提升生态文明建设的制度认同，实现人的发展与生态优化的同构，确保人的充分发展与生态系统改善方面的高度自觉，促进生态文明建设更加出彩，进而提升中国之治的效能。

二 研究思路和研究方法

（一）研究的基本思路

首先，梳理新时代中国之治、生态文明建设、生态文明教育的相关内涵，剖析我国生态文明建设、生态文明教育的发展历程与现实状况，通过

实证调查剖析我国生态文明教育存在的问题、困境及经验教训。

然后，以马克思主义经典作家生态文明思想特别是习近平生态文明思想为指导，借鉴国外生态文明教育理论研究与实践成果，立足我国国情，构建"三位一体"的社会主义生态文明教育理论框架与实践模式，研究"生态文明教育⟷生态文明建设⟷中国之治"的逻辑辩证关系与内生动力机制。

最后，在现有研究基础上，探讨中国特色社会主义生态文明教育同中国之治制度优势的内在联系，通过研究形成"加强生态文明教育⟷提高公民生态文明素养⟷促进生态文明建设⟷提升中国之治效能"的闭环效应，更好地赋能中国之治。

（二）具体研究方法

1. 调查研究法

"没有调查，就没有发言权，更没有决策权。"① 生态文明建设、生态文明教育开展得好不好，关键在于人民群众生态文明意识高不高、美丽中国建设的实际效果好不好。作者针对公民生态文明素养、生态文明教育等内容，科学设计调查问卷，面向我国各地方具有代表性的城市及周边地区展开问卷调查、随机访谈、实地走访、专家咨询，为全面剖析我国公民生态文明素养、生态文明教育等获取一手研究资料，为分析问题背后原因、提出解决路径提供客观依据。

2. 文献研究法

如何处理人与自然的关系是人类社会必须面对的问题，中外学者对生态文明、环境保护展开探讨和研究，提出了一系列涉及生态哲学、生态伦理、生态社会、生态文化、生态治理等主题的论述。作者利用图书馆、中国知网等数字化资源平台，深入分析中华优秀传统生态文化的生态智慧，马克思、恩格斯、列宁、毛泽东等的相关论述，特别是习近平生态文明思想的相关研究著作，查阅国外关于生态环境保护、生态环境教育的相关著作，阅读国内外学者关于生态文明建设、生态文明教育的相关研究成果，力求全面、精准、深入地掌握相关研究资料，从海量文献中为研究新时代我国生态文明建设、中国特色社会主义生态文明教育、中国之治等寻找理论支持。

---

① 《习近平关于全面建成小康社会论述摘编》，中央文献出版社，2016，第191页。

3. 案例研究法

首先，发达国家工业化起步早，率先走上了"先污染、后治理"的道路，导致生态危机日渐严重，在反思中开启了生态文明教育，其在生态环境保护与生态文明教育方面取得了一些成功经验，具有一定的借鉴价值；其次，中国古代社会秉持"天人合一"理念，是中华文明5000年存续发展的重要原因，是当代中国生态文明教育的重要依据。作者通过走访相关博物馆、图书馆，研究整理我国传统文化中有关生态环境保护的典型案例，挖掘我国优秀传统生态文明教育资源。同时，查阅和研究美国、日本、英国、新加坡、俄罗斯等国家在生态文明教育、生态治理方面的成功案例，做到洋为中用、古为今用，力求取其精华、去其糟粕，为中国特色社会主义生态文明教育提供宝贵经验。

4. 交叉研究法

生态文明教育涉及经济学、政治学、法学、社会学、哲学、伦理学等各个领域。生态文明教育旨在通过对全体社会成员展开有针对性的生态知识教育、生态道德教育、生态行为教育以及生态法制教育等，提升公民的生态文明素养。本书从中国之治的视角展开，对中国特色社会主义生态文明教育的现状、困境、问题展开分析，从相关学科知识的交叉视角探讨我国生态文明教育之应为与可为，基于不同人群的不同状况、不同需求，有针对性地研究设计中国特色社会主义生态文明教育理论框架、构建中国特色社会主义生态文明教育体制机制，建立健全"生态文明教育←→生态文明建设←→中国之治"融通互动机制。

第三节　本书的主要内容

本书主要从七个方面进行研究。

第一章对中国之治视域下的中国特色社会主义生态文明教育进行概念阐释。首先，详细阐述新时代中国之治的时代背景、主要内容以及战略定位，为本研究奠定宏观视野；其次，梳理生态文明建设的基本内涵，分析中国特色社会主义生态文明建设的缘起、内涵以及意义，分析中国特色社会主义生态文明建设取得的成效以及面临的挑战；最后，明确生态文明教育的基本内涵，梳理中国特色社会主义生态文明教育的概念界定、价值意蕴、战略目标、生成逻辑，明确本研究的理论视野。

第二章梳理中国特色社会主义生态文明教育的理论渊源。首先，从生成、成熟和完善发展三个阶段，对习近平生态文明思想进行理论分析，明确习近平生态文明思想的产生、发展、完善过程，阐述习近平生态文明思想的主要内容；其次，梳理马克思、恩格斯、列宁、中华优秀传统文化、中国共产党历届主要领导人关于生态环境保护、生态文明建设、生态文明教育的重要论述，为进一步研究中国特色社会主义生态文明教育奠定理论基础。

第三章分析中国特色社会主义生态文明教育的历史与现状。首先，回顾我国生态文明教育的环境保护阶段、可持续发展教育阶段、生态文明教育阶段的发展历程，总结新时代生态文明教育的基本方略；其次，对我国生态文明教育的现状展开问卷调查，并根据问卷调查结果分析我国社会主义生态文明教育存在的问题，为后续解决问题提供出发点；再次，分析指出我国生态文明教育主体多元化、教育对象差异化、教育方式多样化以及教育载体信息化等基本特征；复次，从坚持中国共产党的集中统一领导、挖掘传统生态文明思想、借鉴国外生态文明教育经验三个方面阐述中国特色社会主义生态文明教育的经验，指出中国特色社会主义生态文明教育发展过程中存在人与自然发展失衡、传统粗放式发展模式、长期应试教育主导三大教训；最后，分析指出当前生态文明教育面临的困境主要是教育实效有待提高、教育队伍相对薄弱、教育机制不够完善。

第四章着手构建中国特色社会主义生态文明教育体系。首先，从家庭教育、学校教育、社会教育、党政干部培训等方面明确我国社会主义生态文明的基本模式；其次，强调我国生态文明教育的对象是全体公民，纵向突出要贯穿大中小学教育教学全过程，延伸覆盖到机关、社区、乡村、企业等；再次，明确我国社会主义生态文明教育的主要内容包括生态意识、生态知识、生态技能、生态道德、生态法制、生态责任、生态制度等，目的是全面提高公民生态文明素质，增强我国生态软实力；最后，强调社会主义生态文明教育队伍建设要加强教育培训、深化机制改革以及完善考评体系。

第五章构建中国特色社会主义生态文明教育工作机制及运行机制。首先，构建坚持党的领导、发挥政府主导、统筹社会协同、全民共同参与的教育工作机制；然后，构建以宣传教育机制、组织管理机制、制度保障机制、监督考核机制、反馈评价机制为内容的生态文明教育运行机制，强调以"制"促"治"、以"制"促"教"、以"制"促"学"。

第六章谋划中国特色社会主义生态文明教育的推进策略。首先，明确政府主导与民间参与相结合、学校教育与社会协同相结合、集中授课与分类指导相结合、理论教学与生态实践相结合的基本原则；其次，建构融"学校—社会—家庭—干部培训"为一体的社会主义生态文明教育实施路径，明确各自的责任及重要作用；最后，基于客观需要，提出以发挥环境育人、借助信息技术、搭建实践平台为主要内容的生态文明教育创新载体，明确实践方向。

第七章研究中国特色社会主义生态文明教育的治理价值。首先，从生态文明教育对于灌输新发展理念、增强生态软实力的作用入手，强调生态文明教育可以为新时代高质量发展提供助力；其次，从生态文明教育主张生态优先、强调党政同责、培育生态公民三个方面指出生态文明教育有助于促进我国生态治理体系不断完善，指出生态文明教育的重要性；最后，从生态文明教育的全球视角展开，指出生态文明教育是全球生态文明建设的基础工程，是构建人类命运共同体的战略举措。

第四节　本书的重要价值

一　学术价值

一是系统梳理了新时代中国之治、中国特色社会主义生态文明建设、中国特色社会主义生态文明教育的内涵、进程、意义，分析了三者之间的内在联系，明确了生态文明教育的重要性与紧迫性，有助于丰富中国之治、中国特色社会主义、新时代生态文明建设理论研究。二是研究梳理了中国特色社会主义生态文明教育的指导思想，阐述了生态文明教育古今中外的理论基础，分析了我国生态文明教育的经验教训，在一定程度上深化了我国生态文明理论与实践的研究。三是本书着眼于实现中国式现代化、中华民族伟大复兴的战略任务，将中国特色社会主义生态文明教育置于中国之治的宏大视角，赋予了中国特色社会主义生态文明教育丰富内涵与重要意蕴。

二　应用价值

一是基于文献梳理、实证调查，研究分析得出中国特色社会主义生态文明教育的基本特征、客观现状与经验教训，深化了对中国特色社会主义生态文明教育发展状况的客观认识，可以为教育行政管理部门制定生态文明教育相关政策提供参考。二是建构家庭—学校—社会—干部培训“四位一体”的中国特色社会主义生态文明教育体系、工作体制与运行机制，有助于为新时代加强和改进中国特色社会主义生态文明教育明确实践方向与改革路径。三是在中国之治视角下分析中国特色社会主义生态文明教育、生态文明建设，强化了三者之间的内在联系，有助于实现“生态文明教育←→公民生态文明素养←→生态文明建设←→中国之治”的融通互动，教育引导全体公民坚定不移走生产发展、生活富裕、生态良好的文明发展道路。在中国式现代化建设新征程上，坚持生态优先、绿色发展，坚决守住生态环境底线，全面推动经济社会实现绿色转型高质量发展，协同推进降碳、减污、扩绿、增长，创造条件加快能耗“双控”转向碳排放“双控”，持续深入打好蓝天、碧水、净土保卫战，建设美丽中国，实现人与自然的和谐共生，成就中国之治。

第五节　中国特色社会主义生态文明教育的视域

一　中国特色社会主义进入新时代——生态文明教育的基本视域

（一）新时代是我国发展新的历史方位

习近平总书记在党的十九大报告中指出：“经过长期努力，中国特色社会主义进入了新时代，这是我国发展新的历史方位。”[①] 这一重大判断具有十分深刻的意义。这个新时代，是承前启后、继往开来、在新的历史条

---

① 习近平：《决胜全面建成小康社会　夺取新时代中国特色社会主义伟大胜利——在中国共产党第十九次全国代表大会上的报告》，人民出版社，2017，第10页。

件下继续夺取中国特色社会主义伟大胜利的时代。

1. 中国特色社会主义进入新时代是党团结带领人民长期奋斗的结果

党的十一届三中全会作出以经济建设为中心、进行改革开放的伟大决策。"改革开放之初，我们党发出了走自己的路、建设中国特色社会主义的伟大号召。从那时以来，我们党团结带领全国各族人民不懈奋斗……中华民族正以崭新姿态屹立于世界的东方。"① 党的十八大以来，在以习近平同志为核心的党中央坚强领导下，全党全国各族人民共同奋斗，推动党和国家事业取得历史性成就、发生历史性变革。从党的十八大到十九大，5年的成就是全方位的、开创性的，变革是深层次的、根本性的，是党团结带领人民长期奋斗的结果，是党的十九大作出中国特色社会主义进入新时代重大判断的实践基础和现实依据。

2. 中国特色社会主义进入新时代的重大意义

中国特色社会主义进入新时代在中华人民共和国发展史上、中华民族发展史上具有重大意义，在世界社会主义发展史上、人类社会发展史上也具有重大意义。"中国特色社会主义进入新时代，意味着近代以来久经磨难的中华民族迎来了从站起来、富起来到强起来的伟大飞跃，迎来了实现中华民族伟大复兴的光明前景；意味着科学社会主义在二十一世纪的中国焕发出强大生机活力，在世界上高高举起了中国特色社会主义伟大旗帜；意味着中国特色社会主义道路、理论、制度、文化不断发展，拓展了发展中国家走向现代化的途径，给世界上那些既希望加快发展又希望保持自身独立性的国家和民族提供了全新选择，为解决人类问题贡献了中国智慧和中国方案。"② 这"三个意味着"既深刻阐明了中华民族从苦难走向辉煌、实现伟大复兴的奋斗历程和历史大势，又深刻地揭示了中国特色社会主义的世界意义，进一步坚定了我们坚持和发展中国特色社会主义的信心和决心。

3. 中国特色社会主义新时代是生态文明教育的基本视域

中国特色社会主义进入新时代，总体布局是经济建设、政治建设、文化建设、社会建设、生态文明建设"五位一体"，同时要求"把生态文明

---

① 《习近平著作选读》第 2 卷，人民出版社，2023，第 8 页。
② 习近平：《决胜全面建成小康社会　夺取新时代中国特色社会主义伟大胜利——在中国共产党第十九次全国代表大会上的报告》，人民出版社，2017，第 10 页。

建设放在突出地位，融入经济建设、政治建设、文化建设、社会建设各方面和全过程"①。生态文明建设在新时代被提升到了前所未有的战略高度，新时代也赋予了生态文明建设不同寻常的战略意义。新时代生态文明建设，突破了传统意义上的环境保护，而是要建立起生产发展、生活富裕、生态良好的美丽中国，需要全社会、全体人民共同努力。生态文明教育是生态文明建设的基础性、先导性工作，起着培育人民生态素养、培养各行各业从业者生态能力、培植全社会生态文化的重要作用，中国特色社会主义新时代是中国特色生态文明教育的基本视域。

（二）新时代我国社会主要矛盾发生转化

变革是观察时代发展的标尺，一个新时代的到来必定伴随一场广泛、深刻的变革。正确认识和把握我国在不同发展阶段的社会主要矛盾，是科学判明发展形势、正确制定大政方针的重要前提，事关党和国家事业发展全局。"中国特色社会主义进入新时代，我国社会主要矛盾已经转化为人民日益增长的美好生活需要和不平衡不充分的发展之间的矛盾。"② 党的十九大对我国社会主要矛盾发生历史性变化的重大政治论断，深刻揭示了我国经济社会发展的阶段性特征，为我们准确把握新时代的发展新要求提供了重要依据和实践遵循。

1. 社会主要矛盾的转化体现着中国特色社会主义进入新时代的时代特征

经过改革开放 40 多年的快速发展，我国已经顺利实现第一个百年奋斗目标，全面建成了小康社会，正向着全面建成社会主义现代化强国稳步迈进。全面建成社会主义现代化强国，核心是"社会主义"，中心是"全面"，内涵是"现代化"，目标是"强国"。不平衡不充分的发展，不是"社会主义"的题中应有之义，社会生产力发展不平衡不充分成为制约我国经济进一步发展、建成社会主义现代化强国的主要因素，解决不平衡不充分发展的问题是新时代的重要使命。

2. 社会主要矛盾的转化体现着中国特色社会主义进入新时代的目标导向

中国特色社会主义进入新时代，社会发展进入新的台阶，人民对美好

---

① 《全面建成小康社会重要文献选编》（上），人民出版社、新华出版社，2022，第 676 页。
② 习近平：《决胜全面建成小康社会　夺取新时代中国特色社会主义伟大胜利——在中国共产党第十九次全国代表大会上的报告》，人民出版社，2017，第 11 页。

生活的需要日益广泛，在物质生活上提出了更高的要求，需求从"有没有"向"好不好"转变；在政治生活上对民主、法治、公平、正义等方面的要求进一步增长，赋予了新的时代内涵；在文化生活上不断向更高层次发展，在数量上和质量上都提出了更高要求；在社会生活上要求更稳定的工作、更满意的收入、更可靠的社会保障、更高水平的医疗卫生服务、更舒适的居住条件；在生态生活上要求更加美好的生活环境，蓝天、白云、绿水、青山、净土。"人民对美好生活的向往，就是我们的奋斗目标"[①]，解决人民群众对美好生活的需要是新时代发展的目标导向。

3. 社会主要矛盾的转化体现着中国特色社会主义进入新时代的前进方向

从"物质文化需要"到"美好生活需要"，从解决"落后的社会生产"问题到解决"不平衡不充分的发展"问题，我国社会主要矛盾的变化是关系全局的历史性变化，对党和国家工作提出了许多新要求。"要认识新矛盾、顺应新形势、展现新作为，紧紧围绕解决发展不平衡不充分问题，贯彻新发展理念，深化供给侧结构性改革，实现更有质量和效益的发展；发展社会主义民主政治，用制度体系保证人民当家作主；推动法治建设，促进社会公平正义；推动社会主义文化繁荣兴盛，更好满足人民精神文化生活需要；提高保障和改善民生水平，打赢脱贫攻坚战，多谋民生之利，多解民生之忧；加强和创新社会治理，确保人民安居乐业；建设生态文明，推动形成人与自然和谐发展现代化建设新格局。"[②]

4. 社会主要矛盾的转化进一步要求高质量生态文明教育

生态文明是人类文明发展的一个新的阶段，是继农业文明、工业文明之后的人类文明新形态。一方面，满足人民群众的美好生活需要与解决发展不平衡不充分的问题需要高质量生态文明建设。生态文明不仅意味着美好的生活环境，更意味着经济、政治、文化、社会的生态升级以及整个社会生活的生态转型，代表着人民对美好生活的向往，推进生态文明建设是满足人民群众对美好生活向往的题中应有之义。另一方面，推进生态文明

---

① 习近平：《论把握新发展阶段、贯彻新发展理念、构建新发展格局》，中央文献出版社，2021，第21页。

② 《深刻认识主要矛盾的历史性变化——四论学习贯彻党的十九大精神》，新华网，http://www.xinhuanet.com//politics/2017-10/29/c_1121872747.htm.

建设是解决发展不平衡不充分问题的有力抓手。高质量进行生态文明建设，有助于推动产业升级，缩小城乡差距、东西差距，让"绿水青山"与"金山银山"相得益彰。生态文明教育是生态文明建设的先导性、基础性工作，能够启发人民群众对美好生活的生态向往，促使人们以生态文明为目标进行生产生活生态转型。

二　中国之治——生态文明教育的核心视域

（一）迈向中国之治的根本保证——中国特色社会主义制度

中国特色社会主义制度包括人民代表大会制度的根本政治制度；中国共产党领导的多党合作和政治协商制度、民族区域自治制度以及基层群众自治制度等基本政治制度；中国特色社会主义法律体系；以公有制为主体，多种所有制经济共同发展，以按劳分配为主体，多种分配方式并存的社会主义市场经济体制的基本经济制度；以及建立在这些制度基础上的经济体制、政治体制、文化体制、社会体制等各项具体制度。

中国特色社会主义制度是党和人民在长期实践探索中形成的科学制度体系，是科学社会主义的理论逻辑与中国社会发展历史逻辑的辩证统一，是历史和人民的必然选择。我国国家治理的一切工作和活动都是依照中国特色社会主义制度展开的。新中国成立70多年来，我们党领导人民创造了世所罕见的经济发展奇迹和政治稳定奇迹，团结带领全国各族人民迎来了从站起来、富起来到强起来的伟大飞跃。"实践证明，中国特色社会主义制度和国家治理体系是以马克思主义为指导、植根中国大地、具有深厚中华文化根基、深得人民拥护的制度和治理体系，是具有强大生命力和巨大优越性的制度和治理体系，是能够持续推动拥有近十四亿人口大国进步和发展、确保拥有五千多年文明史的中华民族实现'两个一百年'奋斗目标进而实现伟大复兴的制度和治理体系。"[1]

（二）迈向中国之治的制度密码——中国特色社会主义制度十三个方面显著优势

党的十九届四中全会《决定》全面总结出我国国家制度和国家治理体

---

[1]　《全面建成小康社会重要文献选编》（下），人民出版社、新华出版社，2022，第1127页。

系 13 个方面的显著优势：

> 坚持党的集中统一领导，坚持党的科学理论，保持政治稳定，确保国家始终沿着社会主义方向前进的显著优势；坚持人民当家作主，发展人民民主，密切联系群众，紧紧依靠人民推动国家发展的显著优势；坚持全面依法治国，建设社会主义法治国家，切实保障社会公平正义和人民权利的显著优势；坚持全国一盘棋，调动各方面积极性，集中力量办大事的显著优势；坚持各民族一律平等，铸牢中华民族共同体意识，实现共同团结奋斗、共同繁荣发展的显著优势；坚持公有制为主体、多种所有制经济共同发展和按劳分配为主体、多种分配方式并存，把社会主义制度和市场经济有机结合起来，不断解放和发展社会生产力的显著优势；坚持共同的理想信念、价值理念、道德观念，弘扬中华优秀传统文化、革命文化、社会主义先进文化，促进全体人民在思想上精神上紧紧团结在一起的显著优势；坚持以人民为中心的发展思想，不断保障和改善民生、增进人民福祉，走共同富裕道路的显著优势；坚持改革创新、与时俱进，善于自我完善、自我发展，使社会始终充满生机活力的显著优势；坚持德才兼备、选贤任能，聚天下英才而用之，培养造就更多更优秀人才的显著优势；坚持党指挥枪，确保人民军队绝对忠诚于党和人民，有力保障国家主权、安全、发展利益的显著优势；坚持"一国两制"，保持香港、澳门长期繁荣稳定，促进祖国和平统一的显著优势；坚持独立自主和对外开放相统一，积极参与全球治理，为构建人类命运共同体不断作出贡献的显著优势。①

这 13 个方面的显著优势全面反映了我们党在长期治理实践中取得的成功经验，深刻揭示了中国发展奇迹背后的制度原因和制度优势，系统回答了"中国特色社会主义为什么好"的重大问题，是中国之治的制度密码，为坚定中国特色社会主义道路自信、理论自信、制度自信、文化自信提供了基本依据。

---

① 《十九大以来重要文献选编》（中），中央文献出版社，2021，第 270～271 页。

（三）实现中国之治的发展目标——坚持和完善中国特色社会主义制度、推进国家治理体系和治理能力现代化

制度稳，则国家稳；制度强，则国家强。制度优势是一个国家最大的优势，制度竞争是国家之间最根本的竞争。"当今世界正经历百年未有之大变局，我国正处于实现中华民族伟大复兴关键时期。顺应时代潮流，适应我国社会主要矛盾变化，统揽伟大斗争、伟大工程、伟大事业、伟大梦想，不断满足人民对美好生活新期待，战胜前进道路上的各种风险挑战，必须在坚持和完善中国特色社会主义制度、推进国家治理体系和治理能力现代化上下更大功夫。"① 中国特色社会主义制度不是一成不变的，国家治理体系和治理能力要随着时代发展和历史任务变化而不断调整适应。

党的十九届四中全会谋划了坚持和完善中国特色社会主义制度、推进国家治理体系和治理能力现代化的总体目标和前进方向，强调"到我们党成立一百年时，在各方面制度更加成熟更加定型上取得明显成效；到二〇三五年，各方面制度更加完善，基本实现国家治理体系和治理能力现代化；到新中国成立一百年时，全面实现国家治理体系和治理能力现代化，使中国特色社会主义制度更加巩固、优越性充分展现"②，进一步在坚持和完善党的领导制度体系、人民当家作主制度体系、中国特色社会主义法治体系、中国特色社会主义行政体制、社会主义基本经济制度、繁荣发展社会主义先进文化的制度、统筹城乡的民生保障制度、共建共治共享的社会治理制度、生态文明制度体系、党对人民军队的绝对领导制度、"一国两制"制度体系、独立自主的和平外交政策、党和国家监督体系 13 个方面就坚持和完善支撑中国特色社会主义制度的根本制度、基本制度、重要制度作出总体部署，以确保到 21 世纪中叶全面实现国家治理体系和治理能力现代化，使中国特色社会主义制度更加巩固、优越性充分展现。

（四）实现中国之治的重要环节——推进生态文明建设开展生态文明教育

中国特色社会主义新时代"五位一体"的总体布局要求把生态文明建设

---

① 《十九大以来重要文献选编》（中），中央文献出版社，2021，第 271 页。
② 《十九大以来重要文献选编》（中），中央文献出版社，2021，第 272 页。

放在突出地位，融入经济建设、政治建设、文化建设、社会建设各方面和全过程，对于实现中国之治具有重要意义。一方面，开展生态文明建设需要建构生态文明制度体系，生态文明制度体系的构建是中国特色社会主义制度、国家治理体系和治理能力的重要组成部分，是实现中国之治的重要组成部分；另一方面，生态文明建设融入"五位一体"各方面和全过程，意味着在经济、政治、文化、社会各方面体系的生态重构，是实现中国之治的有力抓手。推进生态文明建设离不开生态文明教育。通过生态文明教育提升人民群众的生态文明素养，推进社会生活各方面、全过程的生态升级，引导全体人民在实践中深刻理解、充分坚持、不断完善中国特色社会主义制度，深入参与国家治理体系和治理能力现代化建设，是实现中国之治的重要环节。

三 人与自然和谐共生——生态文明教育的内涵视域

人与自然和谐共生，是社会主义的本质要求。党的二十大报告将人与自然和谐共生作为中国式现代化的本质内涵之一。人与自然和谐共生是新时代生态文明的题中之义，更是生态文明教育的核心内涵。开展生态文明教育，要从中国共产党恪守人民至上的执政理念、全面贯彻落实新发展理念的内在要求、社会主义现代化强国建设的核心要义、推动构建人类命运共同体的基础工程四个方面坚持和把握人与自然和谐共生的深刻内涵，把人与自然和谐共生全面、深入、具体地贯彻到生态文明教育全过程。

（一）人与自然和谐共生彰显了中国共产党恪守人民至上的执政理念

1. 坚定不移地恪守人民至上发展理念

民之所望，政之所向。随着人民群众物质文化生活水平不断提高，人民群众对生态产品的需求越来越迫切。新时代，社会主要矛盾已经转化为人民日益增长的美好生活需要和不平衡不充分的发展之间的矛盾，破解不平衡不充分的发展状况迫切要求经济发展坚持以人民为中心，更好满足当代人民群众的优美生态环境需要，也要求为子孙后代创造良好的生产生活环境。生态环境是与每个人息息相关的公共资源，为人民提供美好的生态环境和优质的生态产品就是最大的公共服务，也是实现人的全面发展的重要物质基础。生态文明建设终究是一场涉及生产方式、生活方式、思维方式和价值观念的深刻变革，必须发挥人民群众的主体作用，尊重人民群众的首创精神，调动人民群众积极性、创造性和主动性。

2. 矢志不渝地坚守最普惠的民生福祉

治国有常，而利民为本。习近平总书记反复强调："良好生态环境是最公平的公共产品，是最普惠的民生福祉"①，提出了一系列新理念新思想新战略，创立了习近平生态文明思想。习近平生态文明思想内涵丰富、博大精深，系统回答了"为什么建设生态文明、建设什么样的生态文明、怎样建设生态文明"等重大理论和实践问题，把我们党对生态文明建设规律的认识提升到一个新高度。在习近平生态文明思想指引下，我国绿色发展按下"快进键"，生态文明建设驶入"快车道"，发生历史性、转折性、全局性变化，我们的祖国天更蓝、山更绿、水更清。唯有坚持以人民为中心的发展思想建设生态文明，以生态文明建设不断增进民生福祉，做到生态惠民、生态利民、生态为民，坚持美丽中国建设全民行动，才能改善生态环境质量，让人民群众共享蓝天白云、繁星闪烁，清水绿岸、鱼翔浅底，鸟语花香、田园风光，不断满足人民群众日益增长的优美生态环境需要，日益增强人民群众的生态环境获得感幸福感安全感。

（二）人与自然和谐共生体现了全面贯彻落实新发展理念的内在要求

1. 新发展理念是推动我国经济社会高质量发展的引擎

高质量发展本质上是体现新发展理念的发展。党的十八大以来，"绿水青山就是金山银山"的理念已经成为全党全社会的共识和行动，成为新发展理念的重要部分。实践证明，经济发展不能以破坏生态为代价，生态本身就是经济，保护生态就是保护和发展生产力。要始终保持加强生态文明建设的战略定力，坚定不移贯彻新发展理念、构建新发展格局，要有长远眼光，进行前瞻性谋划，践行"绿水青山就是金山银山"的理念，推动绿色低碳发展，广泛形成绿色生产生活方式，促进经济社会发展全面绿色转型，建设人与自然和谐共生的中国式现代化。

2. 新发展理念引领绿色发展实现了人与自然和谐共生

"环境就是民生，青山就是美丽，蓝天也是幸福。"② 绿色发展是相对

---

① 《十八大以来重要文献选编》（中），中央文献出版社，2016，第493页。
② 《十九大以来重要文献选编》（上），中央文献出版社，2019，第506页。

于传统发展的一种创新发展模式，是基于生态环境容量和资源承载力，以高效、低碳、可持续为目标，实现经济发展和环境保护和谐统一的经济增长方式和社会发展方式。通过形成绿色发展方式和生活方式，培养人们的生态道德和生态行为习惯，让绿色生活成为公众自觉自律的行为，推动"绿水青山就是金山银山"的理念深入人心。绿色发展既满足了现代化推进的发展之需，又兼顾环境保护的生态之需，是建设人与自然和谐共生现代化的必然选择。新发展理念引领绿色发展，从生态系统整体性出发，注重系统开展生态环境保护和修复。同时，坚持以法治手段和政策保障引导人与自然和谐共生，推动绿色发展，尤其是重点行业、重要领域绿色化改造，发展绿色金融、绿色建筑，开展绿色生活创建等，推动元宇宙、互联网、云计算、大数据、人工智能、区块链等新兴技术与生态产业的深度融合，在生态环保通用技术、前沿技术等方面协同发力，从而推动人与自然和谐共生的现代化建设取得更大成效。

（三）人与自然和谐共生映照了社会主义现代化强国建设的核心要义

1. 实现人与自然和谐共生是中国式现代化的本质特征

人不负青山，青山定不负人。习近平总书记指出："当前，我国生态文明建设仍然面临诸多矛盾和挑战，生态环境稳中向好的基础还不稳固，从量变到质变的拐点还没有到来，生态环境质量同人民群众对美好生活的期盼相比，同建设美丽中国的目标相比，同构建新发展格局、推动高质量发展、全面建设社会主义现代化国家的要求相比，都还有较大差距。"① 必须坚决守卫好国家生态安全屏障，坚持尊重自然、顺应自然、保护自然，坚持节约优先、保护优先、自然恢复为主，守住自然生态安全边界，构建生态文明体系，促进经济社会发展全面绿色转型，全面推进美丽中国建设，实现人与自然和谐共生的现代化。

2. 建设人与自然和谐共生的美丽中国是全面建设社会主义现代化强国重要内容

生态环境没有替代品，用之不觉，失之难存。党的十八大以来，"美丽"被提升到与富强、民主、文明、和谐同等重要的高度，以此来丰富社

---

① 习近平：《论坚持人与自然和谐共生》，中央文献出版社，2022，第281页。

会主义现代化强国的内涵，顺应了站起来、富起来到强起来的历史发展趋势。要推动生态文明建设向纵深发展，努力实现人与自然和谐共生，有效化解发展的不平衡不充分问题。只有以系统观念推动绿色低碳发展，建设人与自然和谐共生的现代化，建成美丽中国，才能实现整体性现代化，中国才能以一个经济富强、政治民主、文化繁荣、社会和谐、生态美丽的社会主义现代化强国的形象屹立于世界东方。

（四）人与自然和谐共生为全球生态文明建设贡献着中国智慧与力量

1. 人与自然和谐共生是全球生态文明建设的根本遵循

人类是一荣俱荣、一损俱损的命运共同体。全球自然灾害频发，一次次提醒人们必须深刻反思与自然的关系，加快形成绿色发展方式和生活方式。主动把自身发展融入到世界发展的坐标系之中，是中国共产党百年奋斗的一个重要特色。中国高度重视生态文明建设国际合作，积极参与全球气候治理，率先做出实现"双碳"目标的庄严承诺，尽显中国重信守诺负责任大国的形象和担当，引领全人类留给子孙后代一个清洁美丽的世界，为推动人类可持续发展、共建人与自然生命共同体而不懈努力，为共建地球生命共同体做出新的更大贡献。

2. 人与自然和谐共生是构建人类命运共同体的核心要义

天不言而四时行，地不语而百物生。在习近平生态文明思想的科学指引下，我国积极践行国际生态环境相关多边公约或议定书，牵头建立"一带一路"绿色发展国际联盟，努力推动生物多样性保护，积极推进全球生态文明建设，已成为全球生态文明建设的重要参与者、贡献者、引领者。以习近平同志为核心的党中央把全人类共同价值具体地体现到实现各国人民利益的实践中，为推动构建人类命运共同体凝聚最大共识、寻求最大公约数。人与自然和谐共生是美丽中国的鲜亮底色，中国行动赢得世界赞赏。随着我国生态文明建设的成功实践，在绿色发展方面正成为世界典范，为美丽世界建设提供了中国样板，为推动构建人类命运共同体注入了强大动力，为共谋全球生态文明之路贡献着中国智慧与力量。

第一章　中国特色社会主义生态文明
教育的概念阐释

天下大治，是古往今来历代治国者孜孜以求的理想，也是中国共产党带领中国人民矢志不渝的追寻。习近平总书记在党的二十大报告中，擘画了全面建设社会主义现代化国家、以中国式现代化全面推进中华民族伟大复兴的宏伟蓝图，吹响了奋进新征程的时代号角。中国式现代化，是在中国共产党的领导下，用中国特色的治理模式推动经济社会发展实现现代化的道路。在 70 多年的治国理政艰辛探索和实践中，中国共产党在中国之治下领导中国取得的卓越成就举世瞩目，世界上越来越多的学者、政治家开始探讨中国的治理模式如何带领中国人民走出困境，如何在百年未有之大变局中活力依旧。中国特色社会主义生态文明建设、生态文明教育，正是在中国之治视域下的实践方案。因此，研究之初需要从中国之治入手，回溯新时代中国之治的理论视域，分析中国特色社会主义生态文明建设的实践视域，梳理中国特色社会主义生态文明教育的基本内涵，为展开研究奠定概念基础。

第一节　新时代中国之治的理论视域

一　中国之治的时代背景

（一）中国特色社会主义进入新时代

习近平总书记在党的十九大报告中强调："经过长期努力，中国特色社会主义进入了新时代，这是我国发展新的历史方位。"[①] 新的历史方位，

[①] 习近平：《决胜全面建成小康社会　夺取新时代中国特色社会主义伟大胜利——在中国共产党第十九次全国代表大会上的报告》，人民出版社，2017，第 10 页。

是党基于我国经济社会发展客观规律的准确判断，是我们解决"实现什么样的发展、怎样实现发展"问题的时代坐标和基本依据。新时代我国社会主要矛盾转化为"人民日益增长的美好生活需要和不平衡不充分的发展之间的矛盾"①，人民对美好生活的需要，既有物质文明需要也有精神文明需要；不平衡不充分的发展，既有数量上的缺失更有质量上的不足，对新时代国家发展提出了新要求。新时代解决我国社会主要矛盾，必须推动高质量发展，大力提升发展质量和效益，从解决数量上的"有没有"转向质量上的"好不好"。通过高质量发展，实现产业体系更加完整，生产组织方式网络化、智能化，创新力、需求捕捉力、品牌影响力、核心竞争力不断增强，产品和服务质量不断提高，更好满足人民群众个性化、多样化、不断升级的需求。

（二）世界正处于百年未有之大变局

习近平总书记指出："放眼全球，我们正面临百年未有之大变局。"②全球大变局是国际和国内两个大局共同作用的结果。一方面，以中国为代表的发展中国家成为推动世界格局变化的新兴力量。经过数十年的努力，中国 GDP 规模位居世界第二，人均国民总收入高于中等收入国家水平，综合国力显著增强，在国际事务中的话语权不断提升，对国际政治、经济发展贡献位居世界前列。另一方面，欧美发达国家步入后现代化时期，在经济状况萎靡不振、贫富差距急剧加大、中产阶级空前萎缩、种族矛盾不断上升等因素影响下催化出影响社会发展的"新民粹主义"，给欧美发达国家发展带来了巨大挑战。

（三）实现中华民族伟大复兴关键期

中国特色社会主义建设取得了举世瞩目的成就，创造了斐然世界的中国奇迹，然而，中华民族伟大复兴还有很长的路要走。为此，习近平总书记告诫全党："行百里者半九十。中华民族伟大复兴，绝不是轻轻松松、敲锣打鼓就能实现的。全党必须准备付出更为艰巨、更为艰苦的努力。"③

---

① 《习近平谈治国理政》第 3 卷，外文出版社，2020，第 9 页。
② 《国家主席习近平发表二〇一九年新年贺词》，《人民日报》2019 年 1 月 1 日。
③ 《习近平谈治国理政》第 3 卷，外文出版社，2020，第 12 页。

我国人均 GDP 从 2019 年开始突破 1 万美元，步入中高收入国家行列。国际上普遍认为，处在这一时期的国家往往会陷入经济增长的停滞期，甚至会形成系统性风险。中国正处于工业化、城市化和现代化的关键时期，站在全面建成小康社会新的历史起点上，前路矛盾突出、困难繁多、风险高涨，需要解决制度红利衰减、社会结构分化、国家治理的复杂程度和风险性提高以及国际环境不断变化等问题。必须利用好中国之治的各种优势，把握机遇应对挑战，通过中国式现代化实现中华民族伟大复兴。

二　中国之治的主要内容

（一）中国之治根源于政党之治

1. 中国之治的核心密码在于党的领导

中国共产党领导是成就中国之治的核心，是全面建成社会主义现代化强国、实现中华民族伟大复兴的根本保证。100 多年来，中国共产党领导人民创造了世所罕见的经济快速发展奇迹和社会长期稳定奇迹，中华民族迎来了从站起来、富起来到强起来的伟大飞跃，中国之治令世界惊叹。党的十九届四中全会《决定》指出，中国特色社会主义制度的首要显著优势就是"坚持党的集中统一领导，坚持党的科学理论，保持政治稳定，确保国家始终沿着社会主义方向前进的显著优势"①。把坚持和完善党的领导制度体系放在推进国家治理体系与治理能力现代化的首要位置，突出了党的领导制度在国家治理体系中的统领地位。这一显著优势深刻体现了"中国共产党领导是中国特色社会主义最本质的特征，是中国特色社会主义制度的最大优势，党是最高政治领导力量"②，党的坚强领导这一制度优势，是创造中国之治的根本原因。党的二十大报告进一步强调："党的领导是全面的、系统的、整体的，必须全面、系统、整体加以落实。"③

---

① 《十九大以来重要文献选编》（中），中央文献出版社，2021，第 270 页。
② 《十九大以来重要文献选编》（中），中央文献出版社，2021，第 272 页。
③ 习近平：《高举中国特色社会主义伟大旗帜　为全面建设社会主义现代化国家而团结奋斗——在中国共产党第二十次全国代表大会上的报告》，人民出版社，2022，第 64 页。

2. 中国之治的生机活力在于党的领导

办好中国的事情，关键在党。中国特色社会主义是科学社会主义理论逻辑和中国社会发展历史逻辑的辩证统一，是根植于中国大地、反映中国人民意愿、适应中国和时代发展进步要求的科学社会主义，是加快推进社会主义现代化、实现中华民族伟大复兴的必由之路。中国特色社会主义最本质的特征是中国共产党领导，中国特色社会主义制度的最大优势是中国共产党领导。中国特色社会主义事业是全方位协调发展的事业。党的十九大报告中对建设社会主义现代化强国做出了两个阶段的安排，在党的十九届历次全会进行了具体规划，党中央在继工业现代化、农业现代化、国防现代化、科学技术现代化之后进一步提出国家治理体系治理能力现代化，目的是在国家"硬件"完备的基础上加强"软件"建设，建立一套完善的中国特色社会主义制度，建设起完备的国家治理体系，推进国家治理体系和治理能力现代化。在此过程中，需要在党的领导下进行全面深化改革，系统推进各个领域的改革和完善。习近平总书记在学习贯彻党的二十大精神研讨班开班式上发表重要讲话强调："党的领导直接关系中国式现代化的根本方向、前途命运、最终成败。党的领导决定中国式现代化的根本性质，只有毫不动摇坚持党的领导，中国式现代化才能前景光明、繁荣兴盛；否则就会偏离航向、丧失灵魂，甚至犯颠覆性错误。"① 新中国 70 多年来的伟大成就证明，中国之治只有在中国共产党的集中统一领导下才能永葆生机活力。

3. 中国之治的最大优势在于党的领导

习近平总书记指出："要顺利推进新时代中国特色社会主义各项事业，必须完善坚持党的领导的体制机制，更好发挥党的领导这一最大优势，担负好进行伟大斗争、建设伟大工程、推进伟大事业、实现伟大梦想的重大职责。"② 为更好发挥党的领导这一最大优势，党的十九届四中全会《决定》提出了坚持和完善党的领导制度体系六个方面的主要内容：一是建立不忘初心、牢记使命的制度；二是完善坚定维护党中央权威和集中统一领

---

① 《习近平在学习贯彻党的二十大精神研讨班开班式上发表重要讲话强调　正确理解和大力推进中国式现代化》，《人民日报》2023 年 2 月 8 日。
② 《十九大以来重要文献选编》（上），中央文献出版社，2019，第 240 页。

导的各项制度；三是健全党的全面领导制度；四是健全为人民执政、靠人民执政的各项制度；五是健全提高党的执政能力和领导水平制度；六是完善全面从严治党制度。这六个方面的制度是构成党的领导制度体系的基本要素，是加强党的领导制度体系建设的着力点，也是充分发挥我国国家制度和国家治理体系多方面显著优势的客观需要。新时代中国之治，其首要任务是全面建设好、始终坚持好、不断完善和发展好坚持和完善党的领导制度体系六个方面内容，以党的领导最大优势保障中国之治行稳致远。

（二）中国之治本质于人民之治

1. 中国之治，坚持发展为了人民的价值逻辑

中国之治，本质在民。"坚持人民当家作主，发展人民民主，密切联系群众，紧紧依靠人民推动国家发展"① 是中国特色社会主义制度的又一重大政治优势。江山就是人民，人民就是江山，民心向背决定着政权兴替。在中国共产党的百年奋斗史中，一切为了人民群众、一切依靠人民群众，是中国共产党一切工作的出发点和落脚点。新时代中国之治，必须坚持以人民为中心的发展思想，坚持人民当家作主，发展全过程人民民主，始终践行全心全意为人民服务的宗旨意识，站稳人民立场，坚持发展为了人民的价值逻辑。

2. 中国之治，坚持发展依靠人民的理论逻辑

人民群众是历史的创造者。马克思主义认为，人民群众是社会物质财富和精神财富的创造者，是推动历史前进和社会变革的最终决定性力量。中国共产党来自人民，成长于人民，是人民的一分子。在中国共产党的百年奋斗史中，无不是依靠人民群众的支持最终取得胜利。在解放战争时期，无数根据地的百姓支援革命队伍，才有了人民解放军的攻无不克、战无不胜；在社会主义建设时期，亿万百姓勒紧裤腰带投入工农建设，才建立了比较完整的工业体系和国民经济体系；改革开放后，在中国人民的努力下，开创、坚持和发展了中国特色社会主义，才有了经济实力、科技实力、综合国力的显著增强，人民生活的显著改善。历史证明，改天换地的磅礴力量来自人民，人民才是历史的创造者。新时代中国之治，必须紧紧

---

① 《十九大以来重要文献选编》（中），中央文献出版社，2021，第270页。

依靠人民群众的磅礴力量，坚持发展依靠人民的理论逻辑。

3. 中国之治坚持成果人民共享的实践逻辑

人民立场是中国共产党的根本立场。为什么百年来中国人民始终追随并支持中国共产党？答案显而易见。习近平总书记强调：“中国共产党人的初心和使命，就是为中国人民谋幸福，为中华民族谋复兴。”① 100 多年来，中国共产党始终坚持全心全意为人民服务的根本宗旨，立党为公、执政为民，始终不渝地贯彻党的群众路线，才有了亿万人民的荣辱与共、生死相依。进入新时代，以习近平同志为核心的党中央，始终坚持以人民为中心的发展理念，继承与发扬了中国共产党的人民立场，把增进人民福祉、促进人的全面发展、朝着共同富裕的方向稳步迈进作为工作的出发点和落脚点，解决了相信谁、依靠谁、为了谁的问题。新时代实现中国之治，要秉持权为民所用、情为民所系、利为民所谋的理念，要坚持发展为了人民、发展依靠人民、发展成果由人民共享，坚持人民至上的价值理念，重中之重是坚持发展成果由人民共享的实践逻辑。

（三）中国之治成就于中国之制

1. 中国之治成就于中国特色社会主义制度的价值取向

党的十九届四中全会提出：“中国特色社会主义制度是党和人民在长期实践探索中形成的科学制度体系”②，强调“我国国家制度和国家治理体系具有多方面的显著优势”③。总的来看，中国特色社会主义制度是当代中国发展进步的根本制度保障，是具有明显制度优势、强大自我完善能力的先进制度。在中国共产党的长期探索实践中，形成了党的集中统一领导制度和全面领导制度的根本领导制度、人民代表大会制度的根本政治制度、马克思主义在意识形态领域占据指导地位的根本文化制度、共建共治共享的根本社会治理制度、党对人民军队的绝对领导的根本军事制度；在此基础上，在政治、经济、社会发展方面产生了各项基本制度；在根本制度和基本制度派生下产生了国家治理各方面各环节具体的重要制度。这一系列

---

① 《习近平谈治国理政》第 3 卷，外文出版社，2020，第 1 页。
② 《十九大以来重要文献选编》（中），中央文献出版社，2021，第 269 页。
③ 《十九大以来重要文献选编》（中），中央文献出版社，2021，第 270 页。

科学制度构成的制度体系成就了中国之治。党的十九届四中全会对完善和发展中国特色社会主义制度提出了新的要求："构建系统完备、科学规范、运行有效的制度体系，加强系统治理、依法治理、综合治理、源头治理，把我国制度优势更好转化为国家治理效能。"①

2. 中国之治成就于中国特色社会主义制度的治理体系保障

新中国成立以来，实现现代化一直是中国共产党带领全国人民共同奋斗的目标。中国之治的现代化治理体系由价值体系和制度体系所构成，现代化的治理体系是实现现代化发展的基础，是中国之治行稳致远的制度保障。价值体系是现代化治理体系的逻辑起点，是在国家治理中所遵循的价值取向、价值主体、价值目标的总和，中国之治价值体系植根于中国共产党的人民立场，注定了其价值体系的人民性。在中国之治价值体系中，人民是治理的目的、人民是治理的基础、全体人民共同富裕是治理的最终价值诉求。制度体系是现代化治理体系的运行规则，中国之治的制度体系就是中国特色社会主义制度，由根本制度、基本制度和重要制度组成，它们之间紧密联系，相互影响、相互作用。根本制度是中国之治的制度之源，起着顶层决定性、全域覆盖性、全局指导性作用；基本制度是中国之治的制度之柱，贯彻和体现国家政治生活、经济生活的原则，对国家经济社会发展等发挥重大影响；重要制度是中国之治的制度之体，是根本制度和基本制度的具体表现形式，覆盖于国家治理各个领域各方面各环节。价值体系和制度体系共同组成的中国特色社会主义制度的治理体系，是中国之治取得成就的体系保障。

3. 中国之治成就于中国特色社会主义制度的治理能力转化

治理能力是国家综合国力中越来越重要的组成部分，其现代化主要表现为治理制度化、治理民主化、治理协同化、治理高效化。在中国特色社会主义制度中，党的领导、组织保障、权力监督是实现治理能力现代化的重要保障。

党的领导是实现治理能力现代化的政治保障。100 多年来，历史充分证明，只有中国共产党才能救中国，只有中国特色社会主义才能发展中

①《十九大以来重要文献选编》（中），中央文献出版社，2021，第 272 页。

国，没有中国共产党的坚强领导，站起来、富起来无法实现，强起来更加难以追求。中国共产党集中统一领导，统筹谋划经济、政治、文化、社会、生态文明发展方向，部署各个阶段的发展重心，是实现治理能力现代化的根基所在。

组织保障是实现治理能力现代化的独特优势。"制度的生命力在于执行"[1]，中国共产党在70多年来的治国理政实践中探索出一套具有中国特色的组织体系，各级党组织按照民主集中制的原则领导其他同级组织，形成了严密的组织网络体系，确保了党中央的号令严格落实，是实现治理能力现代化的关键环节。

权力监督是实现治理能力现代化的成功密码。现代化的治理能力需要高效的制度运转，制度运行需要高效的权力监督。在党的长期实践探索下，建立起一套以党内监督为主导，以人大监督、行政监督、司法监督、民主监督、群众监督、舆论监督为重要监督方式的权力监督体系，有效保障国家治理中制度运行高效、权力运用规范，是实现治理能力现代化的重中之重。

三　中国之治的战略定位

（一）中国之治实事求是、继往开来，是坚定四个自信的基本依据

习近平总书记强调："要坚定道路自信、理论自信、制度自信、文化自信，继续沿着党和人民开辟的正确道路前进。"[2] 中国之治立足于中国特色社会主义道路，既坚持了社会主义又创新发展了社会主义，中国之治遵循了科学社会主义原则，吸收了中华优秀传统文化，汲取了人类文明的优秀成果，带领中国人民取得了举世瞩目的伟大成就，引领中华民族迈向伟大复兴的历史征程，是新时代道路自信的深厚基础。中国之治植根于中国特色社会主义制度，具有鲜明的制度优势，是新中国70多年来取得历史性成就、发生历史性变革的关键密码。随着中华民族伟大复兴历史征程的不

---

[1] 《十九大以来重要文献选编》（中），中央文献出版社，2021，第308页。
[2] 习近平：《坚持、完善和发展中国特色社会主义国家制度与法律制度》，《求是》2019年第23期。

断推进，中国之治发挥的制度优势是新时代制度自信的根本来源。中国之治发展于中国特色社会主义理论体系，是在马克思主义理论基础上同中国国情相结合产生的科学理论，数十年治国理政实践不断证明，这一套理论符合中国实际、能够指导中国实践走向成功。同时，中国特色社会主义理论体系在实践中不断自我完善、与时俱进，进一步指导中国特色社会主义伟大事业在新的历史时期再创辉煌，是新时代理论自信的充分依据。中国之治扎根于 5000 年中华优秀传统文化，是新时代中国之治的厚重底色，凝聚和维系着中华各民族的精神力量，是中华民族不断成长壮大、奋起振兴的强大动力。新时代中国之治继承和发扬中华民族传统文化资源，发挥中华民族的文化优势，是新时代文化自信的根本印证。

（二）中国之治立足当下、着眼长远，是实现伟大复兴的制度保障

中国共产党不断总结国内外经济发展正反两方面的经验教训，团结带领中国人民自力更生、探索进取，推动我国经济社会快速发展，短短几十年间跃居世界第二大经济体。实践证明，唯有坚持党的正确领导，才能在新时代把握新机遇，应对新挑战，中国之治坚持党的集中统一领导，是实现中华民族伟大复兴的根本保障。中国共产党把马克思列宁主义同中国实际相结合、同中华优秀文化相结合，形成了中国特色社会主义理论体系，开辟了中国特色社会主义道路，取得了中国特色社会主义建设的伟大成就。中国之治立足新时代新要求，坚持和完善中国特色社会主义制度，是实现中华民族伟大复兴根本支撑。治理体系和治理能力现代化是建设现代化强国的基础工作。面对世界百年未有之大变局、中国特色社会主义进入新时代，以中国之治推进国家治理体系和治理能力现代化，是坚持和完善中国特色社会主义制度的必然选择，是保持中国特色社会主义制度旺盛生命力的必然选择，是解放和发展社会生产力的必然选择，是中华民族伟大复兴的制度保障。

（三）中国之治植根中国、迈向世界，是推动全球治理的中国方案

中国共产党通过长期探索、总结、完善，走出了一条具有中国特色的国家治理道路，不仅取得了巨大成就，也为解决国际性问题做出了突出贡献，为破解世界治理难题提供了有效解决方案。贫困问题是困扰世界各国的国际性问题。2021 年 2 月 25 日，习近平总书记向世界庄严宣告："我国

脱贫攻坚战取得了全面胜利……完成了消除绝对贫困的艰巨任务。"① 中国减贫人口占全球同期减贫人口 70% 以上,与此同时,中国致力于开展国际减贫合作,传递减贫经验,提供项目援助,为全球贫困治理做出了中国贡献。种种迹象表明,美国为主导的世界体系逐渐落寞,中国之治在实践中深刻回答了如何进行全球治理、完善全球治理体系的问题,提出了创新、协调、绿色、开放、共享的新发展理念,坚持相互尊重、诚实守信、交流互鉴、公正合理、互利共赢的基本原则,倡导"走对话而不对抗、结伴而不结盟的国与国交往新路"②。

第二节　新时代中国之治:生态文明建设的实践视域

工业革命以来,人类社会高速发展,在煤炭、石油等"碳"基能源驱动下,人类文明发展方式从适应自然、顺从自然转化为改造自然、索取自然。在工业革命的影响下,到 19 世纪五六十年代,欧洲、北美和亚洲的日本已经完成了资产阶级革命的任务,生产力得到了进一步解放,矿产资源的需求进一步增加。在此基础上,医学技术进步、农业发展和卫生条件改善,人的寿命得到了延长,出生率大幅上升、死亡率大幅下降,人类文明得到发展,对资源的需求同步增长。然而,资本的无序扩张导致对自然资源的进一步过度攫取,造成了资源约束趋紧;人口的几何式增长导致自然资源的进一步不合理开发利用,造成了严重环境污染;人类的不合理活动导致大气污染、水污染、土壤污染、物种灭绝等生态环境问题,造成了生态系统退化。面对资源约束趋紧、环境污染严重、生态系统退化的严峻形势,必须树立尊重自然、顺应自然、保护自然的生态文明理念,走可持续发展道路。

一　生态文明建设的基本内涵

(一)生态文明的含义

1. 生态的含义

生态(Ecology)一词源于古希腊单词 OIKOS,原义指"住所"或"栖

① 《在全国脱贫攻坚总结表彰大会上的讲话》,《人民日报》2021 年 2 月 26 日。
② 《习近平谈治国理政》第 3 卷,外文出版社,2020,第 46 页。

息地"。中国传统文化中很早就有关于"生态"的表述:"丹黄成叶,翠阴如黛。佳人采掇,动容生态"①,形容显露美好的姿态;"(息妫)目如秋水,脸似桃花,长短适中,举动生态,目中未见其二"②,形容生动的意态。在现代白话文中,生态泛指生物在一定的自然环境下生存和发展的状态,也指生物的生理特性和生活习性。

2. 文明的含义

文明一词最早出自《易经》,曰"见龙在田、天下文明"。在现代汉语中指一种社会进步的状态,与"野蛮"对立;英文中的文明(Civilization)一词源于拉丁文"Civis",意思是城市的居民,其本质含义为人类生活于社会集团中的能力,后延伸为先进的社会文化发展状态。文明是使人类脱离野蛮状态的所有社会行为和自然行为构成的集合,是人类在脱离野蛮社会之后,作为历史沉淀下来的人类所创造的财富总和,其内涵包括了观念、工具、语言、文字、宗教、信仰、法律、伦理、道德等。从人类本质角度上来看,人类文明可分为物质文明和精神文明;从历史发展的角度来看,人类文明可以分为游猎文明、农业文明、工业文明等;从地缘角度来看,人类文明可分为西方文明、阿拉伯文明、东方文明、印度文明以及伴随历史发展多个文明相互影响形成的亚文明。

3. 生态文明的含义

生态文明(Ecocivilization),从广义的角度理解,是指人类社会发展的一个阶段,即工业文明的下一个阶段,是以人与自然、人与人、人与社会和谐共生、良性循环、全面发展、持续繁荣为基本宗旨的社会形态,是人类文明发展的新阶段。从工业革命开始,300多年来人类文明的发展靠的是以牺牲环境为代价,以"世界十大环境危机事件"为代表的生态环境问题给人类文明敲响了警钟。不保护环境走可持续发展之路,开创出一个区别于工业文明、农业文明的新的文明形态,人类文明则难以延续发展。在生产力水平较低的历史时期,人类对物质生活的追求是占第一位的,在发展中的"物质中心"观念是可以理解的。随着生产力的高度发展,物质生

---

① (宋)李昉等编《文苑英华》卷七十一,中华书局,1966,第319页。
② (明)冯梦龙、(清)蔡元放:《东周列国志》,华夏出版社,2007年,第108页。

活水平高度提升，仍旧追求物质的过度消费则会给自然界带来巨大压力。因而建设符合社会规律、可持续发展的生态文明是人类持续发展的长远之计。生态文明强调人与自然和谐共生，强调人类活动的自觉与自律，要求人类在重视生产力发展的同时尊重和爱护自然，进一步积极能动地利用自然、改造自然。

在学术领域，学术界一般把美国学者奥尔多·利奥波德（Aldo Leopold）所著的《沙乡年鉴》（A Sand County Almanac）作为理论形态生态文明思想诞生的标志。该作以自然随笔和哲学论文为体裁创建了一种新的伦理学——大地伦理学，第一次系统阐述了生态整体主义思想。作者主张从生态整体利益的高度"去检验每一个问题"、去衡量每一种影响生态系统的思想、行为和发展策略，"以生态整体性规律为基础，要求树立有机论、整体论的哲学世界观和批判人类中心主义价值观，把道德关怀的对象拓展到人类之外的自然"①，开辟了生态文明理论研究。在此之后，生态文明成为西方学界研究的一个方向，在奥尔多·利奥波德"大地伦理学"的基础上发展出以"自然价值论"和"自然权利论"为基础的生态中心主义生态文明理论，生态中心论者也在对人类中心主义的价值观展开批评的基础上形成了西方绿色发展思潮，在理论和实践层面对生态文明的发展起到重要作用。

生态文明的基本内涵，可以从以下三个方面理解。

（1）生态文明体现了人与自然共生共荣的和谐关系。生态文明区别于物质文明和精神文明，却包含着物质文明和精神文明。生态文明要求人类在把握自然规律的基础上能动地利用自然、改造自然，与物质文明内在耦合；要求人类约束自己的行为，自觉树立保护环境的生态观念，进一步尊重和爱护自然，与精神文明内在耦合。生态文明要求人类在尊重自然规律的前提下通过能动地利用自然、改造自然实现发展，在自身发展的同时进一步保护自然、优化自然，在自然条件转化的基础上实现进一步的发展，以实现人与自然共生共荣。

---

① 王雨辰：《西方生态文明理论嬗变与中国社会主义生态文明理论的构建》，《新文科教育研究》2022 年第 4 期。

（2）生态文明稳固了现代文明繁荣发展的载体基础。人是一切人类文明的载体，人的生活环境是人类文明发展的载体。空气污染、水污染、沙漠化等生态环境问题严重影响着人类生活环境、危害着人类的身体健康，如不在发展中保护环境，人类文明则难以延续，人类物质文明、政治文明、精神文明、社会文明等将失去基础载体。人类通过构建生态文明，在生产生活中保护环境，把地球造就成人类赖以生存的良好、安全的美好家园，为人类文明延续发展打好坚实的载体基础。

（3）生态文明提供了时代发展迈向高峰的前进动力。生态文明代表着人类的未来，是人类未来延续发展的前进方向。工业文明诞生的300多年来，开采、使用化石燃料对生态环境带来了深刻的负面影响，生态危机威胁着人类的生存。进入21世纪，人类开始反思，寻找可再生的、对环境污染极小的绿色能源，太阳能、风能、氢能大幅运用，新能源汽车穿梭在大街小巷。以能源革命为代表的生态文明建设，贯穿于经济、政治、文化、社会发展的各个领域，在人类进步的各个领域发挥导向作用，是引领时代发展迈向高峰的前进动力。

（二）生态文明建设的含义

生态文明建设是在生态文明观的基础上，本着为当代人和后代子孙均衡负责的宗旨，转变发展方式，不断地对人与人、人与自然、人与社会的关系进行生态化的完善与优化的实践活动，是人类高度自觉的实践活动，为人类的永续生存和发展打造坚实的生态环境基础。生产方式是生产力和生产关系的统一，是人类社会存在的基础，是人类社会存在和发展的决定性力量；生活方式是人类在特定的条件下形成的一定的生活习惯、生活制度和生活意识。生产和生活是人的两大社会行为，是人与自然相联系的主要途径，因此，生态文明建设是贯穿于经济、政治、文化、社会建设的全过程，从根源上改变人们的生产方式和生活方式，促进人类生态文明建设转型升级，不断推动人类文明进入新的阶段的实践活动。

1. 生产方式的生态文明建设

生产方式是指社会生活所必需的物质资料的谋取方式，在生产过程中形成的人与自然界之间和人与人之间的相互关系的体系，是社会发展的决定力量，决定文明形态的形成。回顾人类历史的发展演变，人类文明的每次进步都离不开生产方式的发展变革，生产方式的转型升级推动了人类在物质生活、精神生活上的丰富发展。通过在社会生产阶段推进生态文明建设，以生态技术、循环利用技术、系统管理科学和复杂系统工程、清洁能源和生态环境保护技术等科学技术改善和发展生产力，推动工业、农业的生产方式转向绿色发展、循环发展、低碳发展，实现人类文明的生态升级。

2. 生活方式的生态文明建设

生活方式是人类消费物质资料的方式，包括物质生活、文化生活和精神生活。生活方式是一种历史范畴，不同民族、不同阶段的生活方式根据生产方式的变化而变化，某一阶段的生活方式是人与自然、人与社会、人与人之间关系的客观体现。建设生态文明需要全社会共同努力，首要任务是解决贫困，建设公平公正、共同富裕的社会关系，满足人民的基本需要；其次是抑制过度、奢侈的异化消费，推进简朴生活和低碳生活，倡导以提高生活质量为中心的适度消费生活，减少不必要消费，降低能耗、降低污染、降低排放，实现生活方式的生态升级。

二　中国特色社会主义生态文明建设的基本内涵

（一）中国特色社会主义生态文明建设的缘起

新中国成立后，尤其是改革开放以来，在中国共产党的领导下，中国取得了举世瞩目的发展成果，综合国力跃居世界第二位，经济全球化、人口红利、资源环境为中国飞速发展提供了强劲动能。但在一定的历史时期，在追求发展速度和发展效率的同时忽略了对生态环境的保护，粗放型的发展模式带来的生态环境破坏给我国发展带来了深刻影响。党的二十大报告指出："大自然是人类赖以生存发展的基本条件。尊重自然、顺应自然、保护自然，是全面建设社会主义现代化国家的内在要求。必须牢固树立和践行绿水青山就是金山银山的理念，站在人与自然和谐共生的高度谋划发展。"[①]

1. 环境污染严重

环境污染指自然的或人为的破坏，向环境中添加某种物质而超过环境

---

① 习近平：《高举中国特色社会主义伟大旗帜　为全面建设社会主义现代化国家而团结奋斗——在中国共产党第二十次全国代表大会上的报告》，人民出版社，2022，第49~50页。

的自净能力而产生危害的行为。由于人为因素使环境的构成或状态发生变化，导致环境质量下降，从而扰乱和破坏了生态系统和人类的正常生产和生活条件的现象。毋庸讳言，长期以来粗放型的发展模式和不够完善的法律法规给中国生态环境造成了严重后果。工业生产中产生的废气不经过严格处理便排放到空气中，产生了大量的二氧化硫、工业粉尘、烟尘，中国城市空气质量达标率亟待改善；中国是一个干旱缺水的国家，人均水资源仅为世界平均水平的1/4，在工业化进程中，工业废水乱排乱放对河流、湖泊、地下水造成了严重污染。中国人口众多，在工业化和城市化进程中产生的固体废弃物和城市生活垃圾无害化处理率低，塑料包装物等造成的白色污染对土壤带来不可逆的影响。

2. 资源约束趋紧

资源就是指自然界和人类社会中一种可以用以创造物质财富和精神财富的具有一定量的积累的客观存在形态，是现代文明条件下社会经济发展的关键因素，主要包括土地资源、矿产资源、森林资源、海洋资源、石油资源、人力资源、信息资源等。我国资源总量大、种类全，但人均少，质量总体不高，开采难度大。在新型工业化、信息化、城镇化、农业现代化的同步发展下，资源需求仍将保持强劲势头，我国已成为世界上最大的能源消费国。根据国家统计局发布的最新数据，2022年，我国原油进口达50827.6万吨，天然气进口10925万吨，主要化石资源对外依存度居高不下。[①] 与此同时，人均耕地、淡水、森林远远低于世界平均水平，制约了我国经济社会可持续发展。

3. 生态系统退化

生态系统指在自然界的一定空间内，生物与环境构成的统一整体，在这个统一整体中，生物与环境之间相互影响、相互制约，并在一定时期内处于相对稳定的动态平衡状态。在长期努力下，虽然我国生态建设取得了重大成就，但自然生态系统退化、生态布局不平衡、生态承载力低的问题依然十分严峻。根据生态环境部最新数据，2022年我国全国水土流失面积为267.42万平方千米，荒漠化土地面积为257.37万平方千米，沙化土地

---

① 中能传媒研究院：《中国能源大数据报告（2023）》，第30~40页。

面积为 168. 78 万平方千米, 石漠化土地面积为 722. 3 万公顷。① 与此同时, 森林面积碎片化分布, 湿地生态面积减少、功能退化的趋势仍然持续, 生态系统整体形势仍然严峻。

资源约束趋紧、环境污染严重、生态系统退化的现实对中国永续发展造成障碍, 因此, 我们要推进美丽中国建设, "坚持山水林田湖草沙一体化保护和系统治理, 统筹产业结构调整、污染治理、生态保护、应对气候变化, 协同推进降碳、减污、扩绿、增长, 推进生态优先、节约集约、绿色低碳发展"②。

(二) 中国特色社会主义生态文明建设的内涵

生态文明作为人类文明的一个新形态和新阶段, 需要立足中国特色社会主义基本国情, 通过经济、政治、文化、社会、环境建设层面的生态文明建设统筹发力, 努力建设美丽中国, 实现中华民族永续发展。

1. 经济层面的生态文明建设

我国仍处于并将长期处于社会主义初级阶段, 人民日益增长的美好生活需要和不平衡不充分的发展之间的矛盾是我国社会的主要矛盾。党的二十大报告强调: "全面建成社会主义现代化强国, 总的战略安排是分两步走: 从二〇二〇年到二〇三五年基本实现社会主义现代化; 从二〇三五年到本世纪中叶把我国建成富强民主文明和谐美丽的社会主义现代化强国。"③ 其中的当务之急是富强, 高质量经济建设是实现富强的必要途径。党的二十大报告进一步强调: "必须牢固树立和践行绿水青山就是金山银山的理念, 站在人与自然和谐共生的高度谋划发展。"④ 生态文明建设要求我国在高质量发展经济, 不断提高人们的物质生活水平的同时, 更要尊重自然、顺应自然、保护自然, 实现人与自然的协调发展; 经济层面的生态文明建设强调以科学发展为主题, 加快转变经济发展方式, 在保证"质"

---

① 《2022 中国生态环境状况公报》, 中国政府网, https://www. gov. cn/govweb/lianbo/bumen/ 202305/content_6883708. htm。

② 习近平: 《高举中国特色社会主义伟大旗帜 为全面建设社会主义现代化国家而团结奋斗——在中国共产党第二十次全国代表大会上的报告》, 人民出版社, 2022, 第 50 页。

③ 习近平: 《高举中国特色社会主义伟大旗帜 为全面建设社会主义现代化国家而团结奋斗——在中国共产党第二十次全国代表大会上的报告》, 人民出版社, 2022, 第 24 页。

④ 习近平: 《高举中国特色社会主义伟大旗帜 为全面建设社会主义现代化国家而团结奋斗——在中国共产党第二十次全国代表大会上的报告》, 人民出版社, 2022, 第 50 页。

的基础上追求"量"的增长，坚持并做到又好又快发展；要求经济发展以人为本，推动建设资源节约型和环境友好型社会，实现发展的成果全民共享，为子孙后代留下美丽中国。

2. 政治层面的生态文明建设

生态文明建设体现在中国特色社会主义政治建设中，要建立、健全和完善生态文明建设体制机制，为实现人与自然和谐相处、实现可持续发展提供有力的制度保障和政策支持。党的十七大、十八大、十九大、二十大把生态文明建设写入党代会报告、写进党的章程，把生态文明建设当作国家重大政治任务，融入政治发展目标，为建设生态文明社会、实现广大人民群众的生态利益明确最终目标。在中国特色社会主义政治建设道路上，民主化、法制化是发展方向。党和国家立足国情，坚持党的领导、人民民主专政、依法治国有机统一，在全党、全社会树立正确的发展观、生态观，完善生态文明立法司法执法，发挥人民当家作主作用，保证人民群众对生态文明建设的知情权、参与权、表达权和监督权，实现生态文明建设为了人民、生态文明建设依靠人民、生态文明建设成果由人民共享。

3. 文化层面的生态文明建设

文化，广义指人类在社会实践过程中所获得的物质、精神的生产能力和创造的物质、精神财富的总和，狭义指精神生产能力和精神产品，包括一切社会意识形式如自然科学、技术科学、社会意识形态，有时又专指教育、科学、艺术等方面的知识与设施。文化具有整合、导向、稳定、传承的重要作用，实现长期稳定有效全方位的生态文明建设，重中之重在于改变人们的思想观念，树立人与自然和谐相处的价值观。在中国特色社会主义文化建设中加强生态文明宣传教育，普及生态文明知识，提倡生态道德，将生态文明建设内化于心、外化于行。在文化建设中发展积极的生态文化，摒弃以人类为中心的思想主张，用和谐的观点去观察人与自然，用共生的观点解释社会与自然，用共荣的观点处理人、社会、自然，构建中国特色社会主义生态文明价值体系，为生态文明建设提供有力的精神支持，号召人们自觉地参与到生态文明建设中去。

4. 社会建设层面的生态文明建设

社会建设的最终目标是和谐，其中包含着人与人的和谐、人与社会的和谐、人与自然的和谐。党的二十大报告提出："立足我国能源资源禀赋，坚持先立后破，有计划分步骤实施碳达峰行动。深入推进能源革命，加强煤炭清洁高效利用，加快规划建设新型能源体系，积极参与应对气候变化全球治理。"① 在建设社会主义现代化强国进程中高度重视和加强社会建设，坚持建设资源节约型和环境友好型社会，通过提倡绿色、健康、可持续的生产生活方式，推动社会全面和谐。党的十八大以来，各级政府把建设美丽中国作为重要任务，强化了对水污染、大气污染、土壤污染的综合治理，推进蓝天、碧水、净土三大保卫战，满足了人民群众的健康、安全的生态环境需要，对促进和谐社会起着至关重要的作用。在社会建设中加强生态文明建设，需要从全局角度统一部署、协调推进，从社会生产生活的各个环节入手，注重源头控制和过程控制，坚持"谁开发、谁保护""谁污染、谁治理"的原则，预防为主、防治结合、综合治理、标本兼治，为人民群众建设美丽中国，全方位促进社会和谐美丽。

5. 环境方面的生态文明建设

究其本质、回归本源，环境方面的生态文明建设是生态文明建设最基础、最核心的内涵。生态环境是人类生存和发展的根基，生态环境变化直接影响文明兴衰演替。一定时期以来，我国以经济建设为中心，在很大程度上忽视了生态环境保护，造成了一系列生态环境问题，不仅制约了经济持续健康发展，更对人民群众的美好生活需求甚至是生命健康安全造成挑战。经济、政治、文化、社会发展建设是为了美好生活，保护环境同样是为了美好生活。不同的是，人与自然是生命共同体，生态环境没有替代品，生态环境同生命健康一样是不可逆转的。因此，要像保护眼睛一样保护生态环境，像对待生命一样对待生态环境，坚持"绿水青山就是金山银山"的发展理念，把良好生态环境作为最普惠的民生福祉，坚持山水林田湖草沙一体化治理，用最严格制度最严密法制保护生态环境，与各国一道共谋生态文明建设。

（三）中国特色社会主义生态文明建设的意义

改革开放 40 多年来，粗放型发展方式实现了我国经济持续较快增长，

---

① 习近平：《高举中国特色社会主义伟大旗帜　为全面建设社会主义现代化国家而团结奋斗——在中国共产党第二十次全国代表大会上的报告》，人民出版社，2022，第 51～52 页。

同时能源资源消耗浪费也明显扩大，造成大气污染、水污染、土壤污染等一系列的生态环境问题。随着全面建成小康社会，中国特色社会主义事业开启新征程，人民群众对干净的水、清新的空气、安全的食品、优美的环境等的需求越来越高。江山就是人民，人民就是江山，人民群众对良好生态环境的需求成为党和国家亟待解决的民生问题。经济发展与生态环境密不可分，生态环境好，经济才能好；经济强，生态环境才能更强。中国共产党秉承全心全意为人民服务的宗旨，为了广大人民的根本利益与中华民族发展的长远利益，积极谋划和推进功在当代、利在千秋的中国特色社会主义生态文明建设。只有深刻认识中国特色社会主义生态文明建设的重要意义，才能科学、高效地建设生态文明，建成美丽中国。

1. 生态文明建设是美丽中国的必然要求

从党的十八大报告提出"建设美丽中国"，到十八届五中全会将"美丽中国"纳入"十三五"规划，到党的十九大报告将"美丽"同"富强""民主""文明""和谐"并列界定为社会主义现代化强国的内涵，再到党的二十大报告提出"推动绿色发展，促进人与自然和谐共生"[①]，建设美丽中国，让人民群众呼吸新鲜的空气、饮用干净的水源、吃上放心的食物、居住在宜居的环境，越来越成为党和国家奋斗的一项重要目标。为统筹推进建设美丽中国，党中央把"生态文明建设"纳入"五位一体"总体布局，进一步完善了中国特色社会主义理论，为建设美丽中国指明了发展方向。人与自然是生命共同体，通过将生态文明建设贯穿于经济建设、政治建设、文化建设、社会建设各个层面和各个领域，生态上建设生态质量好、环境治理强的"生态美"，经济上建设环境友好、经济结构优、发展绩效好的"发展美"，政治上建设生态环境保护有作为、政治有进步的"治理美"，文化上建设文化传承好、文化消费优的"文化美"，在社会上建设民生投入高、生活质量好的"和谐美"，通过生态文明建设"五美"一体，高质量推动美丽中国建设。

2. 党中央回应人民群众需要的必然任务

进入新时代，随着我国经济发展和人们生活水平的大幅提升，我国社

---

① 习近平：《高举中国特色社会主义伟大旗帜　为全面建设社会主义现代化国家而团结奋斗——在中国共产党第二十次全国代表大会上的报告》，人民出版社，2022，第49页。

会主要矛盾转化为人民日益增长的美好生活需要和不平衡不充分的发展之间的矛盾,人民群众对优美生态环境需要已成为这一矛盾的重要方面。良好生态环境是最普惠的民生福祉,人们的基本诉求发生了深刻变化,由40多年前人们要"生存"求"温饱",转变到现在更加追求要"生态"求"环保"。改革开放前,我国经济相对落后,发展生产力、提升综合国力、改善人民生活水平是中国特色社会主义的首要任务。随着中国特色社会主义进入新时代,社会生产力水平有了很大提高,综合国力明显增强,人民生活水平不断改善,人民群众对优美生态环境的需求已经成为党和国家亟待解决的民生问题。在中国特色社会主义"五位一体"总体布局的基础上,要统筹推进生态文明建设,坚持生态惠民、生态利民、生态为民,把优美的生态环境作为一项基本公共服务,把解决突出生态环境问题作为民生优先领域,在生产生活中节约资源和保护环境,让人民群众喝上干净的水,呼吸上新鲜的空气,吃上放心的食物,避免各类环境污染问题成为民生之患,践行绿色发展理念、绿色生产方式和生活方式,综合提升人民群众幸福感,为子孙后代留下以绿色为底色的"金山银山"。

3. 中国共产党承担大国责任的必然担当

生态文明建设关乎全人类的共同命运,建设绿色家园是各国人民的共同梦想。中国共产党把生态文明建设确立为行动纲领和发展战略,在世界范围内实属罕见,标志着中国共产党的执政理念和执政方式进入了新境界。塞罕坝林场、毛乌素沙漠、库布齐沙漠……经过几十年的努力,中国为世界环境改善贡献了中国力量。面对全球生态环境挑战,中国同各国深入开展交流合作,积极参与国际气候治理,设立南南合作基金,建立"一带一路"绿色发展联盟,打造绿色发展合作沟通平台,肩负生态责任彰显大国担当。习近平生态文明思想聚焦人民群众感受最直接、要求最迫切的突出生态环境问题,积极回应人民群众日益增长的优美生态环境需要。习近平总书记就解决经济建设与生态文明建设问题提出的"两山论"受到了国际社会的高度认可,为世界可持续发展提供了"中国方案",为世界生态文明建设做出了"中国行动",引领、带动了全球共建人类命运共同体。

4. 中华民族实现永续发展的必然选择

永续发展是人类文明的终极目标,是建构在经济发展、环境保护以及社会正义三大基础上，寻求新的经济发展模式，不因为追求短期利益而忽略长期永续的发展，强调经济发展的同时必须与地球环境的承载力取得协调，保护好人类赖以生存的自然资源和环境，而且在发展的同时还必须兼顾社会公理正义。环境保护与永续发展有着不可分割的关系。目前，我国经济已由高速增长阶段转向高质量发展阶段，逐步改变传统的"大量生产、大量消耗、大量排放"粗放式生产模式和消费模式，绿色发展、新能源经济、倡导低碳生活等既是构建高质量现代化经济体系的内在要求，也为人与自然和谐共生中国式现代化建设提供了新的经济增长点。在习近平生态文明思想指引下，我国的绿色发展按下了"快进键"，生态文明建设驶入了"快车道"，坚定走富有中国特色的生产发展、生活富裕、生态良好的文明发展道路，建设美丽中国，为子孙后代留下"绿色银行"，确保中华民族永续发展。

三　中国特色社会主义生态文明建设的成就与挑战

毋庸讳言，我国生态文明建设起步晚、基础差，走了一些弯路，付出了一定的环境代价。自1972年中国参加首次联合国人类环境会议后，中国政府开始关注和重视环境保护工作；改革开放后，党和政府进一步重视保护生态环境，制定了一系列法律法规、条例细则，从制度层面对破坏生态环境行为加以遏制；党的十八大以来，党中央将生态文明建设纳入新时代"五位一体"总体布局，以前所未有的决心和勇气向污染宣战，以前所未有的改革力度和政策密度推动绿色转型，开展了一系列根本性、开创性、长远性的工作。经过长期努力，生态文明建设成效显著，但仍然任重道远。正确把握我国生态文明建设进程中取得的成绩，分析总结生态文明建设面临的挑战，对全面推进生态文明建设具有重大意义。

（一）生态文明建设成效显著

1. 生态文明建设意识初步形成

生态危机导致了人们对生态问题的反思，人类的生态意识在很大程度上决定了人类能否摆脱生态危机。人类生态文明意识的缺乏是造成现代生态危机的深层次根源。在生态文明建设实践中，生态文明意识的养成是前提，我国在数十年生态文明建设过程中，通过不遗余力地教育宣传与行为要求，使生态文明意识渐入人心，成为生态文明建设各项工作稳步推进的重要基础。

（1）党和国家将加强生态文明建设放在战略高度。在过去，人民日益增长的物质文化需求同落后的生产力之间的矛盾是我国的主要矛盾，发展经济成为我国的首要任务，粗放型的经济发展模式虽然造成了一定程度上的环境问题，但造就了举世瞩目的中国奇迹。从1973年起，党和政府开始重视生态环境保护工作，在保证经济发展的同时开始针对不同环境问题制定相应的生态环境保护策略；改革开放后，以邓小平同志为主要代表的中国共产党人强调统筹兼顾、因地制宜的发展经济，制定了一系列法律法规，对环境保护进行硬约束；党的十四大后，党中央相继提出可持续发展战略和科学发展观，将正确处理人与自然和谐发展上升为国家意志；党的十八大以来，以习近平同志为核心的党中央将生态文明建设纳入中国特色社会主义发展总体布局，将生态文明建设上升到前所未有的战略高度，创造性形成了习近平生态文明思想，彰显了党和国家对生态环境保护的重视程度；党的二十大对生态文明建设提出了更高要求；习近平总书记在2023年7月17日至18日召开的全国生态环境保护大会上全面总结了新时代生态文明建设的"四个重大转变"，深刻阐述了生态文明建设要处理好的"五个重大关系"，系统部署了全面推进美丽中国建设的"六项重大任务"，鲜明提出了坚持和加强党的全面领导的"一项重大要求"，是下一阶段开展生态文明建设的根本遵循。

（2）各级政府对生态文明建设重视程度显著提升。在习近平生态文明思想的指导下，各级政府对生态环境保护问题给予了高度关注，促进绿色发展、积极开展生态环境保护工作。各地将生态环境成本纳入经济运行成本，生态环境保护资金投入稳步增长，整个"十三五"期间生态环境部配合财政部累计下达2248亿元生态环境资金。其中，水污染防治资金783亿元，大气污染防治资金974亿元，土壤污染防治专项资金285亿元，农村环境整治资金206亿元；① 进入"十四五"，财政部在14天内连发11个通知，密集下达了2023年水污染防治、大气污染防治、土壤污染防治、城市管网及污水处理补助、农村环境整治等多项生态环保相关资金预算，总额

---

① 《生态环境部7月例行新闻发布会实录》，生态环境部网站，https：//www.mee.gov.cn/
xxgk2018/xxgk/xxgk15/202007/t20200728_791595.html。

达到了 2475.82 亿元。其中，水污染防治资金预算 170 亿元、大气污染防治 210 亿元、土壤 30.8 亿元、管网及污水处理 105.5 亿元、农村环境整治 20 亿元，还有 2023 年新增的农村黑臭水体治理试点资金预算 11.25 亿元。除了污染防治类的资金预算，生态保护修复类资金预算体量更大，其中包括重点生态功能区转移支付预算 883.84 亿元，农业资源及生态保护补助资金 314.6 亿元，以及重点生态保护修复治理资金预算 310 亿元，为环境保护提供丰厚的资金支持。① 各地加强配套措施，针对环境保护产业出台和落实税收优惠、金融扶持政策，推进对工业园区、生活污染的生态环境保护服务，为生态环境做好污染防护。将生态环境指标纳入考核指标，饮用水水质达标率、城镇污水处理率、空气质量达标率、生活垃圾处理率纷纷纳入领导干部考核体系，为生态文明建设提供可靠保障。

（3）人民群众的生态文明建设意识得到明显增强。党和国家在数十年的生态文明建设中，普及生态文明知识、进行生态文明教育。近年来，随着生活水平的不断提高，人民群众的生态文明意识明显增强，具体表现在：生态环境关注度显著提升，节约能源资源人人参与，低碳出行、绿色消费成为风潮，分类投放垃圾更加自觉，节约意识深入人心，污染监督举报热情显著等。公众生态环境保护意识明显增强，把对美好生态环境向往转化为思想自觉和行动自觉，基本形成了人人争做美丽中国建设行动者、共同守护绿水青山的良好局面。

2. 生态文明建设工程顺利推进

生态文明建设是一项巨大而复杂的系统工程，是把可持续发展提升到绿色发展高度，为后人"乘凉"而"种树"，不给后人留下遗憾而是留下更多的生态资产。党的十八大以来，在党中央高度重视和各级政府积极推动下，我国生态文明建设顺利推进，具体表现为：生态文明制度体系逐步完善确立，绿色技术开发应用不断突破，生态环境保护国际合作不断加强。

（1）生态文明建设法制体系逐步建立。习近平总书记强调："只有实

---

① 《总计 2475 亿！财政部下达多项 2023 年生态环保资金预算》，新浪财经网，http://finance.sina.com.cn/esg/2022 - 12 - 01/doc-imqqsmrp8166168.shtml。

行最严格的制度、最严密的法治，才能为生态文明建设提供可靠保障。"①
制度建设是生态文明建设的重中之重，生态文明制度体系建好了，才能保
证生态文明建设的各项事业稳步推进，环境污染治理不"开倒车"。一是
在《宪法》基础上，建立形成了由1部基础性、综合性的《环境保护法》，
若干部专门法律，《长江保护法》、《黄河保护法》、《黑土地保护法》及
《青藏高原生态保护法》4部特殊区域法律组成的"1+N+4"法律制度体
系。二是在生态环保领域，连续5年听取审议环境状况和目标完成情况报
告，聚焦重点领域、重点区域和重点流域环保工作，以法治力量、法律武
器推动污染防治、守护绿水青山。三是建立了一系列环境标准，为更有
效、更科学规范地控制环境污染、改善生态质量提供了基本准则与办法。
四是加强法律实施情况的监督。紧紧围绕法律规定、法律条文，连续5年
对生态环保领域主要法律开展执法检查，先后检查了大气污染防治法、水
污染防治法、土壤污染防治法、固体废物污染环境防治法、环境保护法实
施情况。还对就业促进法、企业破产法等法律和决定实施情况进行检查。
除此之外，在各项法律法规中也加入了破坏环境的相关条例，在2021年开
始施行的《民法典》中，提出了民事立法应遵循绿色原则，明确了民事侵
权责任中的"生态破坏"责任，将公民"健康权"纳入民事权利范畴，全
面界定了自然资源所属权的问题，彰显了"以人民为中心"的发展理念在
保障人民生态权益、维护生态公正方面的立法宗旨。

（2）新能源技术开发应用不断突破。节约资源和保护环境是生态文明
建设中的两大任务，新能源技术的开发与应用是完成这两大任务的决定性
因素。我国高度重视新能源技术的开发与应用，党的十八大以来，中国的
能源发展进入新时代。习近平总书记提出"四个革命、一个合作"能源安
全新战略，为新时代中国能源发展指明了方向，开辟了中国特色能源发展
新道路。在党和国家的大力推动下，中国新能源技术开发与应用不断取得
新突破，能源消费逐步趋向合理，新能源和可再生能源共计比例逐步提
高，能源技术升级推动产业发展升级，能源体制改革为新能源发展扫清道
路，加强全球能源合作进一步保障了我国的能源安全。在这一系列"组合

---

① 《习近平谈治国理政》，外文出版社，2014，第210页。

拳"下，能源节约和消费结构优化成效显著，能源保障和供给能力不断增强，能源利用效率显著提高，能源消费结构向清洁低碳加快转变，能源科技水平快速提升，为建设中国式现代化提供源源不断的新能源保障。

（3）生态环境保护国际合作不断增强。虽然各个主权国家对国土范围内的生态环境保护拥有自主权，但自然环境无国界，解决生态环境问题、保护自然环境单靠一国一地的努力难以实现。改革开放以来，中国在经济高速发展的同时也成了环境大国，近年来生态环境问题较为突出，对经济社会发展和人民生命安全产生了不良影响。党和国家在解决生态环境问题时，注重国际领域环境保护合作。从1972年联合国第一次人类环境会议开始，中国政府积极参加国际环境会议，参与制定《人类环境宣言》《北京宣言》《京都议定书》《巴黎协定》等多项国际生态环境保护公约，成为世界生态文明建设的重要参与者、贡献者、引领者。中国政府积极推动生态环境国际合作，2020年在第七十五届联合国大会上对国际承诺："中国将提高国家自主贡献力度，采取更加有力的政策和措施，二氧化碳排放力争于二〇三〇年前达到峰值，努力争取二〇六〇年前实现碳中和"[①]，为国际生态环境保护做出了中国示范。除此之外，中国政府与各个国家、各个国际生态环境保护组织、各个地区推动进行多层次、多区域的环境保护合作，逐渐形成双边、多边、区域性、全球性的环境国际交流合作新格局，不仅为本国生态文明建设奠定了良好的国际环境，也为世界环境保护事业贡献了中国力量。

3. 生态环境状况有所改善

生态环境状况是展现生态文明建设成效的重要依据，它生动地体现在诸多环境因素的量化指标之中。多年来，在党和国家的高度重视下和全社会的共同努力下，我国生态文明建设取得了重大进展，国内生态环境状况有所改善，具体表现为：节能减排颇见成效、污染治理效果显著、生态环境显著改善。

（1）节能减排颇见成效。节能减排是指节约能源和减少环境有害物排放。在我国这样一个能源消费大国中，节能减排潜力巨大，是生态文明建

---

① 习近平：《论坚持人与自然和谐共生》，中央文献出版社，2022，第252页。

设的重点工作。从"十一五"规划中首次将节能减排纳入发展指标开始，十多年来，党和政府在节能减排领域采取了一系列措施方法，取得了巨大成效。一是单位国内生产总值（GDP）能耗持续下降。2021年，我国单位国内生产总值（GDP）能耗比2012年累计降低26.4%，年均下降3.3%，相当于节约和少用能源约14亿吨标准煤。① 在"十四五"规划纲要中，"单位GDP能源消耗降低13.5%"作为经济社会发展的主要约束性指标之一，到2030年有望较2020年下降30%左右，为我国形成能源节约型社会奠定重要基础。二是清洁能源发展加快。化石燃料的普遍利用带来了全球变暖、环境污染等生态环境问题，在此背景下，中国政府积极推动清洁能源的开发、鼓励使用清洁能源。在整个"十三五"期间，我国可再生能源发电机容量年均增长约12%，截止2023年6月底，全国可再生能源装机达到13.2亿千瓦，历史性超过煤电，约占我国总装机的48.8%，其中，水电装机4.18亿千瓦，风电装机3.89亿千瓦，光伏发电装机4.7亿千瓦，生物质发电装机0.43亿千瓦，均居世界首位。② 过去多年，我国成为全球可再生能源最大投资国，可再生能源装机和发电量稳居全球第一。

（2）污染治理效果显著。污染是指自然环境中混入了对人类或其他生物有害的物质，其数量或程度达到或超出环境承载力，从而改变环境正常状态的现象。污染治理就是从区域环境的整体出发，充分考虑该地区的环境特征，对所有能够影响环境质量的各项因素作全面、系统的分析，充分利用环境的自净能力，综合运用各种防治污染的技术措施，并在这些措施的基础上制定最佳的处理措施，以达到控制区域性环境质量、消除或减轻环境污染的目的。近年来，我国采取全方位、立体化污染防治工作方式，建立了污染治理制度体系，在政府规划中将污染治理成效作为约束性指标。党的十九大将污染防治同防范重大风险、精准脱贫一道作为全面建成小康社会的"三大攻坚战"，党的二十大进一步强调持续深入打好蓝天、碧水、净土保卫战。2022年全国地级及以上城市空气环境质量优良天数比

---

① 《国家统计局：10年来我国单位GDP能耗年均下降3.3%》，中国政府网，https://www.gov.cn/xinwen/2022 – 10/08/content_5716737.htm。

② 《我国可再生能源装机超过煤电》，国家能源局网站，https://www.nea.gov.cn/2023 – 08/04/c_1310735564.htm。

例86.5%，公众对生态环境的满意度近9成。① "十四五"时期，污染治理进入深水区，污染治理需要保持力度、延伸深度、拓宽广度，以降碳为重点战略方向、推动减污降碳协同增效、促进经济社会发展全面绿色转型、实现生态环境质量改善由量变到质变转变，通过全面统筹治理，更好地推动生态环境治理从注重末端治理向更加注重源头预防、源头治理的转变。

（二）生态文明建设任重道远

习近平总书记强调："越是取得成绩的时候，越是要有如履薄冰的谨慎，越是要有居安思危的忧患。"② 事物发展是螺旋上升的，主要矛盾随着事物的发展在不断变化。因此，在衡量我国生态文明建设时，既要肯定成绩，还应正视存在的突出问题。毋庸讳言，我国生态文明建设任重道远，主要表现为：资源短缺、能源浪费依然严峻，生态环境质量仍然不容乐观，公民生态文明意识普遍不高，生态文明制度建设亟须完善。

1. 资源短缺、能源浪费依然严峻

改革开放以来，尤其是党的十八大以来，随着工业化进程的不断推进、社会经济的高速发展，我国对于能源资源的需求日益增加，在新能源技术尚未完全利用的背景下，2022年，我国煤炭消费占比仍达56.2%，石油、天然气分别为17.9%和8.4%，非化石能源为17.5%；石油、天然气对外依存度分别达到71.2%和40.2%。③ 化石能源依旧是我国能源的主要能源，伴随着能源储备不均衡、人均能源占有量远低于世界平均水平与部分国家贸易保护主义增强等情况加剧，我国能源安全面临严峻挑战。与此同时，我国能源利用方式还比较粗放，单位GDP能耗仍是世界平均水平的1.5倍；燃煤、燃气锅炉等"高能低用"状况仍然大量存在；火力发电的能源转化效率实际仅有1/3，但仍占据全国70%的电力来源，等等能源浪费进一步加剧了资源短缺，与生态文明建设的要求背道而驰。

2. 生态环境质量仍然不容乐观

受经济发展、生态环境基础等因素的影响，在美丽中国建设的努力

---

① 《2022中国生态环境状况公报》，生态环境部网站，https://www.gov.cn/govweb/lianbo/bumen/202305/content_6883708.htm。

② 《习近平谈治国理政》第3卷，外文出版社，2020，第73页。

③ 自然资源部编《中国矿产资源报告2023》，地质出版社，2023，第17页。

下，仍有部分地区生态环境质量不容乐观。根据《2022 中国生态环境状况公报》数据，2022 年全国仍有 126 个城市环境空气质量未达标，339 个城市环境空气质量平均超标天数 13.5%，部分地区空气质量形势依然严峻；国家地表水考核断面、主要流域断面、重要湖泊水质不达标（Ⅳ 类、Ⅴ类、劣 Ⅴ 类）仍分别占比 9.7%、1.7%、0.7%，部分地区水质改善仍需努力；全国水土流失面积 267.42 万平方千米；荒漠化、沙化、石漠化共计 433.37 万平方千米，等等。① 综合数据表明，我国生态环境已得到较大的改观，但与美丽中国目标相比仍有较大差距，部分地区生态环境质量仍然不容乐观，生态文明建设需要久久为功。

3. 公民生态文明意识普遍不高

近年来，随着党和政府生态文明建设的大力投入，人们对生态环境问题关心程度显著提升，但稳定、自发的生态文明社会风气尚未形成。受教育等因素影响，大多数人对生态环境的认识仅停留在直观的感性认识，对生态环境于人类生存、可持续发展的重要意义一知半解，对日常生活的破坏环境行为带来的深刻影响不甚了解。社会主义生态文明观要求的垃圾分类、绿色出行、降低排放等生态习惯尚未完全形成，大多数人仅能部分实现。部分人将自己视为生态环境污染的被动受害者，很少将自身视为环境保护的主人翁，公民参与生态环境保护活动滞后，生态环境保护活动参与率低。受监管不力等因素影响，公民生态法制观念不强，未能拿起法律武器同破坏生态环境、资源浪费等行为作斗争。

4. 生态文明制度体系亟须完善

我国已经基本构建了生态文明法治体系，然而在立法层面，有些法律法规设立时间较长，部分内容已经滞后于当今实践需要，未得到及时修订；综合性的环境保护法律法规尚未出台，部分法律法规之间出现重叠与矛盾现象；单行法规的数量太少，且内容不够完善；现行法律多倡议、号召，少刚性约束；地方性环境立法工作发展缓慢。在执法层面，环境问题职责模糊、政出多门，一旦出现生态环境问题，当地生态环境保护部门、

---

① 《2022 中国生态环境状况公报》，中国政府网，https://www.gov.cn/govweb/lianbo/bumen/202305/content_6883708.htm。

公安机关、涉及单位各自执法，分工不明确、责任不清楚，造成执法不规范、不严格、不透明、不文明等现象；解决问题相对简单粗暴，罚款了事，对后续出现的生态环境破坏问题不跟踪不追责。另外，部分欠发达地区地方政府仍然本着"发展高于一切"的思想，对环境污染、生态失衡等问题不重视，漠视生态环境保护责任，对整体推进我国生态文明建设造成不良影响。

第三节　中国特色社会主义生态文明教育的内涵概述

一　生态文明教育的基本内涵

（一）生态文明教育的概念

马克思主义认为，人是社会的主体，对社会的发展起着决定性作用。在生态文明建设中，绿色、可持续等生态文明意识，有助于促进建设生态文明；粗放、破坏等错误的意识阻碍生态文明建设。一个国家、一个地区的公民生态文明素质影响并决定着本国、本地区生态文明建设发展水平。

生态文明教育以提升全社会生态文明素养、建设美丽中国、成就中国之治为根本目标，坚持以学校、家庭、社会组织为教育主体，以全体社会公民为教育对象，通过较为系统地宣传和灌输生态文明理论、生态文明技能、生态文明文化、生态文明安全、生态文明道德等，坚持理论与实践相统一原则，发挥课堂教学主渠道作用，通过课堂教学与社会实践相结合、线上教学与线下教学相结合丰富教学内容，拓宽生态文明教育途径，全面普及生态文明知识、提高生态文明保护意识、增强生态环境保护能力、增强可持续发展观念，实现由"物的开采"转向"心的开发"，全面提升公民生态文明素养，进而增强国家生态软实力。

（二）生态文明教育的缘起

1. 人与自然关系被严重破坏

人与自然的关系是世界上一个最根本的关系。一方面，人通过劳动与自然界发生关系，获取生存资料，开发和利用自然，在自然中得以生存和发展；另一方面，自然界以资源的形式参与人类历史发展，为人类提供生存空间和生存资料。在农业社会，人类活动基本符合自然规律，创造了辉煌的农业文明社会。在新教伦理与理性主义的驱动下，欧洲率先走上了资本主义道路，率先完成了工业革命，人类从农业文明开始进入工业文明。在工业文明中，人与自然关系发生变化，社会生产需要使用大量资源、排放大量废物。蒸汽机、内燃机、电力、原子能技术不断推动工业文明高歌猛进，在资本逻辑下，资本逐利的根本属性要求源源不断的原材料进入工厂转化为产品，大自然逐渐沦为工业生产和资本加持的工具，自然资源被过度开发，废物排放超出自然承载能力，人与自然关系发生失衡。随着资本文明迈向全球、工业技术不断进步，人类中心主义逐渐主导人类思想，人文精神逐渐缺失，唯科学主义推动着科学技术迭代发展，人与自然的和谐关系遭到严重破坏，人与自然逐渐走向两个极端，人类亟须找到人与自然和谐共生的平衡之路，制止破坏态势。

2. 全球生态危机广泛蔓延

人不能离开自然。随着资本主义的全球扩张，社会化大生产不断发展，人类掠夺式地开采林木、矿石，不科学地改造土地，破坏了生态平衡，向自然界无休止地排放工业废气、工业废水、工业废弃物，造成了严峻的生态危机。伦敦成为"雾都"、日本爆发"水俣病""痛痛病"、切尔诺贝利发生核泄漏、洛杉矶出现光化学烟雾，自然环境的持续恶化对人类生存造成严峻挑战。地球是人类的共同家园，各国各地区的生态环境紧密相连，生态危机与资本同步走出国界，全球土地荒漠化、石漠化、沙漠化持续增加，全球变暖、极端气候、海平面上升，物种灭绝、生物多样性持续减少，这一切的悲剧是自然对人类的反噬，极大地危害了人类的生存与发展。人类只有一个地球，地球是生命之源，保护地球就是保护人类自身，全球生态危机的广泛蔓延促使人类开始反思。

3. 人类永续发展遭到严峻挑战

马克思强调："资产阶级在它的不到一百年的阶级统治中所创造的生产力，比过去一切世代创造的全部生产力还要多，还要大。"① 随着人类科学技术的不断进步以及生产力水平的不断提升，全球人口总数于2022年突

————————

① 《马克思恩格斯选集》第1卷，人民出版社，2012，第405页。

破80亿人。在消费主义的普遍影响下，人类对自然资源的需求量急剧上升，石油、煤炭、天然气等不可再生能源开采量急剧上升，森林、海洋逐渐成为人类生存扩展的空间。两河文明、楼兰古国等人类历史上存在过的文明社会因为破坏生态平衡而最终消失的悲剧近在眼前，再不加以反思，地区悲剧变为地球悲剧、区域文明悲剧重演为人类文明悲剧也未尝没有可能。地球的面积是恒定的，自然界的资源是有限的，有限的资源是不可再生的，当生存空间达到极限、自然资源枯竭，人类文明在现有条件下该往何处去，是人类实现永续发展美好愿望所必须要思考的问题。

（三）生态文明教育的发展

1. 自然主义教育

自然主义教育是指近代西方资产阶级的教育理论和教育思潮，主张遵循儿童的自然发展顺序进行教育。这种教育思想发源于古希腊，亚里士多德提出教育要与儿童自然发展相适应的思想。在文艺复兴之后，自然主义教育成为一种思潮，对近代社会造成了重要影响。欧洲自然主义教育的代表是欧洲启蒙思想家卢梭（Jean-Jacques Rousseau），他在著作《爱弥儿》（*Émile, ou De l'éducation*）中提出，自然教育的最终培养目标是"自然人"。"自然人"是与"公民"对立的人的范畴。他认为，自然人是不受社会限制的人，在自然人所处的自然秩序中人人都是平等的，自然人在自然社会中独立自主、无所不能。因此，卢梭强调的自然主义教育其核心就是"回归自然"，把人们从传统被限制、被束缚的专制制度下的社会中解放出来，遵从天性、因材施教。在卢梭看来，万事万物都是有秩序的，教育不应该是各种灌输，因此人们应该离开大城市，回归自然，在自然中接受教育，使人们成为真正的"人"。以卢梭为代表的欧洲自然主义教育是欧洲生态文明教育的起源，启蒙时期的欧洲思想家们开始反思教育与"自然"的脱节，体现了生产劳动的重要性，对欧洲乃至世界生态文明教育的发展具有重要意义。

2. 博物学教育

博物学教育，顾名思义，其教育内容内涵丰富、历史悠久，是百科全书式的教育方式。广义上，是基于人类与自然相处的本能方式，通过对自然之中的植物、动物、矿物等进行观察的体验式活动，促使人类在知识、情感和价值观方面多维发展。狭义上，是通过引导和鼓励孩子充分发展亲近自然的本能，让孩子在与自然对话的过程中获得知识、情感和价值观，最终形成和谐一致的精神状态和生活理念。博物学教育是批判传统科学教育那种片面的、不准确的功利道路，旨在建立人与自然交流沟通的直接桥梁，通过观察、记录、总结的方式认识最本初的万事万物，满足人们尤其是孩子的好奇心、扩充知识面，引导人们对自然、科学的探究热情，体现了科学研究的自由本质。博物学教育倡导科学的研究方法，通过观察、记录为基础的分类、整理工作，启示人们打通各学科之间的壁垒，构建多层次、多领域、立体化的知识网络，启发人们发掘隐藏在自然现象背后的规律。同时，博物学教育还强调多种形式的表达，如记录式的"史""志"、艺术式的漫画、音乐、文学，均可展现其科学内涵，体现了科学研究的多样性和创造性。博物学教育风靡于20世纪，启发引导无数人对自然科学产生兴趣，进而自发走上科学研究道路。

3. 环境教育

环境教育，指借助教育手段以提高人们对环境的了解和对环境问题的认识的教育方式，可以使人们对人与环境的相互关系有正确的认识，动员全社会成员共同努力来保护环境。环境教育分为普通环境教育和专业环境教育两个方面。普通环境教育在于帮助人们获得有关环境和环境问题的基本知识，激发人们关心环境、爱护环境的积极性，增强解决环境问题的责任感和紧迫感。专业环境教育在于培养具有分析和解决环境问题能力的专业人才。随着经济社会的发展，全球生态环境日益恶化，面对突出的环境问题，各个国家各个民族纷纷意识到没有良好的生态环境就没有本国本民族的未来，需要通过广泛的宣传教育提高人们的生态环境保护意识，环境教育因此诞生。1972年，瑞典首都斯德哥尔摩召开人类环境会议，会议上突出强调要对年轻一代和成人进行环境问题的教育，环境教育应运而生。1977年，联合国在苏联第比利斯召开政府间环境教育会议，会议宣言突破了传统知识概念性的环境教育模式，呼吁各国政府将对环境的关心、活动、行为纳入到教育体系、教育政策之中，把环境教育引入了更广阔的空间。1992年，巴西里约热内卢召开联合国环境与发展大会，会议通过的《21世纪议程》为人类在21世纪可持续发展构建了行动纲领，其中突出强调了环境教育的重要性，明确环境教育方向、方法的可持续转化，对全人类环境教育提出了更高要求。

二 中国特色社会主义生态文明教育的基本内涵

（一）中国特色社会主义生态文明教育的概念界定

美国、英国等发达国家在长期的国民生态文明教育实践中取得了丰硕成果，形成了比较完善的生态文明教育体系。我们要在广泛吸收和借鉴国外生态文明教育的经验基础上，立足国情，构建中国特色社会主义生态文明教育模式，传播生态科学，普及生态文明知识，弘扬生态文化，全面提升公民文明生态素质，坚持走可持续发展道路，这是促进我国生态文明建设、建成美丽中国进而提升中国之治的必由之路。笔者认为，社会主义生态文明教育是基于生态文明建设需要和实现人类永续发展的美好愿景，坚持以马克思主义经典作家生态文明论述，特别是习近平生态文明思想为理论指导与根本遵循，借鉴中华传统优秀生态文明思想，贯彻落实党的教育方针，依据生态学原理，遵循教育教学规律，灌输生态文明思想，弘扬生态文化、倡导绿色发展观，培育公民的生态文明意识、生态文明责任、生态文明道德、生态文明能力，塑造稳定的公民生态情感与生态意志，提高全民生态文明素养、生态文明建设与生态治理能力的教育实践活动。

社会主义生态文明教育体现着人与自然和谐共生的生态文明价值取向，是建设美丽中国的现实需要、筑牢中国之治的重要基础，公民参与生态文明建设的程度直接体现着一个国家生态文明的发展状况。建设生态文明，首先要从改变自然、征服自然转向调整人的行为、纠正人的错误行为，事实证明，改变和纠正人的行为，依靠生态文明教育培育生态公民是行之有效的途径。

（二）中国特色社会主义生态文明教育的价值意蕴

1. 生态文明教育是夯实中国之治的基础工程

党的十八大以来，以习近平同志为核心的党中央领导全党全国各族人民砥砺前行，全面建成小康社会目标如期实现，党和国家事业取得历史性成就、发生历史性变革，彰显了中国特色社会主义的强大生机活力，不断开辟了中国之治新境界。中国之治是新中国成立以来，中国共产党领导人民治理国家的中国治理体制和中国治理道路。新中国成立 70 多年来，在中国共产党的领导下，中国人民实现从站起来、富起来到强起来的伟大飞跃，中国之治蕴藏着中国力量和中国智慧，彰显着中国特色。"从现在起，中国共产党的中心任务就是团结带领全国各族人民全面建成社会主义现代化强国、实现第二个百年奋斗目标，以中国式现代化全面推进中华民族伟大复兴。"[1] 生态文明建设是新时代"五位一体"总体布局的重要组成部分，是中国之治的发展方向，更是中国式现代化的题中应有之义，实现中华民族伟大复兴，必须建设高质量生态文明。

生态危机根本上是人的问题，人是生态文明教育的对象，培养和提升人的生态文明素养是社会主义生态文明教育的根本任务，是国家治理体系与治理能力现代化的核心问题，更是提升中国之治的关键"硬核"。生态文明教育提升人们的政治认同，培养人们对生态文明建设的高度自信，有利于将我国生态文明制度优势转化为生态文明建设的综合实力，不断提升中国之治的效能。中国特色社会主义生态文明教育是一项系统工程，涵盖生态文明建设思想、理念、知识技能、法律法规及相关制度等，生态文明教育培养具有生态文明素质的时代新人，增强我国生态软实力，将建设美丽中国的共同愿景汇聚成全体人民的自觉生态行动，为建成美丽中国奠定坚实的人才支撑，生态文明教育实现着生态文明建设，是增强中国之治的基础工程。

2. 生态文明教育是生态文明建设的客观需要

面对资源约束趋紧、环境污染严重、生态系统退化的严峻形势，必须树立尊重自然、顺应自然、保护自然的生态文明理念，走可持续发展道路。生态文明建设是中国特色社会主义事业的重要内容，关系人民福祉，关乎民族未来，事关"两个一百年"奋斗目标和中华民族伟大复兴中国梦的实现。党的十七大报告最早提出我国建设生态文明的要求。党的十八大报告强调："建设生态文明，是关系人民福祉、关乎民族未来的长远大计。"[2] 党的二十大报告进一步强调："尊重自然、顺应自然、保护自然，

① 习近平：《高举中国特色社会主义伟大旗帜　为全面建设社会主义现代化国家而团结奋斗——在中国共产党第二十次全国代表大会上的报告》，人民出版社，2022，第 21 页。
② 《十八大以来重要文献选编》（上），中央文献出版社，2014，第 30 页。

是全面建设社会主义现代化国家的内在要求。"① 习近平总书记强调："要正确处理好经济发展同生态环境保护的关系，牢固树立保护生态环境就是保护生产力、改善生态环境就是发展生产力的理念。"②

推进生态文明建设，关键在干、关键在人，长远之计是化育人心、润物无声，教育一代代青年牢固树立社会主义生态文明观，推动形成人与自然和谐发展现代化建设新格局。毋庸讳言，当前我国公民生态文明意识淡薄，社会公众生态文明建设热情度有待提高，亟待下大力气推动开展生态文明教育。构建中国特色公民生态文明教育模式，科学联动设计全学段生态文明教育体系，加强生态文明教育师资队伍建设，将校园小课堂与社会大课堂形成生态联动，积极开展生态文明教育国际交流合作，是我国推进生态文明建设的客观需要。

3. 生态文明教育是建成美丽中国的内在需求

美丽中国是中国特色社会主义生态文明建设的战略目标。党的十八大报告指出："努力建设美丽中国，实现中华民族永续发展"③，美丽中国建设首次作为党的执政理念被正式提出。党的二十大报告对美丽中国建设进一步提出了具体要求："我们要推进美丽中国建设，坚持山水林田湖草沙一体化保护和系统治理，统筹产业结构调整、污染治理、生态保护、应对气候变化，协同推进降碳、减污、扩绿、增长，推进生态优先、节约集约、绿色低碳发展。"④ 美丽中国建设涵盖了经济、政治、文化、社会和生态文明建设"五位一体"总体布局，顺应了时代发展与人民需要。美国中国建设与生态文明建设是一体两面，既包含生态环境之"美丽"，更包含发展之美、治理之美、文化之美、和谐之美的总和，最终实现生态良好、经济繁荣、政治和谐、人民幸福，是实现中华民族伟大复兴的重要内容。

建设美丽中国，需要 14 亿人共同努力，需要全体人民把生态文明建设融入经济、政治、文化和社会建设，按照人民群众对美好生活需要建设生

---

① 习近平：《高举中国特色社会主义伟大旗帜　为全面建设社会主义现代化国家而团结奋斗——在中国共产党第二十次全国代表大会上的报告》，人民出版社，2022，第49~50页。
② 《习近平谈治国理政》，外文出版社，2014，第209页。
③ 《十八大以来重要文献选编》（上），中央文献出版社，2014，第31页。
④ 习近平：《高举中国特色社会主义伟大旗帜　为全面建设社会主义现代化国家而团结奋斗——在中国共产党第二十次全国代表大会上的报告》，人民出版社，2022，第50页。

态美、发展美、治理美、文化美、和谐美的美丽中国。生态文明素养是基础。要加强生态文明教育，推动全体人民树立尊重自然、顺应自然、保护自然的生态文明理念，加强生态文明宣传教育，增强全民节约意识、环保意识、生态意识，培养公民生态文明观和生态文明建设能力，提高公民整体生态素质，为美丽中国建设奠定坚实的人力资源基础。

（三）中国特色社会主义生态文明教育的战略目标

1. 全面培育和提升生态文明素养是我国生态文明教育的奋斗目标

中国特色生态文明建设不仅仅是生态环境单一层面的建设，而是将生态文明融入经济建设、政治建设、文化建设、社会建设各方面和全过程，为努力建设美丽中国、实现中华民族永续发展打下坚实基础。生态文明素养决定着人的生产、生活方式，建设生态文明，绘就美丽中国，需要全社会各行各业全体人员的共同努力，生态文明素养水平尤为重要。美丽中国是全方位的美丽，按照生态文明的要求，通过生态、经济、政治、文化及社会建设，实现生态良好、经济繁荣、政治和谐、文化进步、人民幸福，需要全社会生态文明素养的提升，需要培育一代又一代具备生态文明素养的时代新人。将生态文明教育融入大中小学立德树人全过程，把生态文明理念全面融入课程、融入课堂、融入教材、融入实践，使全体人民对生态文明建设有较为全面的认识和把握，将生态文明理念内化于心、外化于行，实现由线上到线下、由课堂到课余、由校内到校外、由点到面、由少到多向外延伸，全方位辐射到身边的家人、亲人和朋友，覆盖到学校、机关、社区、城市、乡村、企业等，进而实现生态文明建设和美丽中国建设的全动员、共参与，达到集民智、汇民力、聚民心的集成效果。

2. 广泛普及和传播生态文明知识是我国生态文明教育的阶段目标

生态文明建设需要全社会共同努力、广泛参与，在行动中需要掌握生态文明知识。生态文明知识包含习近平生态文明思想、国家生态环境保护法律制度、公民生态环境行为规范等，互为表里，相互作用，指导公民在生态文明建设中认识到做什么、为何做、怎样做，是我国生态文明教育的阶段目标。学习贯彻习近平生态文明思想是我国现阶段生态文明教育的首要政治任务。习近平生态文明思想是中国特色社会主义生态文明建设的指导思想，具有丰富的理论内涵和实践要求，通过理论研究、广泛宣传，以高度的思想自觉、政治自觉和行动自觉，履行举旗帜、聚民心、育新人、兴文化、展形象的使命任务。宣传普及国家生态环境保护法律制度是我国现阶段生态文明教育的重要任务。国家各项生态环境保护法律法规是我国生态文明建设的制度保障，通过生态文明教育普及生态环境保护法律制度，使公民大众在生产生活中自觉知法、懂法、守法、用法，发挥公民监督作用，用法律武器同环境污染行为做斗争，让生态环境保护法律制度的牙齿有力咬合。鼓励倡导公民生态环境行为规范是我国现阶段生态文明教育的主要任务。公民生态环境行为规范指导公民在日常生活工作中通过提升生态文明素养、节约能源资源、绿色消费、低碳出行、生态环境保护实践、监督举报等，自觉做生态环境保护的倡导者、行动者、示范者，携手共建天蓝、地绿、水清的美好家园。

3. 大力培养和挖掘生态文明人才是我国生态文明教育的明确目标

大力推进生态文明建设，建设美丽中国，离不开坚实的人才支撑。学校教育是培养人才的主要途径，也是生态文明教育的重要途径。面向新时代生态文明建设人才培养，要实现对学生的价值塑造，就应该将生态文明思想，从人才培养的顶层设计到具体实施全程融入、贯穿始终，真正实现思政课程和课程思政有机结合。新时代生态文明建设人才的培养，应贯通本—硕—博分阶段、有统筹的个性化成长发展过程。培养新时代生态文明建设人才，应更加注重激发学生的家国情怀，将课堂教学、学术交流、科研探索和社会实践等培养环节有机结合，引导学生扎根中国大地，强化使命担当。要更加注重科研优势转化为教学优势，引导学生尽早进入高水平科研实验室，参与实际科研项目，以一流的科学研究带动一流的人才培养，实现科教深度融合，为新时代生态文明建设培养具有家国情怀、追求卓越、引领未来的人才。

(四) 中国特色社会主义生态文明教育的生成逻辑

1. 强化生态文明制度教育，是筑牢中国之治的制度保障

小智治事，大智治制。习近平总书记强调："只有实行最严格的制度、最严密的法治，才能为生态文明建设提供可靠保障。"[①] 保护生态环境必须依

---

① 《习近平谈治国理政》，外文出版社，2014，第210页。

靠制度、依靠法治。党的十八大报告提出"保护生态环境必须依靠制度"①。党的十八届三中全会明确指出"建设生态文明，必须建立系统完整的生态文明制度体系"②。党的十九大报告提出"加快生态文明体制改革，建设美丽中国"③。党的十九届四中全会提出"坚持和完善生态文明制度体系，促进人与自然和谐共生"④。党的二十大报告强调"全面实行排污许可制，健全现代环境治理体系。严密防控环境风险。深入推进中央生态环境保护督察"⑤。没有准绳，不知平直；没有规矩，不成方圆。建设生态文明是关系中华民族永续发展的根本大计，要在生产生活方式和思维观念领域推动革命性变革，不仅需要理念和行动的系统升级，还必须要有制度和法治的保障。

　　党的十八届三中全会通过的《中共中央关于全面深化改革若干重大问题的决定》（以下简称《决定》）首次明确了生态文明制度体系，从源头、过程、后果的全过程，阐述了生态文明制度体系的构成及其改革方向、重点任务。党的十八届四中全会提出用最严格的法律制度保护生态环境。党的十八届五中全会确立了包括绿色在内的新发展理念，提出完善生态文明制度体系。党的十九大报告指出："加快生态文明体制改革，建设美丽中国。"⑥ 党的十九届四中全会《决定》将生态文明制度建设作为中国特色社会主义制度建设的重要内容和不可分割的有机组成部分做出重要部署，从实行最严格的生态环境保护制度、全面建立资源高效利用制度、健全生态保护和修复制度、严明生态环境保护责任制度等四个方面，提出了坚持和完善生态文明制度体系的努力方向和重点任务，为我们加快健全以生态环境治理体系和治理能力现代化为保障的生态文明制度体系提供了方向指引和基本遵循。党的十八大以来，25 部生态环境相关法律得到修订，"生态文明制度体系更加健全"⑦，逐步形成产权清晰、多元参与、激励约束并

---

① 《十八大以来重要文献选编》（上），中央文献出版社，2014，第 32 页。
② 《十八大以来重要文献选编》（上），中央文献出版社，2014，第 541 页。
③ 《十九大以来重要文献选编》（上），中央文献出版社，2019，第 35 页。
④ 《十九大以来重要文献选编》（中），中央文献出版社，2021，第 289 页。
⑤ 习近平：《高举中国特色社会主义伟大旗帜　为全面建设社会主义现代化国家而团结奋斗——在中国共产党第二十次全国代表大会上的报告》，人民出版社，2022，第 51 页。
⑥ 《习近平谈治国理政》第 3 卷，外文出版社，2020，第 39 页。
⑦ 习近平：《高举中国特色社会主义伟大旗帜　为全面建设社会主义现代化国家而团结奋斗——在中国共产党第二十次全国代表大会上的报告》，人民出版社，2022，第 11 页。

重、系统完整的生态文明制度体系，"生态环境保护发生历史性、转折性、全局性变化"①。然而，生态文明制度的建成只是制度保障的第一步。制度的生命力在于执行，通过"中国之制"实现中国之治，制度执行是关键环节。诚然，制度是人制定的，再好的制度离开了人的执行也无济于事。要加强生态文明制度教育，强化生态文明建设者对生态文明制度的理解，在工作中更加合理地运用制度力量应对破坏生态文明的生产生活行为，提升制度执行能力和执行效能；普及社会参与者对生态文明制度的认识，在生产、生活领域筑牢生态文明制度红线，做到尊重自然、敬畏制度，坚决不做违反生态文明制度的事；同时全方位向社会公众宣传、传播生态文明制度，引导社会舆论聚焦生态文明建设的监督，确保生态文明制度合理运行。

2. 生态文明教育促进生态文明健康发展，是夯实生态文明的基础工程

生态文明是人类继工业文明后新的文明形态，强调人、自然、社会三者和谐统一、共荣共生。建设生态文明功在当代，利在千秋。党的十八大以来，党中央确立了"五位一体"总体布局，将生态文明同经济、政治、文化、社会建设摆在同等重要位置，并强调生态文明贯穿于社会主义建设全过程各方面，10多年以来取得了卓越成绩。然而，建设生态文明不是一蹴而就的，稍有不慎就会开上高能耗、高污染、高排放的历史倒车，生态文明建设任重道远，需要持之以恒的努力，需要一代又一代的"生态人"接续奋斗。

意识是行动的先导，教育是改变意识的主要途径。中国特色社会主义生态文明建设是贯穿于现代化建设的系统工程，这就要求生态文明教育融入学校、家庭、社会全过程，在全社会形成生态文明新风尚，为建设生态文明凝聚14亿人民的生态合力。生态文明教育通过转变人们的固有观念，将人与自然和谐相处的理念内化于心外化于行，教育社会公民在生产、生活中践行生态文明理念，潜移默化地将经济、政治、文化、社会建设的各个方面融入生态文明建设。通过生态文明教育，教育引导经济工作者在工

---

① 习近平：《高举中国特色社会主义伟大旗帜　为全面建设社会主义现代化国家而团结奋斗——在中国共产党第二十次全国代表大会上的报告》，人民出版社，2022，第11页。

作中端正发展理念，以生态环境保护为前提，把可持续发展作为基本原则，转变生产方式，建立健全绿色低碳循环发展的经济体系；教育引导政治工作者在工作中树立绿色政绩观，将保护好生态环境作为最大的政绩，进一步健全制度规范，构建生态文明的制度屏障；教育引导文化工作者在工作中大力培育生态文化，通过宣传教育动员全社会力量共同参与环境保护，推进绿色科技创新，通过绿色科技修复环境、治理环境和保护环境；教育引导社会建设工作者在工作中倡导绿色生活方式，传播绿色发展理念，树立绿色消费、保护环境的生态观，政府、社会组织、公众三位一体，努力形成全社会生态共建合力，为生态文明夯实基础。

3. 生态文明教育培养生态文明建设的人，是建成美丽中国的现实需要

安居乐业，自古以来就是人们所向往的美好生活。"安居"是"乐业"之本，舒适的居住条件、优雅的生活环境是美好生活最基础的保障。在此前主要矛盾为"人民日益增长的物质文化需要同落后的社会生产之间的矛盾"[1] 的社会，为解决温饱、摆脱贫困，以经济建设为中心、解放和发展生产力是国家的中心工作。毋庸置疑，以经济建设为中心的发展道路决定了改革开放以来中国取得举世瞩目的奇迹。然而，一味地追求经济指标很容易忽视对生态环境的保护，在粗放式的发展模式下，大气污染、水污染、固体废弃物污染等对人民的生命财产安全造成威胁，我国的生态环境问题已经到了不可忽视的地步。

"人民对美好生活的向往，就是我们的奋斗目标。"[2] 随着中国特色社会主义进入新时代，我国社会主要矛盾转化为"人民日益增长的美好生活需要和不平衡不充分的发展之间的矛盾"[3]，以经济建设为中心转为"五位一体"总体布局，生态文明建设同经济建设被摆在了同等重要的位置。建设美丽中国，山要绿起来，人要富起来。美丽中国是全方位的美丽，按照生态文明的要求，通过生态、经济、政治、文化及社会建设，实现生态良好、经济繁荣、政治发展、人民幸福、社会和谐。美丽中国建设不是一蹴而就的，需要新时代愚公移山精神，需要一代又一代的"生态人"接续奋

---

① 《十六大以来重要文献选编》（上），中央文献出版社，2005，第57页。
② 《习近平谈治国理政》，外文出版社，2014，第424页。
③ 《习近平谈治国理政》第3卷，外文出版社，2020，第9页。

斗。新时代生态文明教育要求更加全面的发展。一方面，通过将生态文明教育融入学校全过程，把生态文明理念全面融入课堂、教材、文化、社会，确保公民对生态文明建设有较为全面的认识和把握，使生态道德、生态伦理、生态理论、生态技能等在潜移默化中成为公民的生产生活习惯。另一方面，通过生态文明教育培养生态学专业拔尖人才，积极参与社会工程建设、生态文明教育、生态文明理念传播等，培养更多致力于生态文明建设工作的专职专业管理型人才，造就一大批各个行业的生态文明建设"排头兵"，为建设美丽中国提供坚实的人才储备。

第二章 中国特色社会主义生态文明教育的理论指导

　　理论源于实践，经过实践检验最终升华为真理，并进一步指导实践。"一个民族要走在时代前列，就一刻不能没有理论思维，一刻不能没有正确思想指引。"[①] 在新时代生态文明建设全面推进的背景下，生态文明教育逐步融入育人全过程，党的十八大以来取得了卓越成绩，根本原因是在党的领导下坚持了正确的生态文明教育理论逻辑——以习近平生态文明思想为根本指导思想。中国特色生态文明教育的理论基础，蕴藏在马克思主义经典作家关于人与自然关系的科学论述、中华民族优秀传统文化中关于生态伦理的丰富资源、中国共产党主要领导人对生态文明建设与生态文明教育的重要论述之中。

第一节　中国特色社会主义生态文明教育的指导思想
——习近平生态文明思想

　　生态文明建设是关系中华民族永续发展的根本大计，而教育是国之大计、党之大计。要实现生态文明建设的战略目标，必须加强和改进中国特色社会主义生态文明教育，推动形成人与自然和谐发展的现代化建设新格局。习近平生态文明思想扎根于中国的现实土壤，站在高举中国特色社会主义伟大旗帜、实现中华民族伟大复兴的战略高度，以马克思主义生态思想以及中国传统文化中所蕴含的生态思想为理论基础，同时结合历届中国共产党领导人关于生态文明建设的重要论述，分别从新形势、新国情出

[①] 《习近平谈治国理政》第 4 卷，外文出版社，2022，第 29 页。

发，提出了一种崭新的发展思路，是党在理论与实践层面上的重大突破，是新时代全面加强中国特色社会主义生态文明教育的科学指引和实践遵循。习近平生态文明思想在其形成和发展的历程中，有着坚实的理论依据和深厚的实践支持。因此，梳理习近平生态文明思想的形成和发展历程，具有十分重要的现实意义。

一 习近平生态文明思想的发展历程

习近平生态文明思想在其形成和发展的历程中，有着坚实的理论依据和深厚的实践支持。习近平生态文明思想汲取了中华传统文化"天人合一"的思想，提出"自然是生命之母，人与自然是生命共同体"[1]，将人与自然看作内在关联的生命系统，自然界是这一生命系统的物质基础，人在大自然中孕育而生，是自然界长期进化的产物，人不能脱离自然界而生存。习近平生态文明思想的形成是一个长期过程。

（一）生成阶段

党的十八大到党的十九大是习近平生态文明思想的生成时期。习近平总书记在国内外的各种会议、调研和考察中对生态文明进行了一系列论述，形成了习近平生态文明思想，指导生态文明建设完成从理论到实践的飞跃。

1. 人与自然关系认识的升华

习近平生态文明思想以人与自然的关系为理论基础。在党的十八届三中全会上，习近平总书记阐释了"山水林田湖是一个生命共同体，人的命脉在田，田的命脉在水，水的命脉在山，山的命脉在土，土的命脉在树"[2]，在这里，"山、林、田、湖、土"指的是广阔的自然，是对生命存在的价值的肯定，用"命脉"将人与自然万物联系在一起，倡导的是自然界的个体之间、人与自然之间万物的和谐共生共荣。人在认识自己的同时，也要承认自然的生命价值，正确地把握人的价值和人在自然界中的位置。要推动生态文明的发展，必须妥善处理人与自然的关系，从而达到人

---

[1] 习近平：《论坚持人与自然和谐共生》，中央文献出版社，2022，第225页。
[2] 《习近平谈治国理政》，外文出版社，2014，第85页。

与自然的协调发展。不仅如此，习近平总书记在审视生态文明全球治理时，进一步用"人与自然是生命共同体"①的理念指出人类必须尊重自然、顺应自然、保护自然，这是人类持续发展的内在需求。"人与自然是生命共同体"的理念内涵丰富，彰显了中国对生态文明全球治理的大国担当，为共建地球生命共同体贡献了中国智慧与中国力量。

2. 美丽中国和人类命运共同体的思想

习近平总书记指出："人民对美好生活的向往，就是我们的奋斗目标。"② "建设美丽中国，是实现中华民族伟大复兴的中国梦的重要内容。"③ 可以看到，"美丽中国"具有特殊的意义。习近平总书记曾多次提到，"我们只有一个地球"④，应积极"推动构建人类命运共同体"⑤。经过不懈的努力，中国特色社会主义关于生态文明建设的思想在世界范围内产生的影响越来越大。

3. 完善生态文明建设制度

习近平总书记积极推动法治中国建设，并提出将生态文明纳入法律体系。他认为："只有实行最严格的制度、最严密的法治，才能为生态文明建设提供可靠保障。"⑥ 从党的十八大到党的十九大，国家制定了大量的生态文明法律法规。主要有：2012 年 11 月，党的十八大首次提出"美丽中国"并要求"加强生态文明制度建设"⑦；2013 年 11 月，党的十八届三中全会提出了"生态文明体制改革"的具体内容，提出了生态文明建设的具体要求；2014 年 4 月，十二届全国人大常委会审议修订通过《中华人民共和国环境保护法》；党的十八届四中全会以生态文明法制为核心，提出了生态文明法制建设的优先目标；2015 年 9 月，中共中央、国务院印发了《生态文明体制改革总体方案》，对生态文明领域改革进行顶层设计和部署；2015 年 10 月，党的十八届五中全会提出了绿

① 习近平：《论坚持人与自然和谐共生》，中央文献出版社，2022，第 249 页。
② 《习近平谈治国理政》，外文出版社，2014，第 424 页。
③ 《习近平关于社会主义生态文明建设论述摘编》，中央文献出版社，2017，第 20 页。
④ 《习近平主席新年贺词》（2014—2018），人民出版社，2018，第 12 页。
⑤ 《习近平谈治国理政》第 4 卷，外文出版社，2022，第 475 页。
⑥ 《习近平谈治国理政》，外文出版社，2014，第 210 页。
⑦ 《习近平谈治国理政》第 3 卷，外文出版社，2020，第 185 页。

色发展的思想；同年，《关于加快推进生态文明建设的意见》出台，健全生态文明制度体系成为重点；2017 年 10 月，党的十九大报告进一步完善了对生态文明建设进行长期部署的制度框架。在习近平生态文明思想指导下，我国生态文明建设的顶层设计和制度体系建设加快推进，生态环境损害赔偿制度、排污许可制、河湖长制和禁止洋垃圾入境制度等一系列法规和制度相继出台实施，我国生态文明建设进入了法律化和制度化的轨道，形成了较为系统、完整、全面的保护自然资源的规定和制度。

4. 生态问题的系统治理

习近平总书记强调坚持生态文明建设的全局观，他始终要求以系统思维来推动生态文明建设。首先，习近平总书记强调："用途管制和生态修复必须遵循自然规律，如果种树的只管种树、治水的只管治水、护田的单纯护田，很容易顾此失彼，最终造成生态的系统性破坏。"[①] 因而在"五位一体"的总体布局中，生态文明建设发挥着先导性的作用，贯穿于其他各项建设之中。其次，他强调："要深化生态文明体制改革，尽快把生态文明制度的'四梁八柱'建立起来。"[②] 在历次颁布的《国务院机构改革方案》当中，与生态问题相关的机构改革涉及的部门最多，改革力度也最大。最后，习近平总书记在原有认识的基础上，在党的十九大报告中提出了"坚持人与自然和谐共生"[③] 的基本方略，还将"山水林田湖"丰富为"山水林田湖草"，突出了其在生态文明问题认识上的系统思维。党的十九大报告提出的"坚持人与自然和谐共生"的基本方略，竖起了生态文明建设里程碑，勾画了绿色路线图，开启中国生态文明建设新时代。

（二）成熟阶段

党的十九大报告中明确提出："加快生态文明体制改革，建设美丽中国。"[④] 党的十九大到党的二十大，以习近平同志为核心的党中央不断深化

---

① 习近平：《论坚持人与自然和谐共生》，中央文献出版社，2022，第 42 页。
② 《习近平谈治国理政》第 2 卷，外文出版社，2017，第 393 页。
③ 《习近平谈治国理政》第 4 卷，外文出版社，2022，第 353 页。
④ 《习近平谈治国理政》第 3 卷，外文出版社，2020，第 39 页。

对生态文明建设规律的认识，全面加强生态文明体制改革，深入推进大气、水、土壤污染防治行动，开展生态红线保护专项行动，习近平生态文明思想在实践中不断成熟完善。

在习近平生态文明思想的指导下，党的十九大到二十大的5年时间，生态文明建设实现新的进步，国土空间开发保护格局得到优化，生产生活方式绿色转型取得显著成效；坚持"山水林田湖草沙"一体化保护和系统治理，完善领域统筹和协调机制，初步构建起生态文明治理体系；污染防治攻坚战从"坚决打好"转变为"深入打好"，污染防治向着解决更深层次问题迈进；新能源革命取得新突破，初步建立起以水电、核电、光伏、风电、特高压等清洁能源为主体的绿色能源体系；出台了多个生态文明建设纲领性文件，制定修订多部生态环境法律法规，生态文明"四梁八柱"制度体系基本形成；部署"双碳"工作，既推动我国生态文明建设，又为全球生态治理树立中国榜样；将生态文明建设融入小康社会、乡村振兴，统筹经济发展与生态环境保护，切实提升了人民群众的获得感、幸福感、满足感。习近平生态文明思想在指导新时代生态文明实践中不断丰富和发展，为今后应对新的复杂生态问题做好了充足的理论准备。

（三）继续完善和丰富发展阶段

党的二十大擘画了全面建设社会主义现代化国家、全面推进中华民族伟大复兴的宏伟蓝图和实践路径，就未来一个时期党和国家事业发展制定了一系列大政方针、做出了全面部署，庄严宣示了新时代新征程党的中心任务，鲜明提出以中国式现代化全面推进中华民族伟大复兴。习近平总书记在党的二十大报告中指出："从现在起，中国共产党的中心任务就是团结带领全国各族人民全面建成社会主义现代化强国、实现第二个百年奋斗目标，以中国式现代化全面推进中华民族伟大复兴"[①]，突出强调"中国式现代化是人与自然和谐共生的现代化。人与自然是生命共同体，无止境地向自然索取甚至破坏自然必然会遭到大自然的报复。我们坚持可持

---

① 习近平：《高举中国特色社会主义伟大旗帜　为全面建设社会主义现代化国家而团结奋斗——在中国共产党第二十次全国代表大会上的报告》，人民出版社，2022，第21页。

续发展，坚持节约优先、保护优先、自然恢复为主的方针，像保护眼睛一样保护自然和生态环境，坚定不移走生产发展、生活富裕、生态良好的文明发展道路，实现中华民族永续发展"①，把人与自然和谐共生作为现代化的本质要求之一，进一步把生态文明建设与中国式现代化、中华民族伟大复兴相结合，将"广泛形成绿色生产生活方式，碳排放达峰后稳中有降，生态环境根本好转，美丽中国目标基本实现"② 作为 2035 年我国发展的总体目标之一，在理论上发展了"五位一体"总体布局与"富强、民主、文明、和谐、美丽"的现代化强国目标，进一步深化了习近平生态文明思想。

党的二十大报告对生态文明建设做出了战略部署："必须牢固树立和践行绿水青山就是金山银山的理念，站在人与自然和谐共生的高度谋划发展"③，要求"我们要推进美丽中国建设，坚持山水林田湖草沙一体化保护和系统治理，统筹产业结构调整、污染治理、生态保护、应对气候变化，协同推进降碳、减污、扩绿、增长，推进生态优先、节约集约、绿色低碳发展"④，在"加快发展方式绿色转型""深入推进环境污染防治""提升生态系统多样性、稳定性、持续性""积极稳妥推进碳达峰碳中和"等四个方面做出总体安排，力度更大、措施更严、要求更高。这些重大决策部署，充分体现了以习近平同志为核心的党中央对生态文明建设和生态环境保护一以贯之的高度重视和深远考量，充分展示了党中央建设生态文明、建设美丽中国的鲜明态度和坚定决心。习近平生态文明思想将在以中国式现代化全面推进中华民族伟大复兴的实践中不断丰富、完善和发展。

2023 年 7 月 17 日至 18 日，全国生态环境保护大会在北京召开，

① 习近平：《高举中国特色社会主义伟大旗帜 为全面建设社会主义现代化国家而团结奋斗——在中国共产党第二十次全国代表大会上的报告》，人民出版社，2022，第 23 页。
② 习近平：《高举中国特色社会主义伟大旗帜 为全面建设社会主义现代化国家而团结奋斗——在中国共产党第二十次全国代表大会上的报告》，人民出版社，2022，第 24 ~ 25 页。
③ 习近平：《高举中国特色社会主义伟大旗帜 为全面建设社会主义现代化国家而团结奋斗——在中国共产党第二十次全国代表大会上的报告》，人民出版社，2022，第 50 页。
④ 习近平：《高举中国特色社会主义伟大旗帜 为全面建设社会主义现代化国家而团结奋斗——在中国共产党第二十次全国代表大会上的报告》，人民出版社，2022，第 50 页。

习近平总书记出席会议并发表重要讲话，强调："今后 5 年是美丽中国建设的重要时期，要深入贯彻新时代中国特色社会主义生态文明思想，坚持以人民为中心，牢固树立和践行绿水青山就是金山银山的理念，把建设美丽中国摆在强国建设、民族复兴的突出位置，推动城乡人居环境明显改善、美丽中国建设取得显著成效，以高品质生态环境支撑高质量发展，加快推进人与自然和谐共生的现代化。"① 进一步在讲话中全面总结了党的十八大以来我国生态文明建设的"重大转变"，深刻阐述了新征程生态文明建设需要处理好的"五个重大关系"，系统部署了全面推进美丽中国建设的"六项重大任务"，鲜明提出了坚持和加强党的全面领导的"一项重大要求"，实现了习近平生态文明思想在实践基础上的创新发展，为全面推进美丽中国建设、加快推进人与自然和谐共生的现代化，提供了根本遵循和行动指南。

二　习近平生态文明思想的主要内容

习近平生态文明思想是习近平新时代中国特色社会主义思想的重要组成部分，是建成美丽中国的根本遵循，深刻回答了为什么要建设生态文明、建设什么样的生态文明、怎样建设生态文明的重大理论和实践问题，为中华民族永续发展擘画了蓝图。习近平生态文明思想是我国生态文明教育的指导思想，是我国生态建设的行动指南，是中国式现代化建设的重要遵循。主要内容包括以下六点。

（一）坚持人与自然和谐共生

习近平总书记指出："'万物各得其和以生，各得其养以成。'中华文明历来强调天人合一、尊重自然。"② 在《易经》《老子》《孟子》《荀子》《齐民要术》等众多中国古代经书典籍中，都体现了"天人合一"的思想，追求人类与自然界和谐共生，强调人类要遵循自然界的客观规律，按照与自然法则相适宜的方式行事，在保护好自然界的基础上进行生产活动。"坚持

---

① 《习近平在全国生态环境保护大会上强调：全面推进美丽中国建设　加快推进人与自然和谐共生的现代化》，中国政府网，https://www.gov.cn/govweb/yaowen/liebiao/202307/content_6892793.htm。
② 《习近平谈治国理政》第 2 卷，外文出版社，2017，第 530 页。

人与自然和谐共生"是习近平总书记提出的一个重要观点，该观点强调人类的生存和发展总是建立在自然界的基础之上，人是大自然的一分子，与整个生态系统的所有元素彼此依赖，一方的变动，就会对另一方造成影响，要维持生态圈的平衡，就必须要保护自然，与自然和谐相处。因此，习近平总书记主张尊重、顺应、保护自然，坚持人与自然和谐共生的基本方针，全面推进中国特色社会主义生态文明建设。生态保护和环境治理是一项系统工程，生态文明建设要坚持标本兼治，多策并举，多地联动，全社会共同行动，要从全局、系统的角度去探索生态文明的发展道路，以系统的思路来统筹协调，才能有效地推动生态文明建设，真正做到人与自然的和谐共生。"中国式现代化必须走人与自然和谐共生的新路。这是对我们自己负责，也是对世界负责。"① 中国式现代化必须坚持生态优先、绿色发展的理念，追求人与自然和谐共生，这是总结现代化建设历史经验与教训所得出的重要结论，也反映了当今世界现代化发展的必然趋势和迫切要求。

（二）绿水青山就是金山银山

习近平总书记围绕经济发展和生态保护的关系进行了深刻的思考，提出"我们既要绿水青山，也要金山银山。宁要绿水青山，不要金山银山，而且绿水青山就是金山银山"② 的"两山论"。良好生态本身蕴含着无穷的经济价值。绿水青山既是自然财富、生态财富，又是社会财富、经济财富，还是水库、粮库、钱库、碳库。保护生态环境就是保护自然价值和增值自然资本，就是保护生产力，改善生态环境就是发展生产力。生态环境既是生态的又是经济的，"绿水青山就是金山银山"体现了二者之间内在的辩证关系，既相互对立又相互统一、相互依存，要求我们在促进经济社会高质量发展中统筹规划经济增长和保护环境的辩证关系，确保"绿水青山"持续发挥生态效益和经济效益。要更加重视生态环境这一生产力要素，在经济建设中更加尊重自然环境的发展规律，保护和利用好生态环境。当经济发展与生态保护处于对立时，必须以坚持生态为要，绝不能再

---

① 习近平：《团结合作勇担责任　构建亚太命运共同体——在亚太经合组织第二十九次领导人非正式会议上的讲话》，《人民日报》2022 年 11 月 19 日。
② 习近平：《论坚持人与自然和谐共生》，中央文献出版社，2022，第 40 页。

以牺牲生态环境为代价换取短期的经济发展。"两山论"彰显了习近平生态文明思想的理论深度，是中国共产党治国理政的重要理念。

（三）良好生态环境是最普惠的民生福祉

习近平总书记明确指出："'取之有度，用之有节'，是生态文明的真谛。"① "取之有度，用之有节"典出《资治通鉴》，强调自然界的物产资源是有限的，唯有合理适度索取、有节制地使用，才能常保富足，否则会导致生态失衡。中国共产党始终代表最广大人民的根本利益，而生态利益与人们的生产生活息息相关。习近平总书记曾指出："良好生态环境是最普惠的民生福祉。"② 可见，生态环境问题不仅关系政治，更关系社会民生。当前，"人民日益增长的美好生活需要和不平衡不充分的发展之间的矛盾"③ 是我国社会的主要矛盾，人民对美好生态环境有了比以往更强烈的需求和期待。尽管我国的生态环境治理工作已经取得了一定成效，但总体来说，人们生态文明意识较为淡薄，生态环境问题依然严峻。发展经济是为了民生，保护生态环境同样也是为了民生，必须坚持以人民为中心的发展思想，解决好人民群众身边的突出生态环境问题，推动生态惠民、生态利民、生态为民，提供更多优质生态产品，让人民群众的获得感、幸福感、安全感更加充实、更有保障、更可持续，望得见山、看得见水、记得住乡愁。"环境就是民生"④ 这一理念将绿水青山、蓝天白云上升到民生这一最大的政治高度，从根本上明确了生态文明建设的发展目标问题。

（四）以制度和法治保障生态文明建设

习近平总书记强调："只有实行最严格的制度、最严密的法治，才能为生态文明建设提供可靠保障。"⑤ 当前，我国在生态环境保护中存在的突出问题大多同体制不健全、制度不严格、法治不严密、执行不到位、惩处不得力有关，必须加强法律法规制度建设，健全完善生态文明制度体系，以法律为指导，切实用健全的法律体系为生态文明建设保驾护航。一方

---

① 《习近平谈治国理政》第 3 卷，外文出版社，2020，第 373 页。
② 习近平：《论坚持人与自然和谐共生》，中央文献出版社，2022，第 11 页。
③ 《习近平谈治国理政》第 3 卷，外文出版社，2020，第 9 页。
④ 习近平：《论坚持人与自然和谐共生》，中央文献出版社，2022，第 135 页。
⑤ 《习近平谈治国理政》，外文出版社，2014，第 210 页。

面，加强生态文明制度体系建设，对于生态文明建设具有保障性意义。生态文明制度体系不健全，势必会造成管理上的缺失，无法满足生态文明建设需求与人民群众对美好生活需要。在构建生态文明体制的过程中，既要强化基础制度，又要重视源头控制；既要强化约束机制，也要强化过程控制；同时还要加强对生态环境影响的评估制度与惩罚制度建设，明确生态环境保护责任。另一方面，坚持用法治理念执行最严格的生态环境保护制度，坚持有法必依、执法必严、违法必究，持续深化生态文明体制改革，建立健全源头预防、过程控制、损害赔偿、责任追究的生态环境保护体系以及党委领导、政府主导、企业主体、社会组织和公众共同参与的现代环境治理体系，把建设美丽中国转化为全民自觉行动，让制度成为刚性约束和不可触碰的高压线。

（五）加强生态文明宣传教育

习近平总书记多次强调树立生态文明意识的重要性，要求"要加强生态文明宣传教育，增强全民节约意识、环保意识、生态意识，营造爱护生态环境的良好风气"[①]，积极推进生态文明教育融入育人全过程，亲自深入田间地头开展调研，亲自参与义务植树活动，强调"光盘行动"，为全国人民参与和践行生态文明树立了光辉榜样。生态文明教育被落实到了我国的政策文件当中。在"十四五"教育发展规划中，明确提出了提升生态文明素质和加强生态文明教育的目标。为了进一步加强对生态文明的宣传和教育，生态环境部、教育部等国家部委出台多项文件，明确了开展宣传教育生态文明工作的顶层设计，江苏省、天津市等地相继出台地方性生态文明宣传教育实施文件，生态文明宣传教育覆盖横向到边、纵向到底，做到理论创新每前进一步，理论武装就要跟进一步，厚植中国式现代化的绿色底色。

（六）共谋全球生态文明建设

生态文明是人类文明发展的历史趋势，建设美丽家园是人类的共同梦想。为了共同守护我们的美好地球家园，习近平总书记秉持中国立场、胸

---

① 《习近平关于社会主义生态文明建设论述摘编》，中央文献出版社，2017，第116页。

怀世界眼光，明确指出"生态文明建设关乎人类未来"①，积极倡导世界各国携手共进，全面推动构建人类命运共同体。党的十八大以来，中国在各个国际会议呼吁全球生态环境保护、引领全球生态治理，成为生态文明建设的重要参与者、贡献者、引领者。在全球面临生态治理困局的今天，欧洲各国纷纷撕毁此前做出的气候承诺，而中国科学合理地处理中国式现代化与"双碳"之间的关系，不仅提出"双碳"口号，更规划具体方案，取得了显著成效，为全球生态文明建设树立了中国典范。在应对全球气候变化方面，中国不仅积极承担大国责任，落实节能减排承诺，还在气候变化谈判中贡献自己的智慧，通过我国的生态文明建设实践，为全球气候治理提供中国经验。

　　总之，习近平生态文明思想是马克思主义中国化时代化的理论成果，作为习近平新时代中国特色社会主义思想的重要组成部分，更是中国共产党人关于生态文明建设的集体智慧和经验总结。生态文明教育要教育引导全国人民自觉做习近平生态文明思想的坚定信仰者、积极传播者和模范践行者。要坚持稳中求进工作总基调，完整、准确、全面贯彻新发展理念，加快构建新发展格局，着力推动高质量发展，统筹经济社会发展和生态环境保护工作，扎实推进美丽中国建设，为建成人与自然和谐共生的中国式现代化提供人才支撑。

第二节　中国特色社会主义生态文明教育的理论基础

一　马克思主义经典作家关于人与自然关系的科学论述

　　在马克思之前的所有哲学中，都没有对人与自然关系进行正确的理解和阐释。"它们在一方面只知道自然界，在另一方面又只知道思想。但是，人的思维的最本质和最切近的基础，正是人所引起的自然界的变化，而不仅仅是自然界本身。"② 因此，正确处理人与自然关系、实现人与自然和谐共处，既是生态文明建设的核心问题，又是新时代中国特色社会主义生态

---

① 《习近平谈治国理政》第 3 卷，外文出版社，2020，第 364 页。
② 《马克思恩格斯选集》第 3 卷，人民出版社，2012，第 921～922 页。

文明教育必须面对的难题。加强和改进我国生态文明教育，必须坚定不移地坚持习近平生态文明思想。

（一）马克思、恩格斯关于人与自然关系的科学论述

马克思在研究资本主义世界的运行规律时，凭借其对人类社会的准确把握，科学地预见了未来的生态环境问题。马克思认为，人类发展与自然环境是不可分割的两个部分，在研究历史时，既要考察人与人之间的关系，又要考察人与自然的物质占有关系；既要总结人类社会的发展规律，又要道明自然发展史，以找到未来的理想社会形态。受时代和历史实践的制约，马克思没有对生态环境问题做系统的研究，但埋藏于马克思主义自然观、实践观、社会观和历史观之中的有关生态文明的论述，为当代生态文明建设与生态文明教育奠定了理论基础。

1. 人与自然的对立统一

任何一种生态理论最终要回答的都是人与自然的关系问题，马克思主义唯物主义自然观在这一基本问题上坚持人是自然界的一部分的科学回答，"人是自然界的一部分"的认识是中国特色社会主义生态文明教育的重要理论基础。

马克思认为，人类发展与自然环境是不可分割的两个部分，在《1844年经济学哲学手稿》中，马克思强调："人是自然界的一部分"①，自然界是人的无机身体。他认为，人类不能脱离自然环境，由于人类存在于能动地改造后的自然界中，因而是自然界的客观存在物。自然界对于人类有着先在性和真实客观性，人与自然紧密联系、不可分割，人的生活、生产、科学、艺术等实践都要基于自然界的物质提供。人类虽然具有一定的改造自然的能力，但是人类实践活动仍然时刻受到自然环境的制约，所谓的"人本位"只是把人从自然中抽象出来，与自然隔离开来。人类虽然具有一定的改造自然的能力，但是人类实践活动仍然时刻受到自然环境的制约，恩格斯强调："我们不要过分陶醉于我们人类对自然界的胜利。对于每一次这样的胜利，自然界都对我们进行报复。"②

---

① 《马克思恩格斯文集》第 1 卷，人民出版社，2009，第 161 页。
② 《马克思恩格斯选集》第 3 卷，人民出版社，2012，第 998 页。

　　人与自然的关系，如同细胞与生命之间的关系，两者是相辅相成、彼此同构的。人类社会是自然界的一个组成部分，在马克思主义中，自然、社会、人构成了一个统一的有机整体，生态环境具有社会生态环境和自然生态环境的双重定义，人类与社会的和谐、人类与自然的和谐以及社会与自然的和谐是人类社会发展的重要目标。阳光、空气、水、煤、油等人类生存生产所必需的各种物质资源，都依赖于自然界的供给，而要实现这种从自然到人类必需品的转换，就必须经过人类的实践。不过这种实践仅仅是通过人的活动把自然界的物质材料转化为现实生活的"无机的身体"，即对自然的"占有""再生产"，这种实践逐步强化了人类对自然的控制力，并将更多的人的实践印记铭刻于其上。然而，人类把自然的物质转化为维持人类的生活所必需的物质的这种实践行为并不意味着能够随心所欲地控制自然，而是要受其发展规律的制约，人与自然的彼此互动，既体现了两者的相互制约，也体现了人与自然的对立和统一。

　　2. 自然生产力与社会生产力的对立统一

　　从刀耕火种到人工智能，经过数万年的发展，人类的生产力发生了翻天覆地的变化，但是无论人类社会发展到什么程度，人类对自然的需求和对自然的依赖性都没有改变。所以马克思在论述生产力的时候，把自然生产力和社会生产力放在同等重要的位置上。

　　马克思所说的社会生产力，是把自然事物转化为生产和生活所必需的物质材料的一种力量，这种力量贯穿于整个生产过程，体现着人们对自然的认识和控制。马克思认为，自然生产力和社会生产力是联系在一起的，并且是紧密联系在一起的，是一种对立和统一的关系。他认为生产力水平决定了生产力的发展，而当各地区的生产力发展水平相同时，则决定了生产力的整体水平。正因如此，某些资源丰富、土地肥沃的地区，被誉为"天府之国"；而那些环境恶劣的地区，则经常被称作"不毛之地"。

　　自然生产力对社会生产力的限制主要表现在"再生产"上。一方面，它通过限制向人提供生产资料来限制人的社会生产力，与此同时，它也是对人类社会生产的一种补充。另一方面，社会生产力也对自然生产力产生了反作用，它是建立在人的生产活动之上的，它自身的非自主性决定了它的发展程度，它与社会生产力的发展程度成正比。随着社会生产力的提高，人类对自然的认识和改造能力不断提高，自然生产力也在不断地向实际的生产力转变。社会生产力的发展对自然生产力造成影响，如果人类社会生产力遵循自然界的客观规律，自然生产力则"帮助"人类再生产，若社会生产力破坏生态环境，自然生产力则限制人类再生产。因此，保护自然生产力是社会生产力发展的必要条件。

3. 人与自然的物质变换

马克思在研究人与自然关系时，提出了人与自然物质变换思想，是关于人与自然关系的重要理论创造，对当代人类保护自然环境、摆脱生态危机具有深刻的指导意义。

马克思从两个层面阐述了其人与自然物质变换思想，分别是自然循环层面的人与自然物质交换和以劳动为中介的人与自然物质交换。马克思认为，人是自然界长期发展的产物，人靠自然界生活，自然界是人为了生存而与之不断交往的人的身体，人通过肉体生活和精神生活同自然相联系，人和自然的物质变换是自然循环的一环，进一步强调自然条件对劳动生产率的制约作用，指出在人类文明的初级阶段，生活资料丰富的自然资源如土壤肥力、水中鱼产具有决定性意义；在人类文明发展的较高阶段，可航行河流、森林、金属、煤炭等劳动资料的自然资源更具有决定性意义。在谈论劳动时，马克思把劳动过程比喻为物质变换过程，认为人和自然之间的物质变换是人类通过劳动创造使用价值的过程，是物质、能量、信息的交换过程，人类在生产过程中向自然界排出工业和农业肥料，在消费过程中排放排泄物以及部分消费品的残留。

资本主义条件下人与自然物质变换过程被破坏。马克思认为在人与自然的交流中，人的生产和实践活动是人与自然的代际交换，而资本唯利是图的本性，导致19世纪的资本主义生态环境难以得到持久的维护和发展。马克思指出："资本主义生产使它汇集在各大中心的城市人口越来越占优势，这样一来，它一方面聚集着社会的历史动力，另一方面又破坏着人和土地之间的物质变换，也就是使人以衣食形式消费掉的土地的组成部分不能回归土地，从而破坏土地持久肥力的永恒的自然条件。"① 马克思认为，

---

① 《马克思恩格斯选集》第2卷，人民出版社，2012，第233页。

资本主义的发展催生了并加速了人类工业化，工业化的发展要求人口、资源大量向城市聚集，在很大程度上加快了人类历史进程。此外，城市的发展进一步加剧了城乡矛盾。为了加速生产与再生产，乡村的产品源源不断地流入城市，土壤肥力逐年减少，必须使用化肥、农药弥补土壤肥力欠缺，造成土壤退化等生态问题。

马克思认为，实现人与自然物质变换持续进行的途径就是消灭私有制，在公有制社会里，谁也不会滥用和破坏土地，即只有从根源上变革资本主义制度，人类社会和自然的物质循环才能得到有效调节，提出必须彻底地、全面地变革现有的所有制形式和生产方式。马克思正确地揭示了人与自然间的物质能量的循环和互动，指出了资本主义生产方式和所有制致使人与自然的物质流通中断、异化，人的生存方式发生了变化，这是一种本体论和认识论的结合。

4. 资本主义社会生态危机的根源及解决途径

马克思恩格斯认为，要达到人与自然的和谐，就必须对不合理的社会体制进行彻底改造。

恩格斯认为，资本主义生产方式只是以获取劳动的最近且最直接的效益作为主要目的，而资源开采过度、环境恶化等后果则被完全忽视了。马克思所处的时代是资本主义的大发展时期。他在深刻地研究了环境问题的基础上，深刻思考人与自然的关系，揭示了人与自然的矛盾归根到底是人与人的矛盾，指出资本主义制度是造成生态危机的根源，资本的逐利性驱使人们加速对自然的征服。在这个时期，生产力发展很快，但是，人类对大自然的认识还很落后，人们对大自然的控制是盲目的，享受着对大自然的掌控。资本主义迸发出的强大生产力虽然造就了人类文明的巨大飞跃，然而由于资本的盲目性和逐利性，资产阶级眼中的一切事物都是获取利润的生产资料，"资本主义生产方式以人对自然的支配为前提"[①]，导致工业文明社会人类与自然的分离、对立与冲突。

马克思主义认为，生态环境破坏的根源在于资本主义生产关系和生产方式。在资本主义制度下，资本家为极度追求利润而对自然资源过度开采

---

① 《马克思恩格斯选集》第 2 卷，人民出版社，2012，第 239 页。

与浪费、对工人劳动无情压榨与剥削、对生态环境大肆破坏与污染，而无视对自然资源的合理使用、对工人身体生活的基本保障、对生态环境的治理保护。因此，唯有彻底变革资本主义生产关系及其社会制度，才能解决生态问题、消除生态危机、实现人与自然和谐共生。

既然资本主义是生态危机的根源，那么人与自然的和解之路则是变革资本主义。马克思认为，要改变人与自然的关系，实现人与自然和谐发展，必须变革资本主义政治制度、经济制度以及资本主义生产关系基础上诞生的法律、道德、社会文化等，在坚持自然规律和社会规律的基础上，建立自然、社会与人和谐发展的社会制度。马克思主义以人的全面自由发展为理论归宿，通过建立符合自然规律和社会发展规律的社会政治制度改变资本主义生产关系下的人类的生产生活同自然、社会的对立关系，为实现自然、社会与人类的和谐发展指明了方向和道路。

（二）列宁在生态问题上的理论遗产

列宁是伟大的马克思主义理论家，他对马克思恩格斯思想的研究、继承和发展做出了重大贡献。列宁以俄国的革命和苏俄社会主义建设实践为切入点，在继承马克思恩格斯关于人与自然关系的论述基础上，结合俄国国情，提出了一系列关于生态问题的重要思想理论，这些思想理论对发展马克思主义生态思想具有重大的现实意义，是中国特色社会主义生态文明教育的重要理论来源。

1. 列宁坚持马克思主义关于人与自然之间的关系的论述

列宁的生态思想是对马克思主义生态思想的继承与发展。列宁把人和自然看成一体的，主张必须从自然和物质中找到对应的精神，而非从感性的精神中寻求对应的东西。所以，他说："我憎恨把人同自然界分割开来的唯心主义；我并不因自己依赖于自然界而感到可耻。"[1] 列宁认为，人是自然界的一分子，心灵是自然界的一种反映，正是由于人的物质生活是由自然界来决定的，而思想活动也是从自然界中来的，所以人的一切行为都与大自然有着密切的联系。列宁继承了马克思恩格斯关于人能改造和利用自然的思想，在批判旧的唯物主义的基础上，进一步批判了资本主义学者

---

① 《列宁全集》第55卷，人民出版社，2017，第39页。

追求的"人类中心主义"，强调人在改造自然的过程中，必然要遵守自然的法则，在自然规律的制约之下改造自然。列宁指出，人类的实践活动是人与自然关系的具体体现，在历史进程中，人的实践活动如果遵循自然客观规律，则人类社会能够快速发展；如果人类违背自然客观规律，则人类社会发展进程将会受阻甚至倒退。列宁进一步批判了经验主义者的不可知论，认为自然物质具有客观实在性，人类对自然界客观规律的认识是一个渐进的过程，随着认识能力的提升，人类对自然界的认识就越深化，尊重规律改造自然的能力就越强大，人类文明就越来越进步。

2. 列宁对马克思主义资本主义生态危机思想的深化

列宁在1914年以后，用"垄断"一词来形容资本主义的变化和发展，强调垄断资本主义时期帝国主义的发展水平更高、经济能力更强，对世界资源的占有和掠夺能力也大幅提升。为了满足资本主义无限的再生产，达到最大的收益，资本家将魔爪伸向了发展较为缓慢的国家和地区，通过掠夺自然资源以填补自身的不足。列宁深刻揭示了资本主义生产方式的本质特征，批判了资本主义生产方式追求利益最大化而对物质资源疯狂的掠夺，进一步排挤牺牲自然经济，导致了自然生态的恶化。列宁在考察资本主义生态危机的过程中，对资本主义生态危机的成因进行了深入的思考，认为随着资本—帝国主义国家生产力的发展，其内部人与自然关系以及资产阶级同无产阶级矛盾会越发突出，为了转嫁危机，资本—帝国主义国家通过殖民主义向外掠夺，最终激化国与国之间、资产阶级同无产阶级之间的矛盾，最终导致第一次世界大战爆发，造成人类灾难。

3. 列宁对消除资本主义生态危机和对社会主义生态建设的探索

十月革命胜利后，列宁领导的布尔什维克在俄国建立了世界上第一个社会主义国家，为列宁进一步深入思考解决生态危机路径奠定了政治基础。在打退国内外反革命势力之后，苏俄开始恢复经济，列宁旗帜鲜明地提出社会主义建设要在"总的大计划进行的、力求合理地利用经济资源建设"[①]，以使自然资源能够节约、循环利用，进而改善人们生活的生态环境。列宁在建设社会主义的过程中，提出土地资源变革，要求土地以及地下的资源归

---

① 《列宁全集》第35卷，人民出版社，2017，第18页。

国家专用，不得擅自交易。在此基础上，列宁进一步强调通过法律保护环境，先后签署相关法律文件多达 200 余件，使俄国生态法治迅速建立完善。在工业化进程中，列宁肯定了科学技术在改善环境中的重要作用，认为科学技术能够极大地提高生产效率、避免资源浪费，进一步强调在社会主义条件下，科学技术是为无产阶级服务、为社会主义事业服务的，建设共产主义必然要利用科学技术。

二 中华民族优秀传统文化中关于生态伦理的丰富资源

没有中华文化，就没有中国特色；没有中国特色，就没有中国特色社会主义道路。在中华民族几千年的历史长河中，中华文化源远流长并传承有序，浩如烟海的典籍、大量留存的文物以及代代相传的风俗中都蕴藏着中华民族优秀传统生态文化资源，较为典型的是儒家思想和道家思想中蕴含的生态文化资源，这是古代先贤在长期的生活生产实践中所摸索出的认识自然、利用自然、调控自然与人的关系的智慧与经验总结，为中国特色社会主义生态文明教育提供了教育资源。党的二十大报告对新时代全面贯彻落实习近平生态文明思想、走绿色发展之路、以中国式现代化建设人与自然和谐共生的美丽中国作出了系列战略谋划和部署。习近平总书记指出："中华民族向来尊重自然、热爱自然，绵延五千多年的中华文明孕育着丰富的生态文化。"① 中国特色社会主义生态文明教育必须弘扬中华优秀传统文化，吸收借鉴我国古代生态文化、生态思想，深度挖掘并汲取中华优秀传统文化中的生态智慧，持续推动绿色发展，促进人与自然和谐共生。

(一) 儒家思想中的生态伦理思想

考察儒家传统的生态观念，必须了解其对"自然"的认识。中国传统文化对自然的认识，主要体现在对"天"与"道"的诠释上，故常有"天人合一""天行有常"等概念。此处所谓"天""道"，主要是指解释天地运转的法则。正如冯友兰先生所说："曰自然之天，乃指自然之运行，如《荀子·天论篇》所说之天是也。"② 冯友兰认为，中国传统文化中的

---

① 习近平：《论坚持人与自然和谐共生》，中央文献出版社，2022，第 1 页。
② 冯友兰：《中国哲学史》，华东师范大学出版社，2011，第 35 页。

"天"就是"天道"的一种，它就是"天地"的运行规律。

孔子曰"钓而不纲，弋不射宿"①，强调在捕鱼的时候只用鱼竿而不用大网，用带的箭射鸟但是不射回巢栖息的鸟，主张对动物心存仁爱，不可滥捕滥杀，体现了"取物以节"的可持续发展思想；孟子在给梁惠王论述"王道之始"时强调："不违农时，谷不可胜食也；数罟不入洿池，鱼鳖不可胜食也；斧斤以时入山林，材木不可胜用也。"②农业耕作按照农业生产的时间粮食就能满足需要，捕鱼中不使用密孔的渔网鱼鳖水产就能多得吃不完，砍伐林木有定时木材便能取之不尽，反对"竭泽而渔"，主张要善于利用自然资源、保护自然资源，体现了孟子对生态环境的关注和保护意识。荀子认为，人类对自然资源要"善治"，做到"土之生五谷也，人善治之，则亩数盆，一岁而再获之"，就能"夫天地之生万物也，固有余足以食人矣；麻葛茧丝、鸟兽之羽毛齿革也，固有余，足以衣人矣"③，主张从全局的角度看自然，把握好农耕与鸟兽的自然规律，对自然资源进行合理利用，才能实现丰衣足食。传统儒学还意识到了人与自然界其他事物之间的关联性，如北宋张载所说："故天地之塞吾其体，天地之帅吾其性，民吾同胞，物吾与也。"④张载从宏观的观点来看，世间一切都是由"气"构成的，所有人都是我们的兄弟，所有的一切都是我们的同伴，张载的学说虽然简单，但他对生态平衡的直觉，却与现代生态的观点相吻合。最后，儒家传统主张在维持生态平衡的同时，坚持"用"和"养"的均衡，坚持以保护和利用自然资源为先决条件，提倡以人的伦理观念调整两者的关系。儒家先哲从农业文明的角度看问题，主张要根据动植物的自然生长规律进行人类活动，体现了可持续发展的思想。

（二）道家思想中的生态伦理思想

传统的道家思想把物质世界看作一个有机的、互相关联的整体，因而也就有了生态的内涵。如果说儒学更重视个人道德修养，进而推己及人，实现"齐家"，那么，传统道家的哲学，则是以"道"为基础，从整体到

---

① 程树德：《论语集释》，程俊英、蒋见元点校，中华书局，2013，第565页。
② 方勇译注《孟子》（梁惠王上），中华书局，2010，第5页。
③ 方勇、李波译注《荀子》，中华书局，2011，第147页。
④ 张载：《张子全书》，林乐昌编校，西北大学出版社，2014，第53页。

个体，从"道"到阴阳，从万物的关系，从一开始就把人放在了万物的中心。老子是道教的开山鼻祖，倡导"天道"，从宏观的观点来看，一切事物都源于大自然，人类只能按照自己的意志行事。"人法地，地法天，天法道，道法自然"，道家把"道"看作一切事物的"本源"，"道"是一切事物发展的必然法则，而人、地、天则在此基础上达到了一种统一的状态。"道法自然""自然无为"是老子的生态理念，"自然"不是单纯的自然存在的物质观念，它所代表的是一种自然的存在，他的"自然"思想就是合乎规律和合存性的结合。老子"无为"的思想，是从发展的观点来看，要尽量使大自然按照自己的发展规律发展，而不能妨碍其发展，也不能违背其法则。

道家传统的观点主张以平等包容的心态对待一切，正如庄子所言："以道观之，物无贵贱"①，庄子从"道"的角度，即从宏观的全局角度来看，一切都是有其自己的特点的，没有高低之别，都是不可取代的、不可轻视的。所以，在自然界中，人类也是它们的一分子，没有任何优越感，必须一视同仁。庄子描绘了一幅"禽兽可系羁而游，鸟鹊之巢可攀援而窥"的画面。庄子的作品反映了人与自然的和谐关系，以及道家所崇尚的"万物合一"的价值观。"道"是一切事物的起源，道家主张"道法自然""物无贵贱"的生态伦理学思想，体现了道家对自然的尊重和顺应自然的生态观念。

（三）墨家思想中的生态伦理思想

"兼爱""非攻""节用节葬"是先秦墨家在漫长的历史发展过程中所形成的思想，对解决当前的环境问题有着重要的实践意义。"兼爱"是墨学的中心内容。墨子相信，人与人之间的爱，不分血缘，不分种族，不分贵贱，这不仅是人与人之间的爱，更是人与社会的爱，更是把爱推进到自然界，爱自然界的万物，其体现出的对自然的敬畏和尊重的生态伦理观，具有很强的先进性。

墨子提倡用博爱来化解社会矛盾，建立一个和谐的社会，他的思想

---

① 方勇译注《庄子》，中华书局，2010，第260页。

是："有力者疾以助人，有财者勉以分人，有道者劝以教人。"① 这是建立和谐共存的社区意识的一种文化基因。"非攻"在墨学中也有很大的影响。战国时代，战乱不断，国计民生受到极大的损害，战后人民的日子过得十分艰难。墨子主张，交战双方都要承受一场战争的灾祸，那就是浪费人力物力、破坏资源、破坏生态系统。所以墨子非常反对不义之战，非常重视人民的安危。战争造成了资源的浪费，破坏了人类社会的和谐，战后的重建与生产也是一个漫长的过程。墨子的"消费"思想对后代产生了深刻的影响。他认为，人的欲望应该以满足生存所必需的最低要求为标准，具体体现在衣食住行上，提倡勤俭的传统美德，以自己的清苦为行为准则，反对奢靡的人生态度。中国古代的厚葬风俗已有数千年之久，历代帝王都非常重视陵寝的建设。墨子认为，长期的厚葬是一种极大的浪费，不但会影响农业生产，还会造成污染地下水、土壤污染等严重的问题。"节用节葬"思想对于节约资源、合理消费具有重要意义。

（四）佛家思想中的生态伦理思想

佛教自东汉时期传入我国，吸收了中华传统文化本身的"天人合一"思想，后来又吸收了儒家、道家的自然观，形成了新的独特的中国佛教自然观。佛教自然观强调人与自然的和谐发展。"无情有性、珍爱自然"是佛教自然观最集中的体现。②

佛教自然观强调崇尚自然，认为自然与人们追求的本体是合一的。最著名的是唐宋时期禅宗的自然观，禅宗认为大自然的一草一花、一木一石都是与人亲和并可以悟道的生命存在体，所谓"一花一草皆世界"。禅师们经常把自然常景当作至高无上的悟道本体。佛家有俗语"青青翠竹，尽是法身，郁郁黄花，无非般若"，自然对于人而言是崇高而又平等友好的，对于习禅之人来讲，自然作为人依存的环境是充满着灵性、亲切和愉悦感，修佛之人正是在这种与自然亲密无间的环境中静默观察、切身感受大自然的生命律动、佛法自然。尤其是后来的大乘佛教更是将一切包括自然中的动物、植物都看作是佛法的化身，认为大自然中的一草一木、一花一

① 方勇译注《墨子》，中华书局，2011，第 79 页。
② 魏德东：《佛教的生态观》，《中国社会科学》1999 年第 5 期。

石都闪烁着佛性的光辉。也正是因为如此，人们对大自然充满了崇敬之情，佛教将整个身心投向自然万物与山水相融相谐的传统也就一直沿承了下来。

佛教对自然还有一种更加深刻的认识。佛教因为对自然风物的崇尚，也在自然万物中看到了自然流转、生死随缘的精神。六祖慧能曾云："先立无念为宗，无相为体，无住为本。无相者于相而离相；无念者，于念而无念；无住者，人之本性。"① 这就体现了佛教将修佛之道与自然境界类比，将自然界不被外物所牵引、不生好恶、不执着的境界运用到参悟佛法中来。也就是说，习禅参悟之人应该与自然万物融为一体，成为大自然的一部分，方能领悟真谛、参透佛法。所以人要敬重自然、爱护自然、融入自然，使人和大自然成为同呼吸、共命运的物我一体。

所以，佛教虽然宣传泛神论，但其对自然的亲和态度以及主张天人相亲相和的中国传统生态智慧却是非常独特的，这与中国传统文化中的自然观是不谋而合的。在后来的发展中，佛教对自然不破坏、不苛求，主张成为自然的一部分的自然价值取向，发展成为一种自然诗意和审美。这种自然的诗意，是以自然生态系统的完整、和谐为前提的，佛教的这种自然万物与我合而为一的理念打破了当代的人类中心论，反对剥削自然、控制自然、破坏自然，反对不加克制的人类欲望。在此基础上，佛教形成了"素食""不杀生""放生"等对自然生态保护有直接而积极作用的实践传统。

三 中国共产党主要领导人对生态文明教育的重要论述

马克思恩格斯强调："一切划时代的体系的真正的内容都是由于产生这些体系的那个时期的需要而形成起来的。"② 生态问题一直是一个与国家、民族发展密切相关的重大课题。中国共产党人历来重视生态文明建设，在社会主义革命、建设和改革中，中国共产党基于对国情的把握，在生态方面的林业、水利、人口问题等方面开展调查研究讨论，由此形成并实施的一系列方针、政策，以及关于教育、环境教育、可持续发展教育、

---

① 骆继光：《佛教十三经》（上卷），河北人民出版社，1994，第270页。
② 《马克思恩格斯全集》第3卷，人民出版社，1960，第544页。

生态文明教育的思想、观点，为新时代生态文明教育积累了宝贵经验。

（一）毛泽东关于生态文明教育的重要论述

早在 1934 年 1 月，毛泽东根据中央苏区农业建设中出现的问题指出："水利是农业的命脉，我们也应予以极大的注意。"① 新中国成立后，以毛泽东同志为主要代表的中国共产党人非常重视水利工作，提出了"防止水患，兴修水利"的水利建设方针，兴修水利设施，对长江、黄河、淮河等七大河流进行了有效治理。在林业建设方面，毛泽东在《论十大关系》中强调："天上的空气，地上的森林，地下的宝藏，都是建设社会主义所需要的重要因素"②，毛泽东深刻地认识到，必须正确地利用自然资源，为国民经济的发展提供能源。此后，党领导人民积极开垦土地，进行水利建设。在全国人民的共同努力下，在全国建成了红旗渠、三门峡等水利工程，创造了塞罕坝林场等人间奇迹。毛泽东提出了一系列开发自然的思想，以满足人们的生存、提高抗灾能力，同时也认识到了生态环境的重要性，为此，他在实践中进行了大量的探索。

在延安时期，毛泽东就注意到了黄土高原生态环境的脆弱，因此，他在领导农民发展农业的同时，就开始筹划、组织群众植树造林、防风固沙，以维护黄土高原的生态系统，避免土壤侵蚀、沙尘暴等灾害。在新中国成立前，毛泽东就告诫全党："任何地方必须十分爱惜人力物力，决不可只顾一时，滥用浪费。"③ 新中国成立后，毛泽东发出"绿化祖国"，并使祖国"到处都很美丽"的号召，要求祖国山河全部绿化起来，达到园林化，自然面貌要全面改观。新中国成立初期，生产力水平低、科学技术落后、商品供应短缺、缺乏足够的物质生产资料，社会基础设施严重不足，生产力、科技水平与欧美国家相比都有很大差距，许多人仍然面临着饥饿、寒冷的威胁，以及各种自然灾害的威胁。基于这一认识，毛泽东从人类生存和民族发展的高度上，提出了发展自然的主张，提倡人们自由开发自然，并提倡人们合理地利用自然资源，并着重于废物的循环再利用，以

---

①《毛泽东选集》第 1 卷，人民出版社，1991，第 132 页。

②《毛泽东文集》第 7 卷，人民出版社，1999，第 34 页。

③《建党以来重要文献选编（1921～1949）》第 22 册，中央文献出版社，2011，第 12 页。

减少废物的产生。

毛泽东的生态环境保护思想，在一定程度上防止了由于盲目开采而给生态环境带来的不良后果，对社会主义建设产生了积极的影响。毛泽东的生态文明思想，在新中国成立初期经济社会发展和生态环境变化的基础上，指导中国共产党领导全国人民在社会主义建设中开展生态实践，为中国共产党人开展生态文明建设奠定了坚实的实践和理论基础。

出于历史原因，毛泽东没有直接提出生态文明教育、环境教育的相关思想，但他在教育方面的相关论述，是新时代生态文明教育必要的理论遵循。一是教育为革命和经济建设服务的理念。早在革命战争时期他就指出"使文化教育为革命战争与阶级斗争服务"[1]，"中国国民文化和国民教育的宗旨，应当是新民主主义的；就是说，中国应当建立自己的民族的、科学的、人民大众的新文化和新教育"[2]，明确了教育的目的性，开展教育要为新民主主义革命服务，新时代生态文明教育为生态文明建设、为中国式现代化服务，正是遵循了这一理念。二是教育的综合性。毛泽东重视人的全面发展，强调："我们的教育方针，应该使受教育者在德育、智育、体育几方面都得到发展，成为有社会主义觉悟的有文化的劳动者。"[3] 同时他重视教育中的理论与实际相统一，提倡启发式教育，发起了爱国卫生运动，根据中国实际开展多种形式办学，均是新时代中国特色社会主义生态文明教育应遵循的科学理念。

（二）邓小平关于生态文明教育的重要论述

邓小平在继承和借鉴马列主义、毛泽东关于生态文明的思想的同时，在对中国国情进行了深刻的研究和反思之后，提出了一系列关于生态文明的重要理论。邓小平关于生态文明建设的论述源于环境污染治理。改革开放后，受历史局限性影响，广西境内漓江两岸集中了大量的污染企业，严重影响了漓江水质和桂林环境。邓小平多次对漓江污染问题作出重要批示，并将桂林市列为全国重点治理环境污染的 20 个城市之一，分阶段分步

---

[1] 《建党以来重要文献选编（1921～1949）》第 11 册，中央文献出版社，2011，第 127 页。
[2] 《毛泽东选集》第 3 卷，人民出版社，1991，第 1083 页。
[3] 《毛泽东文集》第 7 卷，人民出版社，1999，第 226 页。

骤对包括漓江在内的全国主要河流湖海的污染进行治理。在邓小平的努力下，经过10多年的综合治理，包括漓江在内的全国水域环境质量有了明显的改善。在林业方面，邓小平继承了毛泽东"绿化祖国"的思想，并努力推动全民义务植树，身体力行、以身作则，强调政策的持续性，要求林业建设保质保量、持之以恒。

改革开放以后，邓小平从人与自然的协调发展这一观点出发，对中国过去的生态文明进行了总结，并从"人与自然"这一观点出发，对"可持续发展"问题进行深入的思考。邓小平在人口众多、耕地少、基础薄弱的情况下，充分认识到人口因素在我国社会和经济发展中的重要作用。

邓小平提出要把人口、生产和环境结合起来，提出了加强优生优育和发展教育的政策，以提高我国人民的整体素质。同时，他还注意到了社会生产和资源利用的关系，强调了资源的使用效率的提高、资源的节约和保护，以及对自然资源的合理利用。

邓小平在不断推进我国改革开放的工作进程中，认识到法制在社会发展中的重要性，因此他特别强调，一定要依法办事。邓小平十分重视生态环境保护的法制建设，邓小平认为，生态环境保护不仅要依靠人的意志，还要有法律的保障，要强化生态立法。在邓小平大力倡导和关注下，《中华人民共和国环境保护法》《中华人民共和国森林法》等一系列的环境保护法律法规相继出台并执行，为生态文明的发展奠定了坚实基础。

邓小平同样没有对生态文明教育、环境教育直接作出指示，但他在教育方面的重要论述，是开展环境教育、可持续发展教育、生态文明教育的重要理论支撑。邓小平高度重视教育工作，从战略高度出发、从中国的实际出发谋划社会主义教育事业，强调物质文明和精神文明两手抓、两手都要硬。新时代中国特色社会主义生态文明教育是精神文明建设的重要组成部分，面向中国式现代化、全球命运共同体、中华民族伟大复兴，同新时代"五位一体"总体布局和新发展理念要求相契合，其本质上遵循了邓小平教育思想。

（三）江泽民关于生态文明教育的重要论述

江泽民依据世纪之交的中国实际情况，对生态文明建设提出了一些新的见解，提出了可持续发展理念，为社会主义生态文明建设指明了方向。

江泽民首先认识到了人与自然之间的关系是社会主义发展的重要因素。他认为：“环境保护很重要，是关系我国长远发展的全局性战略问题。”① 把生态环境与国家的文明水平联系在一起，才能使民族文化进入新的发展阶段。其次，江泽民特别指出：“保护环境的实质就是保护生产力。”② 这种观点与马克思的“自然生产力”理论是一脉相承的，他认为，良好的生态环境不仅有生态和社会的价值，而且还有很大的经济价值。经济与生态的协调发展，是人类社会发展的必然选择。1998 年特大水灾后，国务院为恢复重建、保护生态环境，制定了“退耕还林”的方针。该项目以防风固沙、保持水土、涵养水源为基础，对易发生水土流失的区域，按计划分阶段逐步减少耕地，并按当地的实际情况进行造林绿化，以恢复植被，提高生态环境。从 2002 年起，我国全面启动了“退耕还林”工程，并出台了一系列有关的法律法规作保障，不断加强对生态环境的保护。

进入 20 世纪 90 年代，生态环境问题频发促使党和国家重视环境保护事业，江泽民不仅要求物质上的环境保护，更强调精神上的环保意识的提高。江泽民指出：“环境意识和环境质量如何，是衡量一个国家和民族的文明程度的一个重要标志。”③ 强调加强环境保护的宣传教育，进一步要求全社会增强环保意识和生态意识，形成良好的环境保护氛围，在此指导下，国家环境保护局、中共中央宣传部、国家教育委员会联合印发的《全国环境宣传教育行动纲要（1996 年—2010 年)》，成为世纪之交我国开展生态文明教育的纲领性文件。江泽民要求广大干部群众增强环保意识和生态意识，批评重经济建设、轻环境保护的错误思想，为开展党政干部生态文明教育做好了准备。

（四）胡锦涛关于生态文明教育的重要论述

胡锦涛在总结、吸收国内外有关生态文明理论的基础上，深刻意识到生态文明的重大意义。一是明确提出生态文明建设。胡锦涛将生态与民族发展紧密结合起来，于 2005 年提出了“生态文明”的概念，并在党的十

---

① 《江泽民文选》第 1 卷，人民出版社，2006，第 532 页。
② 《江泽民文选》第 1 卷，人民出版社，2006，第 534 页。
③ 《江泽民文选》第 1 卷，人民出版社，2006，第 534 页。

六届三中全会上提出了以人为本的发展理念，反映出社会主义生态文明建设的价值追求。二是"两型社会"的构建。"两型社会"是指以节约资源、保护环境为目的社会。随着我国经济的迅速发展，高能耗、高污染、高投入的工业发展方式对生态环境造成了巨大的影响。为了缓解和应对这样的现状，胡锦涛在党十六届五中全会上提出，要建设资源节约型和环境友好型社会。"两型社会"就是要在不破坏生态环境的情况下，确保经济发展，其价值追求与生态文明建设有着密切的联系。三是转变经济发展方式。随着我国现代化和城市化进程的推进，人类对资源的需求越来越大，自然与人类之间的矛盾也越来越突出。胡锦涛指出，我国经济社会的粗放式发展造成了"生态系统的整体功能下降，制约经济社会发展，影响人民群众身体健康，人口与资源环境的矛盾日益尖锐"[1] 等一系列的社会问题，必须推动经济结构的优化和升级，转变我国经济发展方式。

进入 21 世纪，我国生态环境问题日渐突出，以胡锦涛同志为总书记的党中央高度重视环境保护事业，多次强调树立环境保护意识的重要性，强调要牢固树立节约资源、保护环境、人与自然相和谐的观念，在全社会大力宣传节约资源的重大意义，促进全民牢固树立节约资源的观念，培育人人节约资源的社会风尚，增强全民族的环境保护意识，营造爱护、保护和建设环境的良好风气。2005 年，在中央人口资源环境工作座谈会上，胡锦涛正式提出"在全社会大力进行生态文明教育"[2] 的任务，要求"增强全社会的人口意识、资源意识、节约意识、环保意识"[3]，是中国特色社会主义生态文明教育的开端。

2007 年，党的十七大首次将"生态文明"写入党代会报告，要求"生态文明观念在全社会牢固树立"[4]，由此，"生态文明"作为中国特色的"可持续发展"理念被提升到国家战略任务的高度，经济主旋律"又快又好"转变为"又好又快"，转变经济发展方式成为极为迫切的任务。在党的十七大要求下，全国大力开展生态文明教育宣传工作，努力构建人与

---

① 《十六大以来重要文献选编》（中），中央文献出版社，2006，第 817 页。
② 《十六大以来重要文献选编》（中），中央文献出版社，第 823 页。
③ 《十六大以来重要文献选编》（中），中央文献出版社，2006，第 826 页。
④ 《十七大以来重要文献选编》（上），中央文献出版社，2009，第 16 页。

自然和谐相处的良好社会风气。

2012 年，党的十八大进一步强调"大力推进生态文明建设"①，指出"面对资源约束趋紧、环境污染严重、生态系统退化的严峻形势，必须树立尊重自然、顺应自然、保护自然的生态文明理念，把生态文明建设放在突出地位，融入经济建设、政治建设、文化建设、社会建设各方面和全过程，努力建设美丽中国，实现中华民族永续发展"②，进一步强调"加强生态文明宣传教育，增强全民节约意识、环保意识、生态意识，形成合理消费的社会风尚，营造爱护生态环境的良好风气"③。在党的十八大部署下，生态文明建设上升到前所未有的战略高度，新时代生态文明教育稳步推进。

（五）习近平总书记关于生态文明教育的重要论述

党的十八大以来，习近平总书记在高度重视生态文明建设的基础上，进一步强调生态文明教育的重要性，他认为："生态文明建设同每个人息息相关，每个人都应该做践行者、推动者"④，要求"要加强生态文明宣传教育，增强全民节约意识、环保意识、生态意识，营造爱护生态环境的良好风气"⑤。习近平总书记在各种公开场合对生态文明教育的重要指示，为新时代中国特色社会主义生态文明教育提供了根本遵循和行动指南。

培育树立生态文明意识方面。生态文明意识对于生态文明建设至关重要，习近平总书记在多个公开场合强调生态文明意识的重要性，要求"全社会都要按照党的十八大提出的建设美丽中国的要求，切实增强生态意识"⑥。他认为，生态文明教育是树立生态文明意识的必要手段，强调"要加强生态文明宣传教育，增强全民节约意识、环保意识、生态意识，营造爱护生态环境的良好风气"⑦，通过培育树立生态文明意识，为全社会投入生态文明建设奠定思想基础。

形成绿色生产生活方式方面。习近平总书记在继承马克思主义生态观

---

① 《十七大以来重要文献选编》（中），中央文献出版社，2011，第 436 页。
② 《十八大以来重要文献选编》（上），中央文献出版社，2014，第 30~31 页。
③ 《十八大以来重要文献选编》（上），中央文献出版社，2014，第 32 页。
④ 《习近平关于社会主义生态文明建设论述摘编》，中央文献出版社，2017，第 122 页。
⑤ 《习近平关于社会主义生态文明建设论述摘编》，中央文献出版社，2017，第 116 页。
⑥ 《习近平关于社会主义生态文明建设论述摘编》，中央文献出版社，2017，第 115 页。
⑦ 《习近平关于社会主义生态文明建设论述摘编》，中央文献出版社，2017，第 116 页。

的基础上，深入思考人类活动与自然界之间的关系，认为"生态环境问题归根结底是发展方式和生活方式问题"①，要求"开展全民绿色行动，动员全社会都以实际行动减少能源资源消耗和污染排放，为生态环境保护作出贡献"②，在全社会形成"节约适度、绿色低碳、文明健康的生活方式和消费模式"③，通过生活方式绿色革命，"倒逼生产方式绿色转型"④，通过生产方式和生活方式的绿色转型，为生态文明建设注入磅礴力量。

开展生态文明教育工作方面。理论方向和实践方向明确了，如何推进是重点。习近平总书记高度重视生态文明教育，将生态文明教育作为一项长期性、持续性工作来抓，他强调："要增强文明素质教育，把垃圾分类知识纳入国民教育体系，从幼儿园抓起，培养全社会良好习惯"⑤，将生态文明教育融入育人全过程，覆盖家庭、学校、社会，要求在教育实践中创新形式，加强宣传教育、实践活动，亲自参加义务植树活动，要求"继续推进全民义务植树工作，创新方式方法，加强宣传教育，科学、节俭、务实组织开展义务植树活动"⑥，为新时代生态文明教育高质量发展树立了榜样模范。

---

① 《习近平谈治国理政》第 3 卷，外文出版社，2020，第 361 页。
② 《习近平谈治国理政》第 3 卷，外文出版社，2020，第 363 页。
③ 《习近平关于社会主义生态文明建设论述摘编》，中央文献出版社，2017，第 122 页。
④ 《习近平谈治国理政》第 3 卷，外文出版社，2020，第 368 页。
⑤ 《习近平关于社会主义生态文明建设论述摘编》，中央文献出版社，2017，第 94 页。
⑥ 《全社会都做生态文明建设的实践者推动者　让祖国天更蓝山更绿水更清生态环境更美好》，《人民日报》2022 年 3 月 31 日。

第三章 中国特色社会主义生态文明教育的历史与现状

党的十八大以来，以习近平同志为核心的党中央高度重视生态文明建设，将生态文明建设同经济、政治、文化、社会一道作为"五位一体"总体布局，并强调生态文明建设要贯穿始终，肯定了生态文明建设在社会主义事业发展中的基础和保障作用。教育是国之大计、党之大计，是民族振兴、社会进步的重要基石，教育功在当代，利在千秋。生态文明教育，关键在人、关键在思路，生态文明教育作为影响人成长成才的重要因素，一个国家、一个民族、一个社会的教育思路、教育方向、教育方式、教育过程将对未来民族的发展方向起着决定性作用。以史为鉴，方能开创未来；以今为始，方能启程明朝。回顾历史，梳理现状，为新时代加强和改进生态文明教育明确了坐标原点与实践方向。

第一节 中国特色社会主义生态文明教育的历程梳理

客观地讲，若仅限定于官方正式文件中的"生态文明"概念，我国生态文明建设起步较晚。事实上，生态文明涵盖范围极为广泛、内容相当丰富，生态环境保护是贯穿于其中的重要内容。从基础意义上生态环境保护概念讲，我国生态文明教育起步于 20 世纪 90 年代。自那时起，我国生态文明教育从环境保护教育起步，到可持续发展理念指导下发展为可持续发展教育，在 21 世纪不断完善和发展为真正意义上的生态文明教育。我国生态文明教育从萌芽走向壮大，取得了显著成绩同时存在着很多问题。回顾我国生态文明教育的发展历程，审视生态文明教育在各个发展阶段的重心，对加强和改进新时代中国特色社会主义生态文明教育具有重要意义。

一 环境保护教育阶段

1972 年，第一届联合国人类环境会议在瑞典首都斯德哥尔摩召开，刚恢复联合国合法席位的中国派代表团参加。这次会议通过了纲领性文件《人类环境宣言》，在国际范围内形成了有计划地保护环境的共识。该宣言中特别突出了"环境教育"的第十九条原则，"为了广泛地扩大个人、企业和基层社会在保护和改善人类各种环境方面提出开明舆论和采取负责行为的基础，必须对年轻一代和成人进行环境问题的教育，同时应该考虑到对不能享受正当权益的人进行这方面的教育"①，旨在通过环境保护的宣传教育提高各国人民的环境保护意识。

1973 年 8 月，在第一届联合国人类环境会议的积极影响下，我国第一次全国性环境保护会议在北京召开，在会议制定的《关于保护和改善环境的若干规定》中明确提出"大力开展环境保护的科学研究和宣传教育"②，强调"要采取各种形式，通过电影、电视、广播、书刊、宣传环境保护的重要意义，普及科学知识，推动环境保护工作的开展"③，第一次以正式条例形式提出环境保护教育，为我国开展环境保护教育提供了政策基础，开辟了我国生态文明教育的道路。1983 年召开的第二次全国环境保护会议，将保护环境确定为我国的一项长期坚持的基本国策，会议要求广泛调动社会成员对环境保护的积极性，为推动环境保护教育进一步指明了方向。1991 年，"八五"计划明确强调"要加强环境保护的宣传、教育和环境科学技术的普及提高工作，增强全民族的环境意识"④，在政府政策层面推动了环境保护教育，旨在提升全民族的环境意识。

在党和政府的推动下，全国各级各类环境保护教育开始启动。在社会教育层面，20 世纪 80 年代初，在国家的推动下，全国开展了两次大规模的"环境教育月"活动，旨在通过广播、杂志、报纸等媒体与报告、讲

① 孙鸿烈主编《中国资源科学百科全书》，中国大百科全书出版社、石油大学出版社，2000，第 33 页。
② 《关于保护和改善环境的若干规定（试行草案）》，《工业用水与废水》1974 年第 2 期。
③ 《关于保护和改善环境的若干规定（试行草案）》，《工业用水与废水》1974 年第 2 期。
④ 《十三大以来重要文献选编》（下），人民出版社，1993，第 1515 页。

座、展览等形式，宣传环境保护方针政策、科学知识以及环境保护法律法规，产生了积极效果。在学校教育层面，从 1978 年开始，国家教育部门有意识地将环境保护相关的教学内容编入中小学各类教材，在各个学科中普及环境污染危害及其防治办法，将环境保护教育渗透到中小学及幼儿教育中。20 世纪 70 年代初，北京大学率先开设环境专业，标志着我国将环境保护走向高等教育和专业教育领域，到 80 年代初期，已基本建立了专科、本科、硕士环境保护专业人才培养体系。在舆论教育方面，国家宣传部门与生态环境保护部门相结合，积极创办了《环境保护》《环境》《中国环境报》等期刊、报纸，在全国范围内大量出版发行，成为我国环境保护教育的主要媒介和重要平台。

在党中央统筹规划和各级政府积极推动下，社会各界广泛参与环境保护教育，以社会环境教育和学校环境教育为主要途径的环境教育有计划、有步骤地在全国范围内广泛开展。随着国家对环境保护重视程度的逐步提高，环境保护教育对象逐渐扩大、教育体系逐渐形成、教育模式逐渐成熟、教育成果日渐显著，为之后可持续发展教育、生态文明教育奠定了坚实的基础。

二　可持续发展教育阶段

20 世纪 80 年代，随着时代变迁、经济社会发展需要，"可持续发展"概念应运而生，在世界范围内被广泛接受。在联合国环境与发展大会通过的《21 世纪议程》影响下，1994 年 7 月 4 日，国务院批准了我国的第一个国家级可持续发展战略（也是世界上首个国家级"21 世纪议程"）《中国 21 世纪议程——中国 21 世纪人口、环境与发展白皮书》，其中第 6 章对"教育与可持续发展能力建设"作了具体规划，其中第 21 条突出强调"加强对受教育者的可持续发展思想的灌输"，要求"在小学《自然》课程、中学《地理》等课程中纳入资源、生态、环境和可持续发展内容；在高等学校普遍开设《发展与环境》课程，设立与可持续发展密切相关的研究生专业，如环境学等，将可持续发展思想贯穿于从初等到高等的整个教育过程中"[①]。在此影

---

① 《中国 21 世纪议程——中国 21 世纪人口、环境与发展白皮书》，中国环境科学出版社，1994，第 34 页。

响下，我国环境教育重心逐渐向"为了可持续发展的教育"转化，将相关教育同面向 21 世纪"实现什么样的发展"相融合，环境教育内涵得到升华，以培养具有可持续发展理念的现代公民为目标，同人民的生活、教育、社会发展紧密联系在一起。

在学校教育层面，教育部门结合生态环境保护部门深入研究可持续发展教育相对于环境教育的新发展、新内容，在中小学开设的各门学科中逐渐融入了可持续发展教育的相关知识，通过跨学科和渗透式的教育内容和方式，把正确的人口观、资源观、环境观及相关知识授予学生。在可持续发展战略被定为国策的基础上，高等学校相继设立了资源环境专业并开设相关课程，至此，我国可持续发展学校教育体系基本建立。在社会教育层面中，在《中国 21 世纪议程》的指导下，生态环境保护部门结合宣传部门开展了一系列的教育宣传警示活动，旨在通过广播、电视、报纸等媒介广泛宣传可持续发展战略的重要意义、基本内容、实现方法等，激发广大人民群众重视环境问题、监督环境治理、参与环境保护的热情。2003 年国务院印发的《中国 21 世纪初可持续发展行动纲要》中突出强调："积极发展各级各类教育，提高全民可持续发展意识。强化人力资源开发，提高公众参与可持续发展的科学文化素质。在基础教育以及高等教育教材中增加关于可持续发展的内容，在中小学开设'科学'课程，在部分高等学校建立一批可持续发展的示范园（区）。政府有关部门要在经费投入和工作安排上加大面向全社会宣传、普及、推广、应用等软环境建设的力度。科研机构定期向社会开放。利用大众传媒和网络广泛开展国民素质教育和科学普及。加快培育一大批熟悉优生优育、生态环境保护、资源节约、绿色消费等方面基本知识和技能的科研人员、公务员和志愿者。积极鼓励与支持社会组织和民间团体参与促进可持续发展的各项活动。"① 该文件明确强调要大力发展校园教育、社会教育等各级各类可持续发展教育，同时强化可持续发展人力资源培育，为可持续发展教育高质量发展打下了坚实基础。

在此指导下，国家环境保护局、中共中央宣传部、国家教育委员会联

---

① 《中国 21 世纪初可持续发展行动纲要》，国家能源局网站，http://www.nea.gov.cn/2011-08/18/c_131057507.htm。

合印发《全国环境宣传教育行动纲要（1996年—2010年）》，强调："环境宣传教育是社会主义精神文明建设的重要组成部分，对于环境保护工作起着先导、基础、推进和监督作用。环境意识如何是衡量一个国家和民族的文明程度的一个重要标志，开展环境宣传教育工作正是为了增强全民族的环境意识。我国公众环境意识的高低，对实行两个具有全局意义的根本性转变、实施科教兴国战略和可持续发展战略、实现'九五'期间和2010年的环境保护目标是至关重要的。"明确了环境教育各个层面的背景、目标、行动方向，成为世纪之交我国开展生态文明教育的纲领性文件。在此基础上，国家环境保护总局为了贯彻落实《全国环境宣传行动纲要（1996年—2010年）》，制定印发了《2001年—2005年全国环境宣传教育工作纲要》，明确指出全国环境宣传教育"十五"目标："到2005年，广大青少年基本普及环境保护知识，各级决策层对环境与发展的综合决策能力有一定提高。企业职工、农民的环境意识有明显增强，环保系统干部职工岗位培训实现规范化、制度化，环境文化建设取得明显进展，环境保护公众参与机制和环境宣传教育社会化机制初步建立；自觉遵守环境法律法规、自觉保护环境的社会风尚开始形成。"① 进一步提出建立和完善有中国特色的环境教育体系，把环境教育推向21世纪。

在党和国家的高度重视下，我国生态文明教育在内容上有了质的提升。在教育部门、宣传部门和环境保护部门的共同努力下，可持续发展的相关内容渗透到了各门课程和各类实践，从原来单一的环境保护上升到认识我们需要什么样的发展、进一步了解环境问题根源、探索如何根治环境问题、思考如何实现可持续发展，教育广大人民群众深刻理解可持续发展战略的重要意义，在意识上有效避免过去环境保护"头痛医头，脚痛医脚"的被动局面，极大地提升了我国人民群众的生态素养，培养了一批高素质生态人才，为新世纪我国开展生态文明教育奠定了重要基础。

三　生态文明教育阶段

2002年，党的十六大报告明确将"生态良好的文明社会"列为"全

---

① 《关于印发〈2001年—2005年全国环境宣传教育工作纲要〉的通知》，生态环境部网站，https://www.mee.gov.cn/gkml/zj/wj/200910/t20091022_172494.htm。

面建设小康社会"的四大目标之一。2003年，胡锦涛在党的十六届三中全会提出科学发展观，强调"坚持以人为本，树立全面、协调、可持续的发展观，促进经济社会和人的全面发展"①，进一步发展和完善了可持续发展战略，不仅在指导思想层面确立了"实现什么样的发展"和"怎样发展"的理论指导和行动指南，而且为我国开展生态文明教育指明了前进方向。2007年，党的十七大报告中进一步把建设生态文明作为我国未来发展的新目标，同时强调"生态文明观念在全社会牢固树立"②，明确要求通过宣传教育手段在全社会树立生态文明观念。2012年，党的十八大报告中将生态文明建设纳入"五位一体"总体布局，同时强调要"加强生态文明宣传教育，增强全民节约意识、环保意识、生态意识，形成合理消费的社会风尚，营造爱护生态环境的良好风气"③，进一步对生态文明教育的教育目标做出了顶层设计。

在社会教育层面，党的十六届三中全会以后，为贯彻落实科学发展观，环境保护部门联合宣传部门开展了一系列宣传教育活动，以"中华环保世纪行"活动为主线，开展了一系列生态文明宣教活动，对我国环境保护等方面相关法律法规的宣传普及起到了积极作用。2008年初，"限塑令"的实施，促使绿色消费意识深入人心，在很大程度上提升了人民群众的生态文明意识。同时，国家及各省、市、县选取具备一定的生态景观或教育资源的场所，建立了一批以倡导生态文明为主题的教育基地，成为我国生态文明教育的重要阵地。在校园教育层面，2003年，教育部印发了《中小学生环境教育专题教育大纲》，要求中小学在此前各学科"渗透式"理论教学的基础上，增加专题式环境教育，详细规划了小学中学各阶段的环境教育目标，明确了专题教育教学内容标准，通过理论与实践相结合，教育学生深刻认识生态文明、认真践行生态文明。同时，全国各类高校根据自身优势、地域特色等开设了不同层次专、本、硕、博各类环境教育专业，为社会培养了大量的环境保护、污染防治、生态治理的专业化职业化人才，为我国生态文明建设奠定了扎实的人力资源基础。

---

① 《十六大以来重要文献选编》（上），中央文献出版社，2005，第465页。
② 《十七大以来重要文献选编》（上），中央文献出版社，2009，第16页。
③ 《十八大以来重要文献选编》（上），中央文献出版社，2014，第32页。

2008 年，为全面贯彻落实科学发展观，《国务院关于落实科学发展观加强环境保护的决定》颁布，明确强调环境保护的重要意义、指导思想、问题重点，其中第三十一条突出强调"深入开展环境保护宣传教育"，指出："保护环境是全民族的事业，环境宣传教育是实现国家环境保护意志的重要方式。要加大环境保护基本国策和环境法制的宣传力度，弘扬环境文化，倡导生态文明，以环境补偿促进社会公平，以生态平衡推进社会和谐，以环境文化丰富精神文明。新闻媒体要大力宣传科学发展观对环境保护的内在要求，把环保公益宣传作为重要任务，及时报道党和国家环保政策措施，宣传环保工作中的新进展新经验，努力营造节约资源和保护环境的舆论氛围。各级干部培训机构要加强对领导干部、重点企业负责人的环保培训。加强环保人才培养，强化青少年环境教育，开展全民环保科普活动，提高全民保护环境的自觉性。"① 为全面开展科学发展观、环境保护宣传教育明确了工作重点和工作方向。

为贯彻落实国家"十二五"环境保护工作部署，2011 年 4 月，环境保护部、中央宣传部、中央文明办、教育部、共青团中央、全国妇联等六部委印发《全国环境宣传教育行动纲要（2011—2015 年）》，对"十二五"时期国家环境宣传教育做了明确规划，强调："着力宣传环境保护对于更加注重民生、转变经济发展方式和优化经济结构的重要作用，着力宣传以环境保护优化经济增长的先进典型，着力宣传推进污染减排、探索环保新道路的新举措和新成效，着力创新宣传形式和工作机制，积极统筹媒体和公众参与的力量，建立全民参与环境保护的社会行动体系，为建设资源节约型和环境友好型社会、提高生态文明水平营造浓厚舆论氛围和良好的社会环境。"② 该文件要求进一步创新宣传方式、加强舆论引导、开展全民环境教育行动、引导规范环境保护公众参与、发展环境文化产业、建设环境宣传教育系列工程，为新时代生态文明教育稳步开展奠定了基础。

---

① 《国务院关于落实科学发展观加强环境保护的决定》，中国政府网，https：//www.gov.cn/zhengce/content/2008 - 03/28/content_5006. htm? ivk_sa = 1024324u。

② 《关于印发〈全国环境宣传教育行动纲要（2011—2015 年）〉的通知》，生态环境部网站 https：//www. mee. gov. cn/gkml/hbb/bwj/201105/t20110506_210316. htm。

四　新时代生态文明教育

党的十八大以来，以习近平同志为核心的党中央以前所未有的力度狠抓生态文明建设，把生态文明建设放在治国理政的突出位置，生态文明体制改革全面深化，我国生态环境保护发生了历史性、转折性、全局性变化，党的十九大将建设生态文明定位为"中华民族永续发展的千年大计"①。习近平总书记坚持马克思主义生态观，同中国生态文明建设具体实际相结合、同中华优秀传统文化生态思想相结合，鲜明地提出坚持人与自然和谐共生、绿水青山就是金山银山、良好生态环境是最普惠的民生福祉、山水林田湖草沙是生命共同体、共谋全球生态文明建设等重要思想，创立了习近平生态文明思想，已成为我国生态文明建设的根本遵循和行动指南，在习近平生态文明思想的引领下，我国生态文明建设、生态文明教育均取得了健康发展和长足进步。

习近平生态文明思想强调把生态文明教育融入学校、家庭、社会教育全过程，把生态文明教育纳入国民素质教育，将生态文明家庭教育、学校教育、社会教育有效衔接起来，进一步增强国民生态环境保护意识，使社会公众树立正确的生态文明观，让生态文明观成为社会统一的文明价值观。在此基础上，国家大力加强生态文明教育学科建设、教学队伍建设、教学体制机制建设等，确保我国的"教育生态化"制度化常态化。同时抓住关键少数，重视对各级领导干部的生态文明教育，在各级各类领导干部培训班上增加生态文明教育的相关内容，促使领导干部在决策时把生态环境影响作为重要的决策因素。在各类课堂之外，强调生态文明社会大课堂，除了利用此前依托生态景区建立的生态文明教育基地，进一步加强博物馆、图书馆、影视剧、公益活动等立体化社会教育资源的建设，积极引导全体公民参与到生态文明建设实践中来，培育全社会生态文明的价值认同与知行合一精神，从而增强社会公众参与生态文明建设的积极性主动性创造性。

在以习近平同志为核心的党中央高度重视生态文明教育的基础上，

---

① 《习近平谈治国理政》第3卷，外文出版社，2020，第19页。

2016 年环境保护部、中央宣传部、中央文明办、教育部、共青团中央、全国妇联等六部委继续印发《全国环境宣传教育行动纲要（2016—2020年)》，对"十三五"时期环境宣传工作进行了深入部署，强调"十三五"时期我国环境宣传教育的目标是"到 2020 年，全民环境意识显著提高，生态文明主流价值观在全社会顺利推行。构建全民参与环境保护社会行动体系，推动形成自上而下和自下而上相结合的社会共治局面。积极引导公众知行合一，自觉履行环境保护义务，力戒奢侈浪费和不合理消费，使绿色生活方式深入人心。形成与全面建成小康社会相适应，人人、事事、时时崇尚生态文明的社会氛围"①。在此文件指导下，新时代生态文明教育走上快车道。

2022 年 10 月 26 日，教育部印发《绿色低碳发展国民教育体系建设实施方案》，其指导思想为："以习近平新时代中国特色社会主义思想为指导，全面贯彻党的二十大精神，深入贯彻习近平生态文明思想，立足新发展阶段，完整、准确、全面贯彻新发展理念，构建新发展格局，聚焦绿色低碳发展融入国民教育体系各个层次的切入点和关键环节，采取有针对性的举措，构建特色鲜明、上下衔接、内容丰富的绿色低碳发展国民教育体系，引导青少年牢固树立绿色低碳发展理念，为实现碳达峰碳中和目标奠定坚实思想和行动基础。"② 其主要目标是：一是到 2025 年，绿色低碳生活理念与绿色低碳发展规范在大中小学普及传播，绿色低碳理念进入大中小学教育体系；有关高校初步构建起碳达峰碳中和相关学科专业体系，科技创新能力和创新人才培养水平明显提升。二是到 2030 年，实现学生绿色低碳生活方式及行为习惯的系统养成与发展，形成较为完善的多层次绿色低碳理念育人体系并贯通青少年成长全过程，形成一批具有国际影响力和权威性的碳达峰碳中和一流学科专业和研究机构。通知强调将习近平生态文明思想、习近平总书记关于碳达峰碳中和重要论述精神充分融入国民教育体系中，开展丰富多彩、形式多样的资源环境国情教育和碳达峰碳中和的知识

---

① 《关于印发〈全国环境宣传教育工作纲要（2016—2020 年)〉的通知》，生态环境部网站，https://www.mee.gov.cn/gkml/hbb/bwj/201604/t20160418_335307.htm。
② 《教育部关于印发〈绿色低碳发展国民教育体系建设实施方案〉的通知》，教育部网站，http://www.moe.gov.cn/srcsite/A03/moe_1892/moe_630/202211/t20221108_979321.html。

普及工作，把党中央关于碳达峰碳中和的决策部署纳入大中小学思政工作体系。发挥课堂主渠道作用，根据不同年龄阶段青少年心理特点和接受能力，系统规划、科学设计教学内容改进教学方式，鼓励开发地方和校本课程教材，要求"学前教育阶段着重通过绘本、动画启蒙幼儿的生态保护意识和绿色低碳生活的习惯养成。基础教育阶段在政治、生物、地理、物理、化学等学科课程教材教学中普及碳达峰碳中和的基本理念和知识。高等教育阶段加强理学、工学、农学、经济学、管理学、法学等学科融合贯通，建立覆盖气候系统、能源转型、产业升级、城乡建设、国际政治经济、外交等领域的碳达峰碳中和核心知识体系，加快编制跨领域综合性知识图谱，编写一批碳达峰碳中和领域精品教材，形成优质资源库。职业教育阶段逐步设立碳排放统计核算、碳排放与碳汇计量监测等新兴专业或课程"①。通过形势与政策教育宣讲、专家报告会、专题座谈会等，积极推动绿色低碳发展理念进教材、进学校、进课堂、进头脑，为新时代加强和改进中国特色社会主义生态文明教育明确了目标方向。

第二节 中国特色社会主义生态文明教育的现状审视

一 我国生态文明教育现状问卷调查

生态环境问题本质上是人的问题，根治生态危机必须以反思人的自然观、人生观、价值观作为切入点。没有调查，就没有发言权。作者在进行研究期间，针对公民生态素养、生态文明教育、生态文明建设等现状、特征及成因，科学设计问卷，在北京、上海、广州、武汉、福州、西安、郑州等地的高校、政府、社区、乡村抽样投放问卷，严谨统计问卷，旨在深入查摆问题，进一步提出科学解决问题的建议。

（一）调查问卷设计原则

为准确查摆问题，本书从公民生态文明素养、生态文明教育两个方

---

① 《教育部关于印发〈绿色低碳发展国民教育体系建设实施方案〉的通知》，教育部网站，http：//www. moe. gov. cn/srcsite/A03/moe_1892/moe_630/202211/t20221108_979321. html.

面设计调查问卷。在公民生态素养方面，主要从生态知识、群体生态素养评价两个方面设计问题；在生态文明教育方面，主要从家庭、学校、社会三个方面生态文明教育设计问题。除此之外，问卷设计了对生态文明教育有关建议的开放问题，旨在通过集思广益为科学有效发展生态文明教育提供思路。

（二）调查问卷样本选择

调查组在北京、上海、广州、武汉、福州、西安、郑州及周边地区，选取政府公职人员、企业、高校教师、在校大学生、社区居民、农民随机发放问卷共4000份，回收有效问卷3795份，问卷有效率94.9%。将有效问卷结果数据统计后，采用SPSS数据分析软件，使用KMO和Bartlett检验进行效度验证，得出KMO值[①]为0.879，KMO值大于0.8（分析结果见表1），证明研究数据有效度非常好。根据受访者基本情况调查结果，在受访者中，男性占比65.88%，女性占比34.12%；从受访者职业分类来看，公职人员9.88%，企业、个体工作人员25.38%，农民13.45%，教师15.45%，在校学生32.84%，其他从业者3%；从受访者学历来看，高中及以下11.34%，专科25.34%，本科43.23%，研究生20.09%；从受访者年龄来看，18岁以下6.45%，18~44岁71.63%，45~59岁17.33%，60岁以上4.59%；从受访者居住地来看，城市46.54%，城郊33.45%，乡村20.01%。调查样本具有普遍性，调查结果具有科学性。

表1　问卷调查结果 SPSS 效度分析结果（完整数据参见附录二）

项目	因子荷载系数							
	因子1	因子2	因子3	因子4	因子5	因子6	因子7	因子8
特征根值（旋转前）	5.11	1.298	3.297	13.5	2.037	1.72	2.66	1.488
方差解释率%（旋转前）	0.131	0.0333	0.0845	0.3462	0.0522	0.0441	0.0682	0.0382

---

① 如果此值高于0.8，则说明效度高；如果此值介于0.7~0.8之间，则说明效度较好；如果此值介于0.6~0.7之间，则说明效度可接受，如果此值小于0.6，说明效度不佳。

续表

项目	因子荷载系数							
	因子1	因子2	因子3	因子4	因子5	因子6	因子7	因子8
累积方差解释率%（旋转前）	0.4772	0.7977	0.5617	0.3462	0.6822	0.7263	0.63	0.7644
特征根值（旋转后）	7.222	1.609	3.455	9.154	2.567	2.285	3.071	1.748
方差解释率%（旋转后）	0.1852	0.0413	0.0886	0.2347	0.0658	0.0586	0.0788	0.0448
累积方差解释率%（旋转后）	0.4199	0.7977	0.5085	0.2347	0.653	0.7116	0.5872	0.7565
KMO值	0.879							
巴特球形值	72575.75							
df	741							
p值	0							

（三）问卷调查结果分析

1. 关于公民生态素养的调查

（1）关于生态知识的调查。在问题"全国统一生态环境保护举报热线"的调查结果中（见图1），36.14%的受访对象选择了选项"12369"，36.84%的受访对象选择了错误答案，选择"不清楚"选项的占总人数的27.02%；在问题"6月5日是"的调查结果中（见图2），69.82%的受访对象选择了选项"世界环境日"，30.18%的受访对象选择了错误答案。在问题"您是否认同，'人类是世界的主宰，可以以牺牲环境为代价来满足人的自身发展'"调查结果中（见图3），10.88%、18.60%和6.32%的受访对象选择了"非常认同""不太认同""不关心"，选择"不认同"的占比64.21%。在生态知识的调查中，调查结果表明，部分受访者有一定的生态知识储备，但整体水平与生态文明要求比尚显不足，公民生态知识平均水平亟待提高。

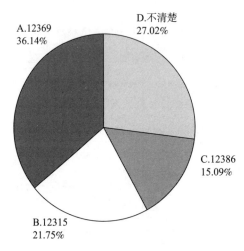

图 1   "全国统一生态环境保护举报热线"调查结果

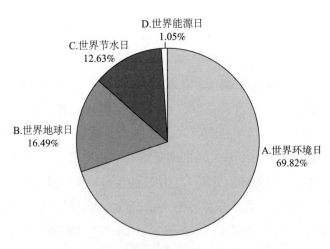

图 2   "6月5日是"调查结果

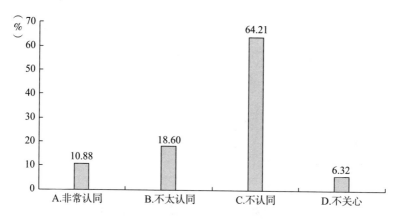

图3 "您是否认同,'人类是世界的主宰,可以以牺牲环境为代价来满足人的自身发展'"调查结果

(2)关于生态素养评价的调查。在问题"您认为自己的生态素养"调查结果中(见图4),选择"很高"和"较高"的受访者分别占比32.28%和42.46%,选择"一般"和"较低"的受访者分别占比23.16%和2.11%;在问题"您认为我国公民生态素养整体水平"调查结果中(见图5),选择"普遍较高"的占比21.40%,选择"一般"的占比54.74%,选择"普遍较低""普遍缺失""不关心"的分别占比16.49%、6.32%和1.05%。在生态素养评价调查中,调查结果显示,受访对象普遍认为自身生态素养水平良好,但对公民生态素养整体水平认可程度不高。在多选题"您认为生态素养亟须提高的社会群体依次是"调查结果中(见图6),选择比例依次是农民、企业家、公务员、学生、其他群体、教师。在群体生态素养调查中,调查结果表明,受访对象认为农民和企业家所从事的工农业生产对生态环境影响较大,群体现有生态素养水平较低,生态素养亟待提高;公务员是政策的制定者、实施者,学生是社会主义事业的建设者和接班人,群体生态素养对生态环境具有重要影响,生态素养需要提高;其他群体如个体经营、企业从业者等社会群体占比较高,生态素养提高十分重要;教师群体整体素质较高,生态素养较好,在调查结果中位列最后。在生态素养评价的调查中,调查结果表明,绝大多数公民认为社会群体生态素养一般或较低,企业家和农民在受访对象看来生态素养水平相对更低。

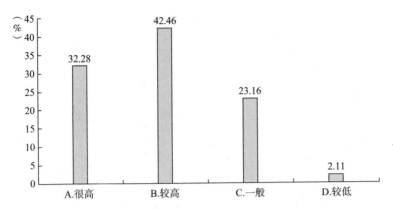

图4　"您认为自己的生态素养"调查结果

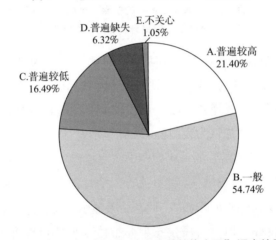

图5　"您认为我国公民生态素养整体水平"调查结果

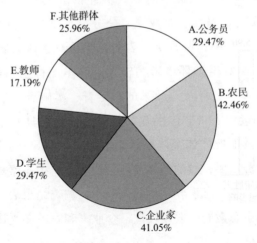

图6　"您认为生态素养亟须提高的社会群体依次是"调查结果

2. 关于生态文明教育的调查

（1）关于生态文明教育现状调查。在问题"您认为生态文明教育的最大障碍是"调查结果中（见图7），选择"'人定胜天'思想影响""'应试教育'误导"的受访者分别占比25.96%和27.37%，选择"家庭'生态启蒙'缺失"的受访者占比32.63%，选择"师资队伍薄弱"的受访者占比14.04%，说明在受访者心目中，生态文明教育最大的障碍是家庭教育缺失，学校教育和社会教育次之；在问题"您认为人与自然界之间的关系是"调查结果中（见图8），选择"人与自然和谐共生"的受访者占比41.4%，选择"自然界是人的生存空间"的受访者占比16.14%，选择"自然界是人获取物质的对象""自然界是人征服和改造的对象"的受访者分别占比28.42%和14.04%，说明相当一部分受访者没有树立人与自然和谐的观念；在问题"您是否接受'为了经济发展，可以接受环境污染'"调查结果中（见图9），选择"非常认同""部分认同"的受访者分别占比4.56%和14.04%，选择"可以接受"的受访者占比44.21%，选择"不认同"的受访者占比37.19%，说明超过半数的受访者深受粗放式发展模式的影响。在生态文明教育现状调查中，调查结果表明，大部分公民的生态文明意识薄弱，人与自然和谐共生的理念尚未深入人心，家庭、学校、社会、师资方面的问题依次是生态文明教育的最大障碍。

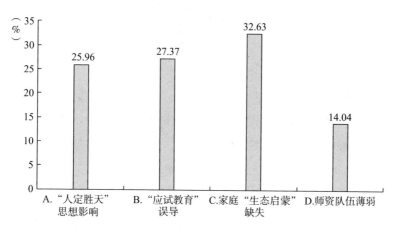

图7　"您认为生态文明教育的最大障碍是"调查结果

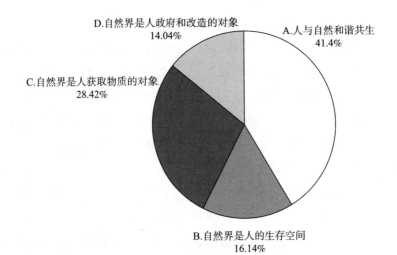

D.自然界是人政府和改造的对象
14.04%

A.人与自然和谐共生
41.4%

C.自然界是人获取物质的对象
28.42%

B.自然界是人的生存空间
16.14%

图8　"您认为人与自然界之间的关系是"调查结果

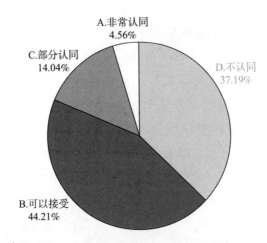

A.非常认同
4.56%

C.部分认同
14.04%

D.不认同
37.19%

B.可以接受
44.21%

图9　"您是否接受'为了经济发展,可以接受环境污染'"调查结果

(2) 关于学校生态文明教育的调查。在问题"您或者您的孩子在上学期间是否接受过生态文明教育"调查结果中(见图10),选择"有但分属于各门课程中"的受访者占比41.75%,选择"参加过课外活动"的受访者占比14.04%,选择"接受过系统的生态文明教育""有专门的生态文明课程"的受访者仅占比4.56%和9.47%,选择"几乎没有"的受访者占比30.18%;在问题"您认为学校是否应该开展系统的生态文明教育"调查结果中(见图11),选择"非常需要"的受访者仅占比32.28%,选择"可以开展,控制规模"的受访者占比38.6%,选择"不应开展,耽误学习"的受访者占比22.81%，选择"无所谓"的受访者占比6.32%；在问题"您或您的家人在学校生态文明教育中的关联性是否密切"调查结果中（见图12），选择"十分密切"的受访者仅占比13.76%，选择"各说各话""缺乏实践"的受访者分别占比40.69%和38.26%，选择"没听说过"的受访者占比7.3%。在学校生态文明教育的调查中，调查结果表明，绝大多数受访者认为学校应该开展生态文明教育，但不应当耽误学习时间，另外学校生态文明教育相关内容不够系统，生态实践教育重视程度不够。

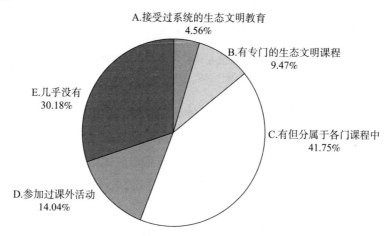

图10　"您或者您的孩子在上学期间是否接受过生态文明教育"调查结果

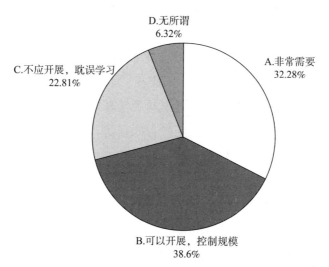

图11　"您认为学校是否应该开展系统的生态文明教育"调查结果

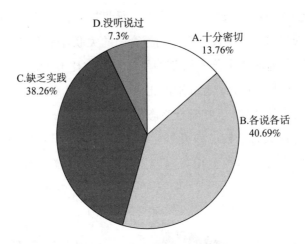

图12 "您或您的家人在学校中的生态文明教育中的
关联性是否密切"调查结果

（3）关于家庭生态文明教育的调查。在问题"您或您的家人在日常生活中在言行上是否注意遵循'勤俭节约''绿色环保'等生态文明理念"调查结果（见图13）中，受访者选择比例从高到低依次为"偶尔为之""没有注意""非常遵循"和"从不在乎"，分别占比53.33%、28.77%、14.04%和3.86%，说明超过半数的受访者在日常生活中在言行上经常或偶尔践行生态文明，部分受访者在日常生活言行中不重视生态文明；在问题"您或您的家人是否有意识、有计划地对后代开展生态文明教育"调查结果（见图14）中，选择"日常开展"的受访者占比21.75%，选择"有意识，但没计划"的受访者占比42.81%，选择"有意识，但自己不懂"的受访者占比28.42%，选择"没有开展"的受访者占比7.02%，说明绝大多数受访者有意识对后代开展生态文明教育，但因各种原因，对后代日常开展生态文明教育的受访者仅占两成，家庭生态文明教育主体生态素养需要提高；在问题"您或您的家人通常对后代开展哪方面的生态文明教育"调查结果（见图15）中，选择"生态意识""生态行为""生态道德""生态知识"的受访者分别占比49.12%、42.11%、36.49%、18.25%，选择"基本没有"的受访者占比8.42%，说明绝大多数受访者对后代开展生态文明教育，内容方面生态意识教育最多，生态行为和生态道德教育次之，生态知识教育相对较少。在家庭生态文明教育的调查中，调查结果表明，大多数家长有意识地在日常生活中对后代开展生态文明教育，但因自身能力、素养不足，大多在生态意识、生态行为、生态道德方面开展教育，生态知识是主要短板，家庭生态文明教育难以科学系统地展开。

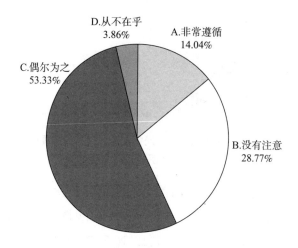

图 13　"您或您的家人在日常生活中在言行上是否注意遵循'勤俭节约'
'绿色环保'等生态文明理念"调查结果

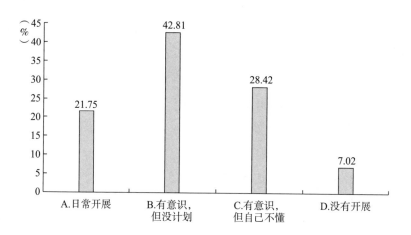

图 14　"您或您的家人是否有意识、计划地对后代开展
生态文明教育"调查结果

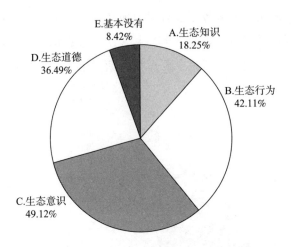

图15 "您或您的家人通常对后代开展哪方面的
生态文明教育"调查结果

（4）关于社会生态文明教育的调查。在问题"您或您的家人是否参加过社会组织的生态文明活动"调查结果（见图16）中，选择"经常参加""偶尔参加"的受访者分别占比21.75%和28.42%，选择"想参加，没有渠道"的受访者占比42.81%，选择"从不关心"的受访者占比7.02%，说明半数受访者经常或偶尔参加社会组织的生态文明活动，接近半数的受访者缺乏参加渠道。在问题"如果组织生态文明相关活动，您是否愿意和您的家人一同参加"调查结果（见图17）中，选择"非常愿意""根据活动时间决定"的受访者分别占比19.65%和37.89%，选择"无所谓""不愿意"的受访者分别占比33.33%和9.12%，说明超过半数的受访者愿意参加生态文明活动，接近半数的受访者对生态文明活动不感兴趣。在问题"您认为影响生态文明教育发展的主要因素是"调查结果中（见图18），选择"政府导向""社会引领""家庭熏陶""个人自觉"的受访者分别占比24.56%、29.47%、25.61%和19.65%，选择"不清楚"的受访者占比0.7%，说明受访者认为政府、社会、家庭、个人依次是生态文明教育的主要因素。在社会生态文明教育的调查中，调查结果表明，公民参与社会生态文明教育的热情度不高，渠道问题、时间问题是重要原因；另外在公民看来，社会引领是生态文明教育的最主要因素。

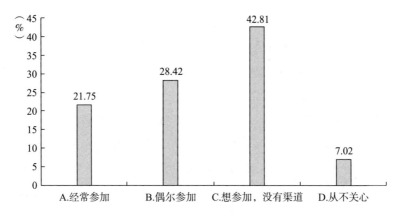

图16 "您或您的家人是否参加过社会组织的生态文明活动"调查结果

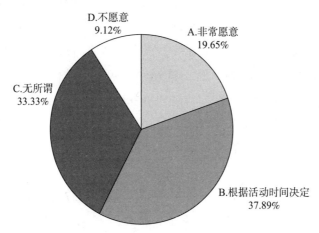

**图17 "如果组织生态文明相关活动,您是否愿意和您的家人
一同参加"调查结果**

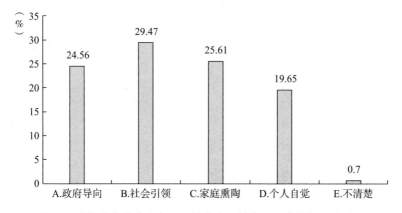

图18 "您认为影响生态文明教育发展的主要因素是"调查结果

（5）关于生态文明教育领域评价的调查。在问题"您认为当前生态文明教育存在的最大弊端是什么"调查结果（见图19）中，选择"轻视实践"的受访者占比47.51%，选择"缺乏系统"的受访者占比34.4%，选择"宣传不足"的受访者占比17.5%，选择"参与度低"的受访者占比0.59%，说明接近半数的受访者认为当前生态文明教育轻视实践，部分受访者认为教育中缺乏系统联动，宣传不足也是其中的弊端。在问题"您参加或听说过的生态文明教育相关活动由哪个群体举办"调查结果（见图20）中，占比前三位的是"政府单位""社会组织""学校"，分别占比39.3%、35.79%、12.28%，选择"社区、村委"的受访者占比6.32%，选择"不知道"的受访者占比6.32%，说明在受访者看来，政府和社会组织是开展生态文明教育的主力军，学校发挥一定的作用，基层组织参与度较低。在问题"开展生态文明教育，您认为哪个领域最为关键"调查结果（见图21）中，选择"政府""学校""社会、社区"的受访者分别占比16.14%、21.05%和49.12%，选择"家庭"和"个人"的受访者分别占比6.67%和6.32%，说明在受访者心目中，社会、社区是生态文明教育的最关键领域，学校和政府次之，家庭和个人不够关键。在问题"您认为生态文明教育与生态文明建设的关系"调查结果（见图22）中，选择"相辅相成"的受访者占比57.19%，选择"没有关系"的受访者占比1.75%，选择"相关性不大""决定关系""不了解"的分别占比18.25%、16.84%和5.96%，说明在大多数受访者心中，生态文明教育与生态文明建设之间的关系是相辅相成的。在问题"您认为开展生态文明教育有效途径是"调查结果（见图23）中，选项占比从高到低依次为"生态实践""网络宣传""课堂教育""家庭教育""个人自学"，分别占比49.12%、42.11%、36.49%、18.25%和8.42%，说明在受访者心目中，生态文明教育最有效的活动是生态实践和网络宣传，课堂教育次之，家庭教育效果一般，个人自学效果较低。在生态文明领域评价的调查中，调查结果表明，当前生态文明教育各个教育环节缺乏系统联动，受访者认为社会、社区是关键领域但相关重视程度不足，受访者认识到生态实践的重要性但在实际过程中轻视实践教育。

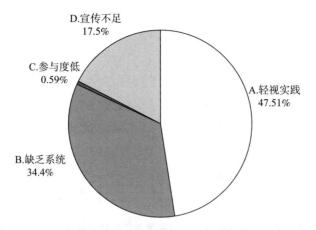

图19　"您认为当前生态文明教育存在的最大弊端是什么"调查结果

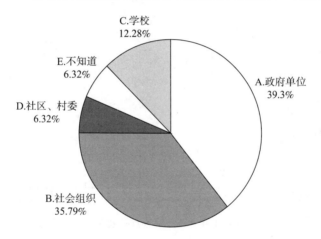

图20　"您参加或听说过的生态文明教育相关活动由哪个群体举办"调查结果

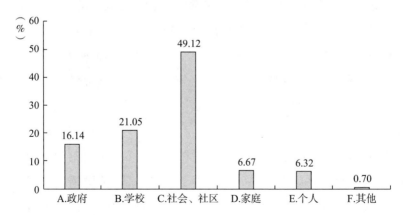

图21　"开展生态文明教育，您认为哪个领域最为关键"调查结果

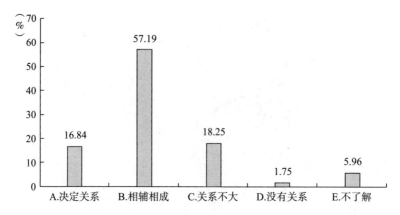

图22 "您认为生态文明教育与生态文明建设的关系"调查结果

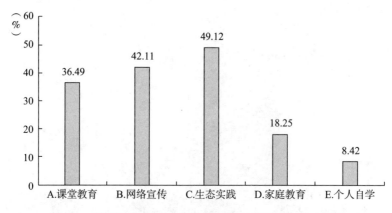

图23 "您认为开展生态文明教育有效途径是"调查结果

除此之外，在开放性问题"您对发展生态文明教育有什么建议"中，主要观点有"全民参与""长期开展生态文明教育""政府、社会、学校、个人联动""增加宣传力度和宣传方式""加强生态文明教育知识传播""利用互联网开展生态文明教育""加强家庭生态文明教育""生态文明教育从娃娃抓起""多开展生态实践课程"等，为促进生态文明教育提供了宝贵的建议。

我国生态文明教育经过长期发展，在社会各界的共同努力下取得了一定的成绩，但是必须清醒地认识到，由于我国生态文明教育起步晚、发展慢，当今社会公民的平均生态文明素质较发达国家以及我国生态文明建设、美丽中国需要、人与自然和谐共生的现代化建设仍有不小的差距，亟须构建中国特色社会主义生态文明教育体系，高质量培养和提升全民生态文明素养，不断增强我国生态文明建设软实力和国际竞争力，赋能美丽中国建设、成就中国之治，为推动构建人类命运共同体贡献中国力量。

二　我国生态文明教育发展现状分析

生态文明教育功在当代、利在千秋。根据实证调查结果，我国生态文明教育受各种因素的影响，发展相对滞后，经过长期发展，取得了一定的成效但也存在很多问题，主要表现如下。

（一）我国生态文明教育取得的成绩

1. 生态文明教育成效显著

我国生态文明教育从 20 世纪 70 年代开始起步，经过长期发展，取得了显著成效。具体表现为：一是公民生态文明素养显著提高，根据调查结果，绝大多数公民拥有基本生态文明素养，对应该掌握的生态文明知识有所了解；二是生态文明意识深入人心，大部分公民在日常生活、工作生产中在言行上能够践行绿色低碳、勤俭节约的生态文明意识，大部分公民能够有意识地对家庭后代开展生态文明教育；三是生态文明建设获得广泛关注，公民对生态文明建设的重要意义能够广泛认同。

2. 生态文明教育稳步发展

在全党全社会的长期共同努力下，生态文明教育稳步发展。具体表现为：一是生态文明教育体系基本形成，生态文明教育覆盖学校、社会、家庭，绝大多数公民参与或了解相关活动；二是生态文明教育参与主体呈现多元化，政府、社会组织、学校广泛开展，公民或多或少参与其中；三是生态文明教育取得广泛重视，绝大多数公民认可开展生态文明教育的重要意义，并有计划、有意识地接受生态文明教育活动；四是生态文明教育法律法规逐步完善，2021 年，中共中央、国务院印发《中共中央 国务院关于完整准确全面贯彻新发展理念做好碳达峰碳中和工作的意见》，国务院发布《国务院关于印发 2030 年前碳达峰行动方案的通知》，要求把绿色低碳发展纳入国民教育体系，根据文件要求，2022 年教育部印发《绿色低碳发展国民教育体系建设实施方案》，进一步明确了我国生态文明教育顶层设计。

3. 生态文明教育全域覆盖

在党和国家的部署安排下，生态文明教育逐步融入教育全过程，为进一步发展奠定了基础。具体表现为：一是生态文明教育全面融入学校教育，覆盖大、中、小学学历教育与职业教育，承担起生态文明教育主阵地作用；二是生态文明教育逐步融入社会教育，在政府的主导下，媒体、社会组织、民间团体广泛开展普及教育；三是生态文明教育稳步融入家庭教育，大部分家庭有计划地开展生态文明教育、生态文明实践，有意识地培养后代的生态文明素养。

（二）我国生态文明教育面临的困境

1. 公众生态文明意识普遍淡薄

生态文明意识是生态文明教育的基本内容，是公民生态素养的核心要素，培养公民生态文明意识是促进生态文明建设的关键环节。一是"粗放式发展方式"对生态文明教育的影响。我国经济40多年高速增长，为我国现代化建设做出了重要贡献，但没有很好地处理经济建设和生态环境保护之间的关系，也走过"先污染、后治理""边污染、边治理"的弯路。同时，国家在社会发展中对生态环境保护和生态文明建设投入不足，破坏生态环境的案例和事件屡见不鲜，弥补公民生态文明意识缺失短板，提升国民生态文明素质，亟须加强生态文明教育。二是"应试教育模式"对生态文明教育的影响。我国教育长期存在功利性倾向，应试教育根深蒂固，致使生态文明教育徘徊于国民教育边缘，没有引起社会足够的重视。要建构多维度、有中国特色的生态文明教育体系，以生态文明教育的高质量发展促进生态文明建设高质量推进，重构人与自然的和谐关系，充分调动人们参与生态文明建设的热情，确保生态文明教育优先发展成为新时代需求。

2. 生态文明教育重视程度不足

一是家庭生态文明教育缺位。良好公民生态素质的养成需要从娃娃抓起，当前我国家庭生态文明教育观念不强，普遍存在重知识传授、轻行为习惯养成的倾向。同时，相当部分家长自身生态文明意识差，生态文明知识匮乏，对生态文明教育问题的紧迫性、重要性认识不够，认为孩子生态文明素质的培养是学校的事情，应该依靠学校教育。二是学校生态文明教育薄弱。长期以来，我国教育功利性倾向导致学校教育缺乏系统的生态文明教育教材、充足的师资，生态文明教育方法简单粗放，教育内容比较单一，生态文明教育的实践性、灵活性不够。同时，与生态环境相关的各种学科建设落后，生态文明教育缺少环境科学、环境哲学、生态伦理学、环境管理学等学科的支持，难以渗透到其他学科。三是社会生态文明教育淡漠。人类中心主义价值观是制约生态文明教育的主要思想根源，这种价值观导致了人类工具性对待人之外的存在物，造成了科学技术的滥用和生态危机。人类中心主义实质是：一切以人为中心，或者一切以人为尺度，为人的利益服务，一切以人的利益出发。受人类中心论和传统"人定胜天"思想的影响，人们主观上认为人对自然界拥有绝对的支配权和统治权，在很大程度上遏制了我国生态文明教育的健康发展。

3. 生态文明教育体系构建缺乏系统性

生态文明教育作为一种具有鲜明生态价值导向与日常行为的教育，是一项系统复杂工程。一是生态文明教育目前存在学科壁垒。生态文明教育参与的主体是全体公民，教育行政主管部门要打破传统教育的藩篱，将生态文明教育置于公共教育的优先战略地位，推进生态文明教育改革，使生态文明教育走出生态学专业的禁锢，特别是学科、课程、专业、职业等限制，将生态文明教育覆盖并渗入所有知识领域、所有教学过程及全体公民，还原生态文明教育的本真，打破学科壁垒，走进公共课堂。生态文明教育体系的构建包括学科设置、课程体系规划、师资队伍建设以及融入多学科教学模式，生态文明教育具有显著的实践性特点，要通过"生态课程"与"课程生态"的渗透融合，实现生态理论知识普及与生态文明理念、公民生态文明行为习惯的养成与践行。二是生态文明教育的社会参与广度不够。目前，我国生态文明教育主要依靠教育行政管理部门，其他力量如政府环保部门、民间组织、大众传媒，以及其他社会团体、社区等在生态文明教育方面发挥的作用还远远不够。生态文明教育是全民教育，要取得良好效果离不开学校、家庭、社会各方的共同努力，还要积极探索以政府主导下的学校、家庭、社会共同开展生态文明教育为主要方式，以传播生态文明知识和生态文化，培养公民生态文明意识、生态文明道德观念、生态文明价值观、良好生态文明修养为主要内容的中国特色生态文明教育模式。教育引导全社会做习近平生态文明思想的坚定信仰者和忠实践行者，通过实施全民性和层次化的生态文明教育，显著提升我国国民整体生态文明素养，同筑生态文明之基，同走绿色发展之路，共建清洁美丽世界。

第三节　中国特色社会主义生态文明教育的基本特征

我国地域广袤、人口众多，生态环境状况复杂，生态文明建设任务艰巨。同时，我国生态文明教育起步晚、发展慢且发展不平衡。新时代加强和改进中国特色社会主义生态文明教育，必须明确生态文明教育主体、教育对象、教育方式、教育载体的基本特征，确保中国特色社会主义生态文明教育高质量发展。

一　生态文明教育主体多元化

生态文明教育主体主要指活跃在大中小学、社会组织等单位从事生态文明教育的师资力量，具有多元化特征。所谓生态文明教育主体多元化是指在生态文明教育初期，为缓解师资紧缺的问题，政府可以制定相应的生态文明建设政策，鼓励具有良好文化素质和良好生态文明素质的人士从事生态文明教育工作，鼓励社会各界（尤其是教师、各级领导、宣传工作者）积极投身于生态文明建设。根据生态文明建设、美丽中国建设需要，生态文明教育要融入育人全过程，要在全社会实施这一庞大的系统工程，需要强大的师资力量，而培养一支高质量、专业化教师队伍，却不是一朝一夕能够实现的。因此，在实施生态文明教育的过程中，首先要突出的是生态文明教育主体的多元化。这主要是由于我国的生态文明教育师资力量偏弱，既要有生态文明教育专业人员，又要有大量的兼职师资。因此，新时代加强和改进生态文明教育，必须坚持精干高效、专兼结合、优势互补、功能综合的原则加强师资队伍建设，在充实数量的基础上提高质量，根据不同群体的不同需要梯次搭配专兼教师，逐步加大师资培训力度，满足生态文明教育发展的客观需要。

二　生态文明教育对象差异化

在教育的客体上，所有的社会成员都是生态文明教育的对象，即使是教育者，其身份也同时是受教育者。在生态文明教育中，人口的构成庞大且复杂，以下我们主要从年龄层面、区域层面和职业类型等层面分类展开分析。

（一）年龄差异造成的教育对象差异是我国生态文明教育的客观存在

根据国家统计局第七次全国人口普查结果，2020 年 11 月 1 日 0 时，在全国人口中，0～14 岁人口占比 17.95%，15～59 岁人口占比 63.35%，60 岁及以上人口占比 18.70%[1]，人口年龄分布总体趋于稳定。新中国成立以来，我国社会经历了翻天覆地的变化，人们所经历的政治思想观念、经济社会状况、生态环境变化、教学育人理念均有所不同，决定了不同年龄段人口对生态环境的感性认识和理性认识程度有所差异；随着人生阅历由浅及深，不同年龄段人口对生态文明需求层次有所不同；随着岁月更迭带来的身体退化，不同年龄段人口参与生态文明建设的自身能力有所不同等。这些因素决定了生态文明教育要精准施策、因材施教，不同年龄段人口的不同特点决定了生态文明教育必须针对教育对象年龄差异选择针对性措施。

（二）区域差异造成的教育对象差异是我国生态文明教育的显著特点

我国幅员辽阔，不同地区的生活、生态、资源、发展、文化、习惯等存在差异，所呈现出的生态文明教育水平也都有所不同。从区域生态文明意识、生态环境质量、生态文明教育的软件与硬件、生态建设与经济发展之间的关系等方面来看，发达地区优于落后地区，城市优于农村，东部优于西部。无论是职业教育还是学历教育，这些地区生态文明教育的实践均可通过学校教育、社会宣传、社区实践、职业培训等方式来实现。但是，经济落后地区由于发展滞后，文化和教育发展受到了较大程度的限制，生态文明教育发展的程度也相对比较低，还是以人们生产生活息息相关的节能环保活动为主。不同区域人口的不同特点决定了生态文明教育必须针对教育对象的区域差异，因地制宜制定与之匹配的生态文明教育政策。

（三）职业差异造成的教育对象差异是我国生态文明教育的工作重点

新中国成立后，在中国共产党的领导下，我国建立了较为完备的工业

---

① 《第七次全国人口普查公报（第 5 号）》，国家统计局网站，http://www.stats.gov.cn/sj/zxfb/202302/t20230203_1901085.html。

体系。改革开放后，我国在经济全球化背景下，进行了一系列的体制改革与产业升级，根据 2022 年新修订颁布的《中华人民共和国职业分类大典》，我国现有职业类型分为 8 大类、1639 个小类①，14 亿人口在社会各个领域、各行各业中安居乐业。对于生态文明教育而言，不同类型的职业影响了其生态文明视野、生态文明素养、生态文明理念以及生态文明建设能力，决定了其面对自然环境时的视角、态度及选择，决定了生态文明教育要根据不同职业不同属性实行因材施教。

三　生态文明教育方式多样化

教育方式是实现教育目标的策略性途径，是教育客观规律的具体体现。中国特色社会主义生态文明教育内容是一个有机整体，涵盖环境、生态、地理、历史、化学、生物学、物理学、伦理学、社会、文化、艺术等各个方面。比如，空气污染可以通过酸雨污染水体、土壤和生物，水体污染常常会对整个生态系统造成影响，这些就涉及生态学、环境学、化学等领域的知识。因此，高质量的生态文明教育不能简单搞"一刀切"，要根据教育对象、不同人群特点因地制宜、因材施教，采取切实可行、行之有效的教学方法，以取得预期教学效果、实现既定生态文明教育教学目标。因此，中国特色社会主义生态文明教育内容与教育对象差异化决定了其在实施的过程中，要充分利用传统教学手段和现代信息化教学手段，将"灌输"与"渗透"有机结合，既要灌输生态文明知识，又要调动教育对象学习的积极性与主观能动性，使教育对象在学习过程中能够举一反三、触类旁通，培养高素质的生态公民，实现人的生态转型，实现生态文明教育的既定目标。

四　生态文明教育载体信息化

教育载体是承载和反映具有一定教化功能的要素或要素体系。传统教育载体以课本为代表，内容"大"而"不精"，缺乏时效性与互动性。随着数字化信息技术和移动互联网平台的发展，教育迎来了科技化、信息

---

① 《中华人民共和国职业分类大典（2022 年版）》，中国劳动社会保障出版社，2022。

化、现代化改革，数字化已经成为新时期推进生态文明教育现代化的重要力量，其中教育载体信息化是主要方面。新时代加强和改进生态文明教育，载体信息化是鲜明特征，要加快推进大数据、云计算、人工智能、区块链等现代信息技术与生态文明教育的深度融合，全面赋能中国特色社会主义生态文明教育现代化，充分利用以慕课为代表的网络教学平台、以微信为代表的社会化网络，结合计算机技术、通信技术、数码广播技术，综合运用文字、声音、图片、动画、视频等多种形式，深入开展生态文明教育，既扩大生态文明教育的受众面，又增加生态文明教育的吸引力，极大程度打破教育主体与教育对象的时空界限，使生态文明教育不再局限于单纯的文字堆叠，实现教育内容的立体化、直观化、多元化展示。要打造具有鲜明中国特色的生态文明教育数字化平台，通过不断迭代升级，形成平台矩阵，发挥数字技术在营造沉浸式、虚拟化、交互性生态文明教学环境方面的优势，推动个性定制化精准施教，全面推动生态文明教育形态的深刻变革。

第四节　中国特色社会主义生态文明教育的经验教训

一　中国特色社会主义生态文明教育的历史经验

（一）坚持中国共产党的集中统一领导

中国共产党是中国特色社会主义事业的领导核心，党的集中统一领导是中国特色社会主义的最大政治优势，推进生态文明建设、开展生态文明教育，党的领导是根本保障。生态文明教育作为建设生态文明、成就中国之治的基础性工程，必须坚定中国共产党的领导，确保党始终把方向、管大局、促落实。回顾我国生态文明教育的发展历程，党的领导贯穿于全过程，是中国特色社会主义生态文明教育取得一系列成就的根本原因。

1. 党的领导为生态文明教育提供政治保障

生态文明建设是关系党的宗旨使命的重大政治问题，是重大的民心工程和民生工程，增进人民的生态权益是重大政治任务。生态文明教育作为生态文明建设的基础性、先导性工程，具有凝聚民心、汇集民智、引领民力的基础作用，中国共产党的领导为社会主义生态文明教育提供了坚实的政治保障。

（1）党的领导为生态文明教育指明政治方向。生态文明教育是一项艰巨的工程，需要坚定信念向着正确方向扎实推进。习近平总书记强调："政治方向是党生存发展第一位的问题，事关党的前途命运和事业兴衰成败。"① 中国特色社会主义生态文明教育事业始终能够沿着正确的方向，坚定向深向远发展，根本原因是坚持了中国共产党的正确领导。在党的领导下，我国生态文明教育始终以马克思主义生态观、教育观为指导，沿着中国特色社会主义事业前进方向，对标我国生态环境状况、生态保护要求，特别是要对标我国生态文明建设战略规划，在实践中不断校准生态文明教育内容、丰富生态文明教育形式，保证我国生态文明教育事业不走歪路、不走邪路，确保不断提升广大人民群众生态文明意识、生态文明能力，同时在各级党组织带领下，汇聚起人民群众参与生态文明建设的磅礴力量，为建设美丽中国、成就中国之治提供强大的人民力量。

（2）党的领导为生态文明教育谋划宏伟蓝图。生态文明教育是一项复杂的工程，不仅需要环境保护部门、教育行政部门、宣传教育部门的共同努力，更需要社会各界人民群众的广泛参与，需要发挥好党总揽全局、协调各方的政治优势。习近平总书记强调："我国社会主义政治制度优越性的一个突出特点是党总揽全局、协调各方的领导核心作用。"② 多年来，在党的集中统一领导下，中国特色社会主义生态文明教育事业有序开展，环境保护部门、教育行政部门、宣传教育部门环保部门之间相互协调、各司其职，各级政府因地制宜、因时制宜，家庭、学校、社会教育各有侧重、相得益彰，有效提升广大人民群众生态文明意识与生态文明建设能力，极大助力生态文明建设融入经济、政治、文化和社会建设全过程，为生态文明建设同其他方面建设融合互动、协同发展提供保障。

（3）党的领导确保我国生态文明教育行稳致远。生态文明教育是一项长期的工程，不仅需要分阶段、分层次的久久为功，更需要因时而变、因

---

① 《习近平谈治国理政》第3卷，外文出版社，2020，第93页。
② 《习近平关于全面建成小康社会论述摘编》，中央文献出版社，2016，第96页。

势而变，把生态文明教育各个学段、各教育主题之间相互衔接起来，促使教育对象在不同教育阶段获得最适合的教育内容和教育形式，在此过程中，发挥好党的领导的宏观政策连续性、稳定性、可持续性至关重要。我国是中国共产党领导的社会主义国家，创造了经济快速发展和社会长期稳定两大奇迹，其背后根本原因是坚持党的领导，党的领导保证了党的路线方针政策的正确制定和贯彻执行，取得了一个又一个伟大成就。反观西方政治体制，多党政治竞选和执政党更迭导致政策的反复变化，往往导致政策缺乏连续性而半途而废。我国生态文明教育事业在党的领导下，在不同的阶段根据阶段性认识、阶段性需求不断向深向远发展，保证了我国生态文明教育的决策部署落地生根、开花结果，同时激发广大人民群众形成推动生态文明建设的磅礴伟力。

2. 党的领导为生态文明教育提供目标价值支撑

生态文明教育是一项长期的、艰巨的复杂事业，投入大、见效慢，需要各部门之间统筹规划、协调配合，绵绵用力、久久为功，各级决策者和各类工作人员的思想认识对生态文明教育工作质量产生极大影响。长期以来，党始终坚持马克思主义生态观、教育观，同不同时期我国生态状况和生态保护要求相结合，秉持为人民谋幸福、为民族谋复兴的初心使命，领导各级政府投入大量人力、物力、财力，带领全国人民接续奋斗，使生态文明教育取得了长足发展，厘清了生态文明同人民幸福的辩证关系，为生态文明教育提供了坚实的目标价值支撑。

（1）党的领导保证了"以人民为中心"的价值立场。党的十九大报告强调："人民是历史的创造者，是决定党和国家前途命运的根本力量。必须坚持人民主体地位，坚持立党为公、执政为民，践行全心全意为人民服务的根本宗旨，把党的群众路线贯彻到治国理政全部活动之中，把人民对美好生活的向往作为奋斗目标，依靠人民创造历史伟业。"① 生态文明教育通过各种形式、丰富内容、多重途径提升人民群众的生态文明意识，是生态文明建设的先导性工作，是美丽中国的基础性工程。马克思强调："批判的武器当然不能代替武器的批判，物质力量只能用物质力量来摧毁；但

① 《十九大以来重要文献选编》（上），中央文献出版社，2019，第15页。

是理论一经掌握群众，也会变成物质力量。"① 长期以来，党在生态文明教育上始终坚持"以人民为中心"的价值取向，坚持教育为了人民、教育依靠人民，通过多种形式提高人民群众的生态文明意识，努力实现人的全面发展与生态转型升级，引领广大人民群众共建、共治、共享生态文明的美丽中国。

（2）党的领导有利于发展先进的生态文化。生态文化是中国特色社会主义文化的重要组成部分，生态文化是一种行为准则、一种价值理念。衡量生态文化是否在全社会扎根，就是要看这种行为准则和价值理念是否自觉体现在社会生产生活的方方面面。生态文化作为一种新的文化形态，与生态文明紧密联系在一起，是生态文明的基础和支撑，其最终目标是在全社会树立生态文明理念。开展生态文明教育，发展先进的生态文化至关重要。长期以来，中国共产党始终代表先进文化的发展方向，以马克思主义生态观为指导，同中华优秀传统文化中的丰富生态文化相结合，建设具有强大凝聚力和引领力的先进生态文化，坚持以中国特色社会主义先进生态文化引领生态文明教育、推动生态文明建设，这是文化自信的深刻体现，为生态文明教育提供源源不绝的内容载体，为生态文明建设提供强大的精神动力、价值支撑、智力支持和行为规范，在一定程度上影响着建设美丽中国的前进方向，是民族复兴道路的绿色发展"指南针"。

（3）党的领导有助于构建科学体制机制。习近平总书记强调："只有实行最严格的制度、最严密的法治，才能为生态文明建设提供可靠保障。"② 生态文明教育功在当代、利在千秋，需要持之以恒的努力，而生态文明教育的制度建设具有全局性、稳定性、根本性和长期性，构建科学的体制机制是生态文明教育能够行稳致远的关键所在。新中国成立以来，中国共产党高度重视体制机制的构建，通过制度建设将党在实践中形成的符合客观规律的科学认识、成功经验和好的做法，上升为制度规定并固定下来，从根本上确保党的活动制度化、规范化、程序化，对调整党内关系、规范党员言行、确保党内活动有序开展发挥了根本性作用，对确保党的组

---

① 《马克思恩格斯选集》第 1 卷，人民出版社，2012，第 9 页。
② 《习近平谈治国理政》，外文出版社，2014，第 210 页。

织坚强有力、全体党员步调一致、党的内部关系和谐有序以及永葆共产党人的政治本色发挥重大作用，党的领导是构建生态文明教育体制机制的重要保障。毋庸置疑，中国特色社会主义生态文明教育相关条例、法规、制度从无到有、日臻完善，为生态文明教育健康发展提供宏观指导与微观指引，明确了对各级领导干部的工作职责划分与工作督促，加强了对各类各项教育的过程监督与成果评价，为我国生态文明教育事业实现又好又快发展提供了物质保障、体制保障、机制保障、监督保障等。

3. 党的领导为生态文明教育提供坚强组织保证

中国共产党是旗帜鲜明的马克思主义执政党，领导干部和党员队伍是一切事业的决定性力量，党科学有效的领导机制和组织形式为各项事业顺利进行提供了坚实的组织保证和人才支撑。长期以来，党的领导为生态文明教育提供了源源不断的活力动力与组织保证，是生态文明教育能够高质量推进的坚实基础。

（1）党的领导发挥政治引领作用和教育培训功能。生态文明教育是生态文明建设的基础性工程，要与国家生态文明建设相适应，既不能走偏，也不能走歪，既不能过缓，更不能过急，从中央到地方各级各类工作人员的工作能力至关重要。中国共产党始终用马克思主义科学理论武装全党，正确把握各个阶段我国社会面临的主要矛盾，在生态环境保护方面逐步提出了一系列路线方针政策。在此基础上，中国特色社会主义生态文明教育始终坚持站稳政治立场、把准政治方向、保持政治定力，为生态文明建设服务、为美丽中国服务、为中国特色社会主义服务。同时，党坚持在各级党员干部与全体党员的教育培训活动中融入生态文明教育内容，引导广大党员干部深刻学习、领悟、把握生态文明的理论与方法，推动其在生态文明教育实践中躬身入局，培育自觉推动我国生态文明建设、成就中国之治的领航力量。

（2）党的领导发挥好统筹规划和协同推进作用。党的集中统一领导是国家制度和国家治理体系的最大优势，占据统领地位，发挥纲举目张的作用。生态文明教育具有长期性、复杂性、艰巨性，不是任何一个部门、任何一个组织能够独立完成的系统性工程。生态文明教育要根据主体、对象的不同特点，需要各级政府因地制宜、因时制宜地不断调整生态文明教育内容、教育形式、教育方法，此时坚持党的领导至关重要。回顾中国特色社会主义生态文明教育发展历程，从横向看，在党的统筹规划下，环境保护部门、教育行政部门、宣传教育部门等各司其职，个人、家庭、社会组织各尽其责，社会、学校、家庭生态文明教育相互配合、相得益彰，生态文明教育得以科学有序开展；从纵向看，在党的协调推进下，各级党委政府更好地整合生态文明教育队伍、优化生态文明教育职能、提高生态文明教育效率，坚持目标导向、问题导向，根据自身特点、发挥自身优势，科学有效地推进大中小学各个学段生态文明教育，增强生态文明教育的科学性与实效性。

（3）党的领导发挥基层党组织的战斗堡垒作用。"党的基层组织是确保党的路线方针政策和决策部署贯彻落实的基础"①，中国特色社会主义生态文明教育在党的领导下，各级政府和各个社会组织的基层党组织发挥了重要作用。一方面，党员是党组织的活动细胞，是各类群体当中的先进分子，党组织通过"三会一课"等途径对各个党员进行生态文明意识、生态文明观念、生态文明建设能力教育，引导广大党员在生态文明教育上发挥模范带头作用，在各自岗位上自觉成为影响群众并带动群众的生态文明宣传员；另一方面，基层党组织具有贴近群众、联系群众的工作优势，基层党组织在群众中间开展生态文明教育具有天然优势，形成生态文明教育的强大凝聚力和旺盛生命力。

（二）挖掘中华传统生态文明思想资源

"如果没有中华五千年文明，哪里有什么中国特色？如果不是中国特色，哪有我们今天这么成功的中国特色社会主义道路？"② 习近平总书记的这番话道出了中华民族的自信之源，5000 年历史中蕴藏着中华优秀传统文化是中国特色社会主义道路前进发展最深刻厚重的底气。长期以来，中国共产党坚持将马克思主义生态观同中国生态环境保护具体实际相结合、同中华优秀传统生态文化相结合，创造了独具中国特色的生态话语体系，是中国特色社会主义生态文明教育的特色所在。

---

① 《习近平谈治国理政》第 3 卷，外文出版社，2020，第 51 页。
② 《习近平谈治国理政》第 4 卷，外文出版社，2022，第 315 页。

1. 中华传统生态文化启发生态文明教育理念

（1）实践性与人本性。实践性是中华优秀传统生态文化的价值导向。中国古代的先哲们，在长期的生活实践和生产实践中总结经验教训，在儒家、道家、佛家思想体系的指引下，着眼于各阶段出现的生态环境问题，提出了诸如"仁民爱物""以时禁发""取用有节"的生态思想，既来源于实践又用于实践，指导着中国古代人民在处理人与自然关系中保持着人与自然共生的和谐状态。人本性是中华优秀传统生态文化的立身之本。中华传统文化把天人合一作为终极关怀和最高理想，儒家思想认为人的价值高于万物的价值，但并不意味着否定自然的价值，而是以人的智慧和道德使人与自然保持万物和谐，在天地万物中实现人类价值，与西方伦理之"人类中心主义"有着本质区别。中华优秀传统文化中的实践性与人本性，强调以人为中心，在尊重规律的前提下在自然中改造自然，与马克思主义生态观不谋而合，为我国社会主义生态文明教育提供了价值导向与立身之本。

（2）传承性与变革性。传承性是中华优秀传统生态文化源远流长的根本保证。数千年来中华民族在延绵不绝的历史演进中不断丰富和发展的中华传统文化、中华传统生态文化，凝结着历代中国人民实践和智慧的结晶，是中华民族创造和传承的伟大物质成果和精神成果的总和，为我国生态文明建设、生态文明教育提供了丰富的理论宝库。变革性是中华优秀传统生态文化博大精深的不竭动力。中华传统文化的传承不是一味地继承，而是秉承扬弃精神，在改造和发展中创新与丰富，不断拓展中华优秀传统生态文化、中华优秀传统生态智慧。中华优秀传统生态文化的传承性与变革性要求当代中国生态文明建设、生态文明教育的守正创新、与时俱进，科学阐述我国生态文明实践的理论源泉，以历史视野和宏观视角阐释其理论的时代嬗变，引导社会公众自觉做习近平生态文明思想的坚定信仰者和忠实实践者。

（3）普适性与超越性。普适性是中华优秀传统生态文化的外在表现。中华民族在长期的历史实践过程中基于中华世界观、价值观形成的顺应自然、保护自然、人与自然和谐共生的行为准则，贯穿于 5000 年中华文明的社会发展中、覆盖于广阔中国土地上的社会生产中、凝聚于 56 个中华民族人民的社会生活中，彰显了中华优秀传统生态文化的普适性。超越性是中华优秀传统生态文化的内在本质。中华优秀传统文化超越了时间和空间的局限，在历史的长河中延绵不绝、在人类的文明中发扬光大，是人类从工业文明走向生态文明过程中所遵循的理论基础。中华优秀传统生态文化的普适性与超越性，是中国特色社会主义生态文明教育的理论底气，彰显了我国的文化自信与历史自信，在生态文明教育的影响下，中华优秀传统生态文化将得到进一步创造性转化与创新性发展，跟随新时代中国式现代化建设步伐，坚定地走出国门、走向世界，为建成美丽中国，实现中国之治、天下大治贡献中国方案和中国智慧。

2. 中华传统生态文化充实生态文明教育内容

先秦时期，儒家、道家、墨家等学术流派就广泛探析过人与生态自然的关系问题，形成了广博精深的生态智慧。他们所主张的天人合一、民胞物与、取用有节、以时禁发等理念，至今仍深深影响着中国人对生态自然的态度，是生态文明教育丰富的教育教学宝库。

（1）"天人合一"的生态整体观。"天人合一"是中华优秀传统文化的核心理念之一，"天"即自然，"人"即人类，所谓"合一"，即人与自然界相合相通、融为一体，所谓"天人合一"在儒、释、道三家智慧思想中均有所体现。早在上古时期，《周易》中的世界就包含天、地、人三道，道即"规律"，需要"兼三才而两之"，人在自然中要"先天而天弗违，后天而奉天时"，"与天地和其德，与日月和其明，与四时和其序"，才能把握世界万事万物之"道"，达到天、地、人之和谐。儒家思想注重"顺天"，即在自然规律的基础上达到人与天、人与自然的和谐统一。孔子曰："天何言哉！四时行焉，百物生焉，天何言哉！"天之所言即为规律，表明孔子主张在自然中感受天道感悟规律。道家则认为人和天在本质上是一致的，庄子云："天地与我并生，而万物与我为一"，指出人类生于自然、长于自然最终归于自然，只有顺应天道即顺应规律，人类才能生存和发展，最终达到"天人合一"。佛家思想则认为"缘起性空"，所谓"缘起"，即世界上没有独立存在的事物，也没有常住不变的事物；所谓"性空"，即"自性本空"，万事万物的暂存状态都是因为各种条件因缘聚合的结果，不是因为自身存在的原因，故人与人、人与万事万物都是同源同脉的。"天人合一"是"人与自然和谐共生"理念的理论源头之一，儒家、道家、佛教在"天人合一"这一问题的主张上虽有所差异，但均依据不同方式方法追求人和自然的融合、协调发展，体现了中国人对待人与自然的世界观，是当代生态文明教育阐明人与自然和谐共生等相关理论的重要内容。

（2）"民胞物与"的生态道德观。"民胞物与"意为民为同胞，物为同类，泛指要爱人及爱一切物类，是中华优秀传统生态文化道德观的真实写照。儒家思想的核心为"仁"。孔子认为"仁爱万物"，倡导人要对自然界的万事万物给予体恤和爱护；强调"己所不欲，勿施于人"，"人"的概念进一步延伸到万事万物，即人之"仁""爱"不仅对于人，更在于自然界的万事万物，即"与天地合德"，人之德由人及物、由人及天地。在孔子思想的指导下，孟子提出"性善论"、张载提出"民胞与物"、朱熹提出"盖仁之为道……即物而在"等，凸显了儒家思想将德同自然法则联系在一起，要求人将"仁""爱"由人及人、由人及物，体现出协调有序、共荣共生的生态道德观。道家思想认为自然界的万事万物没有贵贱之分，人与万物皆为同源，人们要尊重生命、尊重规律，顺应自然、维护自然界万物的生成和发展。佛家强调万物皆有佛性，意味着"众生平等"，人们在面对自然界的万事万物时要秉持"慈悲为怀"，不能伤害自然界之众生，体现出其普度众生的慈悲情怀。儒、道、释三家从不同程度上论证了自然界及其存在的价值意义，是"山水林田湖草沙生命共同体"理论的重要源头，为我国生态文明教育中生态文明道德教育提供了丰厚的理论资源。

（3）"取用有节"的生态保护观。人类生于自然、长于自然，又归于自然，自然界为人类发展提供生存空间和生存资源。中国古代先哲们在长期社会实践中思考人与自然的关系，儒、道、佛三家均要求人们在改造自然中要倡导有限、适度、尊重自然规律，切忌贪得无厌、过分索取。儒家认为，天地是人的衣食父母，孔子主张"钓而不纲，弋不射宿"[1]，即捕鱼不用绳网，不射杀归巢栖息之鸟，以保证自然环境的可持续性；孟子指出"不违农时，谷不可胜食也；数罟不入洿池，鱼鳖不可胜食也；斧斤以时

---

① 程树德：《论语集释》，程俊英、蒋见元点校，中华书局，2013，第565页。

入山林，材木不可胜用也"①，要求在生产实践中遵循客观规律；荀子发展了孔子和孟子的思想，提出"取物不尽物""取物以顺时"，主张依据自然规律开发自然、保护自然。在道家看来，人在利用自然和改造自然的过程中要"知足""知止"，以保证人与自然的和谐共生、共同发展。老子认为："化而欲作，吾将镇之以无名之朴"②，意思是万事万物在自然变化中因贪念而生的私欲，此私欲会影响自然万物和谐平衡，需要人以"道"之质朴统摄这些私欲，以此实现天人合一。在此基础上，道家要求"圣人去甚、去奢、去泰"，在饮食、住宅、宴请上要从简，避免造成浪费。而佛家将贪、嗔、痴比喻为人生"三毒"，无形的欲望成了破坏人与自然关系的罪魁祸首，而永无止境的欲望终究会造成毁灭性的灾难。儒家、道家、佛家关于"取用有节"的生态保护观是当今绿色消费、低碳生活的思想源头。在西方资本主义生产方式和消费主义盛行的影响下，铺张浪费、取用无度的生产生活现象比比皆是，对我国生态环境、资源开发利用等造成了严重的破坏。因此，"取用有节"的生态保护观是我国开展生态文明道德教育的重要内容。

（4）"以时禁发"的生态治理观。"以时禁发"是中国古代的生态治理观，即顺应天时，按照春生、夏长、秋收、冬藏的规律规定人的行为的"禁"与"发"。孟子提出的"不违农时，谷不可胜食也……斧斤以时入山林，材木不可胜用也"以及荀子提出的"山林泽梁以时禁发"思想，均要求人在生产生活实践中遵循天时的特性规范人的行为，在利用土地、开发资源、收集猎物时要注重生态平衡，体现了可持续发展的生态智慧。道家则认为人处在自然之中，人类行为要遵循自然之道。老子曰"天之道，利而不害"③，自然之规律有利于万事万物而不是伤害它们，人遵循自然之道就需要顺应天之道，在自然之规律基础上做有利于人、有利于自然界发展的事情。佛家认为万事万物的存在与发展有其自身的运行规律，人类只有尊重规律才能实现进步发展。"以时禁发"生态治理观在很大程度上影响着当代生态文明建设法律法规的设立，有力地推进生态文明建设法制化

---

① 方勇译注《孟子》（梁惠王上），中华书局，2010，第5页。
② 王弼：《老子道德经注》，楼宇烈校释，中华书局，2011，第95页。
③ 王弼：《老子道德经注》，楼宇烈校释，中华书局，2011，第200页。

进程，是我国生态文明法制教育的重要内容。

（三）借鉴国外生态文明教育成功经验

发达国家工业发展早，环境污染带来了严重的生态环境问题，在此背景下，美国、英国、日本、新加坡等国家较早开始重视生态环境保护，开始了富有成效的生态文明教育，为我国生态文明教育提供了学习范本和实践借鉴。他山之石，可以攻玉。梳理发达国家生态文明教育成功经验，借鉴发达国家生态文明教育实践方法，对加强和改进中国特色社会主义生态文明教育具有启迪意义。

1. 以社会宣传教育提高公民生态意识

社会公众是环境保护的主要参与者，公民生态文明意识在很大程度上决定了环境保护的成效。发达国家普遍重视对社会公众的生态文明意识宣传，取得了较好的成效。一方面，扩大社会环境教育的影响力。国外在国家层面往往通过颁布相应法律法规、法案，借助社会媒体展开社会讨论，在全社会引起对环境保护的重视，引导形成人人关注环保、人人参与环保、人人日常环保的良好局面。另一方面，发挥社会合力作用推动环保宣传。国外在环境教育宣传方面十分重视社会合力的作用，即通过呼吁家庭、学校、社会团体、民间组织等共同参与，通过家庭培育家庭成员的环境保护意识，通过学校培养青少年的生态环境保护理论，通过社会团体、民间组织等动员社会公众积极参与生态环境保护实践，做到以心促学、以学促练、以练促干，提升生态环境保护宣传的针对性与实效性。

2. 以教育教学改革优化学校环境教育

学校是生态文明教育的主要场所，学校教育是开展生态文明教育的主渠道。国外重视学校环境保护教育，通过多种方式开展教育改革，为校园环境保护教育开展完善顶层设计。美国重视校园环境保护教育，为保证不同阶段的连续性培养，在联邦层面确立了环境保护终身教育体系，在具体教学中充分挖掘自然科学、社会科学中的环境保护内容，强调理论与实践相结合，重视在实地场所的环境保护实践；比美国更细化的是日本和俄罗斯，在国家层面出台了学校环境教育的具体规划，根据不同阶段学生的不同特点明确各个阶段的教育目标，有针对性地设计满足各个层级教育对象的不同需求；俄罗斯和德国则更加重视环境保护的实践教育，主张以学校为主导，家庭和社会共同推动，在工厂、景区、社区等场所开展形式多样的青少年环境保护实践活动，在喜闻乐见轻松氛围中实现环境教育的目标。

3. 以社会大课堂提升社会生态道德教育

生态文明教育不能局限于学校小课堂，要充分与自然、社会相结合才能提升教育实效。日本在经济发展取得成绩后，开始在本国注重生态环境保护，山、水、林、田得到了较好的保护。日本的各级各类学校经常组织学生深入自然、亲近自然，开展实地研究、实地教学行为，增强学生学习的趣味性，增强生态文明教育的实效性。俄罗斯地大物博但地广人稀，受到自然条件限制，开展实地教学的效果难以保证，因此在生态文明教育中充分利用信息技术，通过鲜活的形式突破生态文明教育的时空限制，以历史和现实视角分别来认识生态原理、学习生态知识、研究生态问题。美国重视互联网生态平台教育，建立了多种生态环境保护网站，同时在国家建立了多个国家公园，在生态环境保护教育中充分利用国家公园等生态区域作为教育场地，在实地教学中兼顾生态环境保护教育和爱国主义教育。

二 中国特色社会主义生态文明教育的教训反思

（一）人类与自然发展失衡的教训

自然环境是指生物生存所处的自然区域及状况，由多种自然地理要素组成，包括地形、气候、水文、植被、土壤等，是相对于人文环境的一种表述。中华传统文化中蕴含着"天人合一""道法自然"等生态观，影响着数千年来中国人与自然环境的和谐共生。人类社会产生后，人与动物相区别为具有能动的自觉性和社会实践性，并通过实践为纽带与自然界联结起来，人与自然是一种相互依存、相互制约的关系。近代以来，"人类中心主义"伴随着资本主义生产方式与工业文明迅速发展，是人类与自然发展失衡的根源，是新时代生态文明建设的思想障碍，是生态文明教育亟待解决的心理壁垒。

1. 人类与自然发展失衡的历史原因

在古代社会，由于人类认识自然和改造自然的能力有限，东西方宗教、哲学中蕴含着对大自然的敬畏，那时人类社会发展缓慢，人与自然关系相对和谐。世界历史进入近代，随着自然科学的突飞猛进发展，理性主义得到广泛传播，认识论发生理性革命，促进了资本主义和工业革命的发生，人类中心主义深入人心，自然成为人类存在和发展所必要征服和改造的对象，人与自然产生对立，人与自然发展失衡。

（1）理性主义：征服和改造自然的理论基础。单就理性范畴来说，理性主义的提出要追溯到泰勒斯，他提出了"水是万物的始基"这一著名论断，用理性判断描述世界是西方理性主义哲学的源头。同古希腊先哲聚焦于本体论和存在论视角不同，近代西方哲学家们把理性用于认识论研究，从培根的"新工具"说与笛卡尔将理性作为审判一切的标准和尺度开始，发展到德国古典哲学时期的康德的理性批判与黑格尔的绝对理性，理性主义逻辑在近代被推崇到至上、万能、绝对无误的地位，不仅成为人类发展的重要内在尺度，也成为推动社会进步的内在动力。伴随着理性思维哲学的发展，在理性主义的指导下，近代资产阶级从弱小发展壮大，先后爆发了资产阶级革命，在欧洲主要国家掌握了政权，变革生产方式，人对自然环境普遍的、强制的征服欲望在资本迅速扩张的过程中逐步展现出来，为人们进一步推崇理性的力量奠定了坚实的社会基础。现代资产阶级将理性原则作为社会进步的理论法则与逻辑支撑，理性成为资产阶级自我完善的最高表现。在理性主义的影响下，进一步衍生出资本逻辑和技术逻辑，人类社会进入高速发展期，进步强制成为社会发展的鲜明特征。此时，为人类源源不断提供生产资料的自然界成为人类社会发展进步的首要牺牲品。

（2）资本逐利：征服和改造自然的不竭动力。在理性主义广泛传播的影响下，伴随着15世纪末的地理大发现以及随之而来的殖民地的恣意扩张，传统手工业加速向工场手工业转化，欧洲近代资产阶级的经济、政治、军事力量不断壮大，为各国资产阶级革命创造了条件。17世纪到19世纪，欧洲主要国家先后完成资产阶级革命，资本主义生产方式迅速崛起取代封建社会的生产方式。资本逻辑可谓生态异化的罪魁祸首，在进步强制的资本逻辑影响下，资本骨子里的逐利性要求生产力不断进步，导致商品市场恶意扩张，催生了近代工业革命，迸发出极为强大的社会生产力。在资本主义生产方式下，商品生产的无政府状态走向极端，导致资本家对土地、资源近乎无限的掠夺，加剧资产阶级对自然界破坏。由于本国资源和市场的有限性和需求的近乎无限性，资本主义的发展催生了殖民主义，从19世开始，先发资本主义国家开始利用坚船利炮对外发动殖民战争，把殖民地国家变为原料产地和产品市场，对殖民地国家资源进行疯狂掠夺，对殖民地国家自然环境造成严重破坏，给殖民地国家人民带来沉重灾难。在此之后，资产阶级"按照自己的面貌为自己创造出一个世界"①，资本主义生产方式席卷全球，资产阶级"迫使一切民族——如果它们不想灭亡的话——采用资产阶级的生产方式"②，世界各国在资本主义生产方式影响下，纷纷对自然环境展开掠夺式开发，人与自然之间的和谐关系遭到空前破坏，客观上加剧了人与自然发展失衡。

（3）工业革命：征服和改造自然的强大引擎。资本主义催生的生产方式变革极大地促进了生产力发展，生产效率持续提升已成为资本家追逐利益的杠杆。18世纪中叶，工场手工业取代了行会手工业，生产的聚集在一定程度上为工业革命创造了条件。由于人力的局限性，生产力的增长达到瓶颈，亟须寻求一种新的动力之源，突破时空限制实现生产力变革。英国工人哈格里夫斯发明了珍妮纺纱机标志着工业革命的开始，之后，各种新发明层出不穷，工业革命推动了手工劳动的机器化代替。伴随着近代自然科学的进步和世界市场的形成，以蒸汽机为标志的第一次工业革命完成后，人类又先后完成了第二次工业革命、第三次工业革命，从电气时代进入了科技时代，目前，以信息技术为核心的第四次工业革命正在如火如荼地进行中。工业革命接续成功致使人类活动突破时空限制，提升了人类征服和改造自然的能力，极大地提高了生产效率，形成了世界市场，创造了极大的需求空间，促使资本在世界范围内不断膨胀。与此同时，资本的进一步膨胀需求导致市场不断扩张，引起生产对能源、原料的庞大需求，人类对大自然的掠夺加剧，呈现出资源匮乏、环境破坏、大气污染、生态危机等，同时工业生产产生的废弃物不加处理直接进入自然界，造成大量环境污染和资源浪费，最终危及人类自身的生存和发展。

2. 人与自然发展失衡造成的价值观影响

资本主义工业文明如火如荼的发展，致使人类对自然、社会与人的关

---

① 《马克思恩格斯选集》第1卷，人民出版社，2012，第404页。
② 《马克思恩格斯选集》第1卷，人民出版社，2012，第404页。

系认识发生较大的改变，主要表现为人类中心主义的价值观念、消费主义的生活方式以及掠夺性的生产方式，加剧了人与自然的进一步失衡，人与自然走向对立。

（1）人类中心主义的价值观念。人类中心主义是作为一种价值和价值尺度而被采用的。人类是自然界自身发展出来的对立物，同其他生物不同，人类具有思维意识，能够以物质自然为对象，通过实践能动地影响和改变自然。在原始社会中，人类社会生产力极其低下，人类认识自然和改造自然的能力很低，在很大程度上受自然环境支配。人类中心主义在原始生产力条件下相对狭隘，西方先哲把人类作为观察事物的中心，人类在自然环境中生存和发展，人与自然相对和谐。伴随着人类社会的进步，人类认识自然和改造自然的能力在农业文明的发展中不断上升，人与自然的和谐关系受到冲击。人类中心主义在农业社会中不断发展，西方唯心主义哲学家们认为人类的精神或意志创造现实世界，人与自然逐步走向对立。到18世纪，随着资本主义生产方式和工业文明形成，人类认识世界和改造世界的能力飞速发展，人与自然的和谐关系丧失。人类中心主义的极端化驱使人类与自然走向对立，人与自然发展彻底失衡，人类对大自然的掠夺加剧，生态环境污染造成严重的生态危机，最终危及人类自身发展。

（2）消费主义的生活方式。生活方式是一个历史范畴，具有鲜明的时代特性。在人类社会发展的进程中，先后经历了采猎文明、农业文明、工业文明三个时代，生活资料日渐富足，人类对自然环境的态度逐步发生转变，生活方式发生重大变化。随着资本主义生产进入大规模生产阶段，尤其是第二次世界大战后，社会具备了为消费者提供大量物质产品的生产能力，一方面为大众消费创造了物质条件，另一方面需要大量消费的支持，消费主义价值观念通过资产阶级大众传媒广泛传播，消费主义生活方式逐渐在全球形成。消费主义生活方式是一种以异化的购物和消费为主要内容，具有占有性、破坏性且不可持续的生活方式，是工业文明生活方式的主要表现。在消费主义生活方式下，人们对生活资料的需求产生异化，把生活幸福和人生追求等同于对物质商品的占有和消费，以过度消费、奢侈消费、炫耀消费为具体表现，促使生产向消费倾斜，加大了对自然资源的消耗浪费及生态环境的破坏，是造成全球生态危机的主要来源。

（3）掠夺性的生产方式。生产方式是指社会生活所必需的生产资料的谋取方式，是再生产过程中形成的人与自然界之间和人与人之间的相互关系的体系，具有历史范畴。随着资产阶级的发展壮大，资本的逐利性迫使生产的进步强制，掠夺性的生产方式登上历史舞台。掠夺性的生产方式曾广泛存在于工业文明的农业生产、工业生产和其他各类生产中，打破了经济与生态协调。主要表现在三个方面：一是破坏了生产部门和生产结构的协调关系。现实的生产都是经济再生产与自然再生产的交织，它们以自然生态系统结构为依托，形成了各种不同的生产部门和生产结构，使生产持续稳定地进行。在实际经济发展中，由于采取了掠夺性的生产方式，破坏了原来生态经济系统的生态经济适合度，就会破坏生态经济系统的平衡稳定，使生态与经济的协调关系遭受破坏。二是打破了物质能量输出输入系统的平衡关系。经济生产是人与自然进行物质变换的活动，自然生态系统经常不停地进行着物质循环和能量转换运动，维持着整个系统的平衡稳定，从而使系统能够持续不断地向人们提供各种经济产品。掠夺性生产常常是单一过量地开发利用某一种（或几种）自然资源，打破了生态系统本身的生态平衡状态，使系统的物质和能量的消耗不能得到补偿，造成生态与经济严重不协调，从而使经济生产不能继续进行。三是不能正确处理自然资源利用与保护的关系。自然资源是经济生产的基础，只有在对它进行利用的同时也注意了对它的保护，才能保证发展经济对自然资源的可持续利用。掠夺性生产是只利用自然资源而不保护自然资源，甚至是不顾后果地滥用自然资源，造成生态与经济发展的不协调，从根本上动摇了自然生态系统存在的基础，从而给经济生产带来难以长期持续的严重后果。

（二）传统粗放式发展模式的反思

粗放式发展模式是指通过单纯依靠生产要素的大量投入和扩张，即通过扩大生产场地、增加机器设备、增加劳动力数量等来实现经济增长。进入工业文明到科技革命前，资本主义生产方式下生产力的增长和社会发展的模式主要是粗放式，在推动人类文明快速进步的同时，也造成了生产相对过剩、资源短缺、环境污染、生态危机等系列问题，给人类可持续发展带来了空前挑战。新中国成立以来尤其是改革开放后，为解放生产力、发展生产力，迅速摆脱贫困尽快实现现代化，我国一度走上粗放式的发展模式，在经济快速发展的同时，随之而来的是资源浪费、环境污染、生态破坏等问题的集中凸显，高投入、高消耗、高排放、低效率的粗放式经济增长方式已难以为继。党的十八大以来，以习近平同志为核心的党中央明确提出新发展理念，在新发展理念指导下，我国发展模式取得根本性转变。然而，长期以经济建设为中心、粗放式的发展模式对我国经济社会造成了深刻影响，人们生活、生产理念的扭转并非一朝一夕能够实现，生态文明教育任重而道远。

1. 我国粗放式发展模式的主要历史背景

同西方国家相比，我国最初是被动进行现代化，近代的百年屈辱史造就了我国粗放式发展模式产生的历史背景，主要有以下几个方面。

（1）现代化进程极度落后的代价。近代以来，先发资本主义国家由于生产方式和生产力的变革，亟须寻求原料和扩大市场，开启殖民主义肆意掠夺的狂潮。与此同时，清政府还沉醉在"天朝上国"的黄粱美梦中，闭关锁国的国策导致对西方国家日新月异的科技、文化、思想视若无睹，拥有四万万国民和占世界近六成的生产总值的中国成为西方殖民者唾手可得的广阔市场与廉价原料产地。自1840年鸦片战争起，帝国主义殖民者屡次入侵中国，侵犯我国领土和主权，签订多个不平等条约。西方殖民者在带来战火与掠夺的同时，也带来了资本主义文化与生产方式。从洋务运动开始，晚清仁人志士开始学习西方的科学技术，谋求"师夷长技以制夷"，实现救亡图存，民族资产阶级在我国诞生。然而，随着中国逐步沦为半殖民地半封建社会，清政府逐步成为帝国主义统治中国的工具。辛亥革命推翻清政府统治后，结束了封建君主专制制度，建立起民主共和政体，然而并没有从根本上改变中国半殖民地半封建的局面。在此背景下，我国民族资本主义在帝国主义、封建主义和官僚资本主义"三座大山"的压迫下艰难生存，中国的现代化进程在百年屈辱史中艰难发展，极度落后于世界强国。

（2）社会主义工业体系初步建立。新中国成立后，中国共产党向世界庄严宣告，中国人民从此站起来了，中华民族任人宰割、饱受欺凌的日子一去不复返了。此时中国共产党面对的是一个经历了百年战火、百废待兴的国家。以毛泽东同志为主要代表的中国共产党人，深刻认识到现代工业对于国家富强的重要意义，早在新中国成立前夕通过的《中国人民政治协商会议共同纲领》明确提出："发展新民主主义的人民经济，稳步地变农业国为工业国。"① 土地改革基本完成后，在 1953 年制定的过渡时期总路线中，把"逐步实现国家的社会主义工业化"② 作为全党和全国人民在一个相当长的时期内努力奋斗的"总任务"之一。面对人口众多、工业底子薄、经济落后的农业大国国情，实现工业化无疑是一条艰难的道路。从"一化三改"总路线开始，以五年计划为抓手，在党的领导下，中国大规模社会主义工业化建设全面铺开，全国人民艰苦奋斗建立起独立、完备的工业体系，并提出了"四个现代化"奋斗目标与路线，为改革开放提供了较为明确的政策保障和坚实的物质基础。

（3）改革开放的历史性机遇。党的十一届三中全会确立了以邓小平同志为核心的党的中央领导集体，把党的工作重心转移到社会主义现代化建设上，提出了改革开放的任务。20 世纪 70 年代末，世界格局发生变化，美苏争霸趋于缓和，和平与发展成为时代的主题；经过第三次科技革命，世界主要国家完成产业升级，科技含量低、附加值低的低端制造业急需完成转移；进入 70 年代，西方主要资本主义国家面对石油危机应对不力，发生"滞胀"危机，造成极大的负面影响，急需打开新的市场需求实现经济回暖；与此同时，新中国成立后，在独立自主、自力更生的原则下，经过近 30 年的发展，中国建立起较为完备的工业体系；和平稳定的内部环境极大地提升了生育率，1982 年第三次人口普查全国人口达 10 亿人之多；新中国成立以来教育政策的执行，使文盲率大幅降低；70 年代初"小球带大球"的外交策略，使我国与西方资本主义国家关系缓和，西方解除对我国的贸易禁运。世界历史发展到 70 年代末，国际国内两个大局促使以邓小平同志为主要代表的中国共产党人做出改革开放的伟大决策，以完善的基础设施、广大的单一市场、庞大且优质的人口红利，进入世界市场、承接西方发达国家的产业转移，为而后 40 多年的高速发展拉开了序幕。

2. 我国粗放式发展模式的主要历史原因

粗放式发展模式在我国是一个历史范畴，具有深刻的历史原因。在百

---

① 《建党以来重要文献选编（1921～1949）》第 26 册，中央文献出版社，2011，第 759 页。
② 《建国以来重要文献选编》第 5 册，中央文献出版社，1993，第 82 页。

年屈辱史的历史背景下，新中国成立后中国人民亟待走向现代化、摆脱贫困的现实要求和强烈愿望，是粗放式发展模式在我国长期存在的主要历史原因。

（1）后发国家亟待发展的社会经济面貌。实现工业化，是世界近代经济发展的必由之路和必然趋势。作为后发的社会主义国家，在一穷二白的土地上带领人民迅速摆脱贫困是党的主要任务，只有实现工业化，才能走上现代化发展道路。以毛泽东同志为主要代表的中国共产党人，在土地改革基本完成、国民经济恢复任务顺利实现、朝鲜战争有望结束的形势下，于 1953 年转入以工业化为重心的大规模经济建设。全国上下急于改变落后面貌的社会主义工业化建设热情导致人们忽视了对人与自然关系的思考，环境保护意识尚未觉醒，对生态环境造成了一定的破坏，至"大跃进"运动达到顶峰。"大跃进"运动结束后，党和政府采取了一系列生态环境保护措施，1972 年参加了第一届世界环境大会，并制定了我国的环境保护工作方针，在生态环境保护方面逐步取得了一定的成效。党的十一届三中全会后，党和国家把工作重心转移到经济建设上来，社会主义现代化建设如火如荼。然而，由于缺乏生态保护意识与生态法制建设，我国曾一度把经济增长等同于 GDP 的增长，忽视了人与自然和谐共生，走上了粗放的发展模式，虽然取得了举世瞩目的成就，但造成了环境污染、生态破坏、资源短缺等现象，付出了巨大的生态环境代价。

（2）核心科学技术领域的相对落后状况。近代以来，西方在自然科学领域的不断突破带来了技术的快速进步，造就了数次工业革命，推动了人类社会的发展进步。虽然科学没有国界，但科技存在国界。随着科技的不断进步，先发国家人为制造尖端科技的科技壁垒，以巩固在世界市场中不可替代的重要地位。在新中国成立后 70 多年的努力下，我国自力更生、艰苦奋斗，取得了一项项技术突破，在当今第四次工业革命中取得了领先地位。然而，由于相当一段时间的技术落后，我国工业在漫长的历史中艰难成长。由于工业底子薄弱，在社会主义建设时期，我国亟须建立工业发展框架，党中央以五年计划为抓手，以重工业为核心，在短时间内建成比较完备的基础工业体系。由于重工业的高污染、高排放等特性，加之生态环境保护技术落后与生态环境保护意识淡薄，对环境造成了一定程度的污

145

染。改革开放后，我国开始进入世界市场承接大量发达国家的产业转移，以此实现经济社会的快速发展。但由于西方在核心科技中设置的壁垒，所转移的产业基本为高能耗、高污染、低附加值的落后产业，在经济的快速发展中走上了粗放式的发展模式，造成了生态破坏、环境污染、资源短缺等生态环境危机。

（3）生态保护相关法律法规匹配不健全。在现代工业生产方式下，经济增长和环境保护似乎是一对不可调和的矛盾，在缺乏监管的前提下，企业经营者极少考虑生产过程中造成的生态问题。自1994年《中国21世纪议程》颁布以来，中国加速了环境保护法制建设进程，但在制度设计、政策和法律法规体系中的漏洞和不足制约着我国的生态文明建设。从环境污染治理制度整体来看，20世纪80年代以来，我国虽然制定并实施了一套较为完整的环境保护法律，但由于制度本身存在漏洞或者制度实施效果不好，使环境污染得不到有效控制。从政策方面来看，我国生态环境保护相关政策大多数是在计划经济或有计划商品经济背景下建立起来的，强调行政手段与计划手段，不符合市场经济规律的客观要求，义务性规定多于责任性规定，存在政策之间相互冲突、缺乏协调配套等问题。在政策执行方面，难以有效协调生态环境保护与生态治理的多方利益关系，在片面追求GDP衡量发展标准的宏观环境下，地方政府徘徊在经济发展与生态环境保护之间，形成了先污染后治理、边污染边治理的思路和习惯，存在执法不严、执法无效、一方治理多方破坏的现象。

3. 粗放式发展模式对我国社会造成的不良影响

粗放式发展模式在一定的历史时期加速了经济社会的发展，但也留下了不少后遗症，主要表现在环境层面、经济层面与社会层面。

（1）环境层面：资源短缺、环境污染、生态破坏。粗放式发展模式主要依赖的是人力、物力等生产要素的不断增加，增长过程中科技含量低、附加值低，能耗高、污染高。新中国成立以来尤其是改革开放时期，我国经济发展到一定程度使能源资源消耗的速度超过了经济增长速度，能源利用效率远远低于世界平均水平，造成资源浪费与资源短缺。同时，由于环境保护的体制机制不完善，一些地方、企业在工业生产过程中忽视了对生态环境的保护，污水、废气等工业污染物未经处理大量进入自然，造成空气污染、水污染、土壤污染、固体废弃物污染等，破坏了我国生态环境，危害了我国人民群众的生命健康安全，对我国经济社会可持续发展造成了严重影响。

（2）经济层面：产业结构不科学、经济发展不可持续。粗放式的发展模式另一方面的问题是盲目投资、重复建设导致产业、产品趋同现象严重。在新中国成立之初以及改革开放前期，我国经济社会落后，生产力、工业化水平低，发展蓝海广阔，采取粗放式的发展模式在一定程度上能够实现经济快速发展。然而，经过长期的发展，在粗放式发展模式的影响下，生产缺乏明确导向，发展缺乏长期规划，我国钢铁、电解铝、铁合金、焦炭等产业产能过剩问题突出，东部、中部、西部与城乡间经济社会发展不平衡、不充分矛盾突出，产业结构不科学成为制约我国经济持续发展的重要原因。

（3）社会层面：公民整体生态意识、生态素养不高。长期粗放型发展模式不仅给环境、经济带来不良影响，其社会影响同样不可忽视。经济基础决定上层建筑，在全国采取粗放型发展模式的背景下，社会意识在很大程度上表现为向"钱"看，把物质追求当作社会生活的第一目标，忽视了精神层面的建设，造成社会公共道德缺失等现象。在此背景下，社会生态文明教育缺位，使公民缺乏对人与自然关系的科学认识，整体生态意识、生态素养不高，生态知识储备、生态道德意识、生态行为能力等方面有待提高。公民在工作、生活中忽视对生态环境的保护，消费主义、享乐主义盛行，是造成资源浪费、环境污染、生态危机的重要推手。

（三）应试教育长时间主导的调整

应试教育是一种教育模式，是指根据考试内容规定教育内容，虽然在一定程度上提高了教育效率，但总体上忽视了素质教育，人的全面发展难以保证。我国生态文明教育虽然在几十年前就已经起步，但由于受到长期应试教育与社会历史思维局限性的影响，对生态文明的理性认识较为缺乏，以及由于生态文明本身难以创造直接经济价值，同以经济建设为中心的发展导向和社会思潮判若鸿沟，在各类选拔考试中未有鲜明的生态文明导向。生态文明教育在各阶段、各形式教育中的受重视程度不高，是我国生态文明教育发展滞后的重要原因。

1. 我国应试教育产生的历史原因

我国应试教育有其深厚的社会历史背景，古代延续千年的科举制度的影响与新中国成立后苏联灌输式教育模式的引入，以及新中国成立后我国的社会现实条件等因素，导致应试教育在我国长期存在。

（1）中国古代延续千年的科举制度。科举制度是历代封建王朝通过考试选拔官吏的一种制度，起源于汉朝，创立于隋朝，确立于唐朝，完备于宋朝，兴盛于明清两朝，为古代封建王朝统治选拔了大量人才，是封建王朝阶层流动、德化百姓、维护统治的重要制度，对中华文明发展起到重要作用。然而，有考试就有应试，有选拔考试就有应试教育。由于儒家思想在我国古代的正统地位，"学而优则仕"的"官本位"思想成为社会主流。科举制度的产生使天下读书人参加科举考试、为官从政成为正途，科举考试所考察的儒家经典作品就成了天下读书人努力的重点，应试教育由此产生。科举制度发展到明清两朝，考察内容限制为"四书五经"，文体限制为"八股"，进一步僵化了科举制度体制，使科举制度日趋没落。在科举制度的影响下，读书功利主义普遍存在，以儒学的"四书五经"为根本的应试教育内容成为广大学子学习的主要内容，促进了儒学思想的传承发展，维护了封建社会的社会稳定，但同时在很大程度上限制了工商业的成长和发展。

（2）苏联灌输式教育模式的引入。灌输式教育是苏联教育家伊·安·凯洛夫（Иван Андреевич Каиров）发明的，又叫填鸭式教育。顾名思义，即在教育过程中把知识一味灌输给学生，缺乏对学生的引导与启发。新中国成立之初，在全国 5.5 亿人口中，文盲率高达 80% 以上，成为制约新中国经济社会发展的巨大障碍。当时的中国百废待兴，教育资源极其匮乏，有限的教育资源和庞大的教育需求形成突出矛盾。与此同时，在社会主义改造时期，苏联向中国进行援助，帮助中国完成社会主义改造，对我国教育体系建设具有深远影响。在此背景下，我国引入苏联的灌输式教育，以此作为我国的主要教育模式。在灌输式教育的影响下，新中国教育快速发展，在有限的教育资源、有限的时间内提高了教育效率，对我国扫除文盲、培养社会主义建设人才起到重要作用。然而，灌输式教育缺乏对学生的引导与启发，导致我国尖端科技领域缺乏领军人才。另一方面，由于我国人口数量急剧增长，优质教育资源相对不足，灌输式教育在考试的重压下逐渐转化为应试教育，在教育过程中对学生的道德、心理、法制等素质教育缺位，在一定程度上压制了人才的综合素质提升。

（3）当前我国教育资源不均衡现状。新中国成立后，我国社会生活状况得到迅速改善，人民生活水平迅速提升，人口数量飞速增长。另外，新中国成立之初，我国人口文盲率达到80%，是新中国发展建设的主要拦路虎。在新中国70多年尤其是改革开放40多年建设实践中，我国教育事业得到了长足发展。具体表现为：教育投入逐年增加，常年稳定在国内生产总值4%以上；教育体系日益完善，软硬件水平不断提高；青壮年人口文盲基本消除，基本实现基础教育普及化；高等院校逐年扩招，高等教育由"精英化"转变为"大众化"，等等。随着社会的发展，我国教育事业的主要矛盾转化为广大人民群众受教育需求与教育资源不平衡、不充分发展之间的矛盾，优质教育资源向城市、发达地区转移，学校为升学率、学生为取得更好成绩而追逐更优质的教育资源，教育内容和形式呈现应试化，造成中考、高考的"内卷"现象严重，对我国高层次人才培养造成不良影响。

2. 应试教育对生态文明教育的不良影响

在长期应试教育模式引导下，教学内容、形式向考试倾斜。由于我国在生态文明领域长期缺乏足够的重视，生态文明虽然广泛存在于社会日常教育与各个学段教育，但由于与社会大环境选拔人才的需求导向不相匹配，生态文明相关内容在各学段选拔考试中的所占比例不高，生态文明教育在教育过程中不受重视，主要表现为如下几个方面。

（1）应试教育导致生态文明教育师资缺失。各类高校培养是各级各类师资力量的主要来源，高校特别是师范院校中的生态环境专业学生是补充生态文明教育师资力量的重要来源。长期以来，在应试教育影响下，中、小学对生态文明教育重视程度普遍不高，学生、家长更多关注于能够在中考、高考等各类选拔考试中取得成绩的语、数、外等学习内容，在高考填报志愿时更多选择能够容易就业、获取高薪的相关专业，高校生态类、环境类专业长期以来处于冷门尴尬地位，客观上造成生态文明职业化专业化人才培养的数量短缺。党的十八大以来，党和国家把生态文明建设摆在全局工作的突出位置，生态文明建设如火如荼展开，需要大量生态、环境等相关专业人才，但仅有的专业人才大量进入实业，导致开展生态文明教育所需师资明显不足，基本上都是思想政治理论课教师等各类兼职教师承担生态文明教育教学任务，生态文明教育师资整体数量缺失、教学质量不高。

（2）应试教育导致生态文明教育内容缺位。经过长期发展，我国生态文明教育在各级各类教育中比重日益提升，党和国家出台了相关文件对在各门学科中的教育内容进行了明确规范，然而，在应试教育的影响下，我国生态文明教育内容仍处于缺位状态。一方面，生态文明教育内容广泛，各个学科均有涉及，但在应试导向的影响下，生态文明的相关内容很少在考试考察范围内，在各阶段各学科教育中往往被选择性忽视；另一方面，现阶段生态文明教育内容分布在各个学科中，教学内容缺乏系统性、连贯性。这两方面原因在很大程度上使生态文明教育实效大打折扣。

（3）应试教育导致生态文明教育实践欠缺。在应试教育背景下，我国各级教育重理论、轻实践，各类实践教育教学欠缺。生态文明理论来自实践、面向实践，生态文明教育不能离开鲜活的生态实践。然而，长期以来，我国生态文明教育大多停留在课堂上对知识的正面灌输，以讲授法为主，少有讨论法、探究法、观摩法、实验法等提升学习兴趣、提高实效的教学方法，以讲授法为主的教学方法虽然能在短时间内提高考试成绩，但学生难以在工作生活中将生态理论知识转化为自身实践。随着党和国家对生态文明教育重视程度的日益提高，各级教育行政管理部门对生态文明教育实践做出了明确要求，在实际工作中却存在重活动、轻内容的问题，追求实践活动开展的频次、形式，缺乏质量、实效。同时，生态文明实践教育缺乏同理论教育的有效联动，生态文明课堂教学与生态文明实践相脱节现象普遍存在，不仅难以取得实效，反而给学业增添繁重的学业负担，降低了生态文明教育实践教学活动的趣味性和吸引力。

第五节　当前我国生态文明教育困境产生的原因分析

一　生态文明教育教学实效有待提高

综观当前我国生态文明教育成效，公民整体生态文明素养普遍不高，生态文明教育实效性有待提高，具体原因如下。

（一）生态文明教育课程组合不够协调

生态文明是一门新型交叉学科，涉及多个基础学科的各类知识，语数外、政史地、理化生等课程都含有生态文明教育内容，需要构建系统的生态文明教育课程体系建设，发挥好各学科特有的"课程生态"作用。当前，由于缺乏统一的课程规划与教学设计，大多课程的生态文明教育停留在本学科的基础内容上，缺乏统一明确的学科生态文明教育目标、教育内容、教育策略，没有充分发挥各学科课程在生态文明意识、生态文明专业、生态文明能力等方面教育教学的整体性作用，各学科之间的"课程生态"协同育人效果不明显，在一定程度上造成生态文明教育事倍功半，教育课程组合协调性有待提高。另外，在教育教学的各个阶段缺乏通识课程安排，缺乏生态文明教育理论与实践统一教学引领，导致教育对象难以将各类生态文明知识融会贯通，生态文明教育实效难以保证。

（二）生态文明教育阶段衔接不够紧密

生态文明教育涉及家庭教育、学校教育、社会教育、领导干部培训等方面，高质量生态文明教育根据不同身份、不同年龄等特点还细分为各个阶段，需要根据各个阶段教育对象的不同特点统筹规划设计教育内容、创新教育形式，生态文明教育才能够顺利进行、事半功倍。然而，我国生态文明教育各阶段各层次"单兵作战"的现象突出，缺乏系统性的统筹规划，家庭教育、学校教育与社会教育各自为战、联系不够紧密，没有明确针对各阶段教育主体和教育对象的教育目标；学校教育各个学科理论教育与家庭、社会教育的各个方面结合不够紧密，大中小学各个学段生态文明教育缺乏侧重点；大众传媒等社会教育理论宣传多、实践教育少，理论灌输与实际生活相脱离，生态文明社会教育实效有待提高，造成生态文明教育内容和教育形式的重合、教育资源的浪费，政府在生态文明教育中的主导作用与学校教育的主渠道作用不明显。

（三）生态文明实践教学安排不够协调

生态文明教育是一个从理论出发到实践养成的过程，使教育对象在接受生态文明教育的过程中，在内化于心的基础上，最终外化于自觉的生态行为是生态文明教育的最终目标。生态行为的养成，仅靠理论教育是远远不足的，需要匹配相配套的实践教学才能形成完整的闭环。然而，受到传统教育方式思想影响，在生态文明教育过程中一定程度上忽视实践教学的重要性。一方面，生态文明教育在开展实践活动时往往流于形式，仅仅把理论知识教育从教室内搬到课堂外，为了活动而活动，难以激发教育对象的生态文明主体性，难以取得生态文明教育实效。另一方面，生态文明教育理论教育与实践教学安排相对独立，理论与实践未能实现有机互动，往往出现自说自话、各说各话的现象，致使生态文明教育停留在思想层面，生态文明理念即使内化于心也难以外化于行。

二 生态文明教育师资队伍相对薄弱

加强生态文明教育，教师是关键。教育者先要受教育，才能更好担当学生健康成长的指导者和引路人。然而，由于我国生态文明教育起步晚、发展慢、师资队伍建设相对薄弱，生态文明教育师资队伍建设质量与新时代中国特色社会主义生态文明教育高质量发展目标不适应不匹配，主要表现为如下几个方面。

（一）生态文明教育师资队伍数量不足

改革开放以来，社会主义现代化建设事业快速发展，社会发展和进步导致专业人才短缺，高素质人才供不应求倒逼高等教育改革，高等学校持续扩招。同时，我国在经济高速发展时期生态环境保护没有得到高度重视，生态环境保护行业不景气、规模发展缓慢，生态学学科建设滞后，生态学专业人才短缺，高校生态学专业招生相对困难，致使生态学专业人才输出不足。党的十八大以来，以习近平总书记为核心的党中央高度重视生态文明建设，生态文明建设上升到前所未有的战略高度，生态学学科建设、生态专业人才培养都得到迅速发展。生态学是一门综合性的前沿学科，隶属理学学科门类下的一级学科。截至 2023 年，全国生态学一级学科博士点约 60 个，涵盖动物生态学、环境生态学、植物生态学、微生物生态学、森林生态学、景观生态学、可持续生态学等，生态学专业人才需求旺盛，专业人才大量流入生态建设、环境保护等实体行业，造成生态文明教育人才短缺。

（二）生态文明教育队伍专业化程度不高

生态学专业是一个新兴多学科交叉渗透的专业。生态文明教育涉及工学、理学、哲学、经济学、法学、教育学、管理学、历史学等，教育者需要系统培训才能满足生态文明教育需求。当前，有限的生态文明教育人才数量和庞大的专业人才需求形成矛盾，为快速解决生态文明教育工作者缺口，满足高速发展的生态文明教育需要，教育部门和各地抽调其他学科教师兼任，虽然短时间内填补了教育队伍空缺，但教育队伍的专业化程度不高，难以保证生态文明教育高质量需求。一是生态文明教育教师专业化水平不高。兼任教师虽然可以深刻掌握本专业领域内的生态知识，但对生态文明的整体知识储备不够系统，对生态伦理道德也缺乏深刻的理解，在实际工作中缺乏系统培训，直接影响生态文明教育实效。二是生态文明教育教师职业化程度不足。在生态文明教育中，理论教育与实践教学二者同等重要、互为补充，兼任教师缺乏生态文明实践教学培养，在教育中难以将生态文明理论与实践有机结合，抽象说教多、情感体验少，更难以根据不同人群的不同需求科学合理安排实践教学内容，致使生态行为仍然缺位。

（三）生态文明教育队伍培养机制缺位

教育队伍数量充足、质量优良是生态文明教育高质量开展的根本前提。然而，由于我国生态文明教育体制机制不够健全，教育队伍培养机制缺位，主要表现在如下几个方面：一是生态文明师范教育相对薄弱。高等师范教育是培养生态文明教育队伍的主要途径，然而当前我国高等教育尚未明确设置生态文明教育学科，仅在"生态学"一级学科下展开培养，培养内容多为生态理论培养，缺乏生态文明教育技能的系统性师范训练，所输出的生态师资实效难以保证。二是生态文明教育职业培训不够重视。生态文明教育同其他领域教育相比，更加注重理论和实践的紧密结合，教育主体在投身施教前需要针对教育对象的不同特点进行有针对性的职业培训以提升教育实效，然而目前针对教育主体的职业培训往往局限于道德素养、教学设计以及常规教学方法，缺乏针对性与实效性。三是教育队伍缺乏长效培养机制。生态文明建设不断发展，生态文明教育需要与时俱进，生态文明教育队伍需要终身学习，然而教育主体在走上工作岗位后，往往将继续教育视为烦琐的任务，产生异化的倾向，导致教育方法与教育内容同时相脱节，教育实效大打折扣。

三　生态文明教育体制机制不够完善

生态文明教育是将生态文明理念作为一种价值导向与日常行为的教育实践，旨在促进人与自然和谐共生。生态文明教育融入国民教育全过程是一个复杂、长期的系统工程，科学高效的生态文明教育体制机制是提升生态文明教育效果的保障，需要建立完备的教育机制，规范生态文明教育的教育目标、教育内容、教育方法以及监督机制、保障措施，以保障生态文明教育高质高效推进。毋庸讳言，我国生态文明教育缺乏明确的生态文明教育目标和人才培养要求，存在的突出问题是工作体制和运行机制不够健全、激励机制不够完善、监督机制亟待重构，这既束缚了我国生态文明教育发展，又致使我国生态文明教育相对滞后于经济社会发展的现实需要。

（一）生态文明教育的运行机制不够健全

当前我国生态文明制度的运行机制主要为国务院及生态环境部、教育部等多部委联合发文，虽然对生态文明教育实施全过程做了定性安排，但对于生态文明教育各个参与主体的角色和职责缺乏定量安排，在教育活动开展时，存在解读文件精神出现偏差问题，在部分地区存在重宣传轻实践、重形式轻内容、重痕迹轻实效的现象。在生态文明教育实地开展时，由于政策性文件缺乏微观设计，政府、学校、社会组织教育设计缺乏联动，课程设置、教学方法、实践教育协调性差，针对不同阶段不同人群开展的生态文明教育互补性不高，忽视了生态文明应有之协调联动，导致教育主体付出多、实效少，教育对象参与多、收获少，对生态文明教育目标的达成造成消极影响。

（二）生态文明教育的激励机制不够完善

激励机制是鼓励人们参与生态文明教育、认可生态文明教育的重要保障，对推动生态文明教育活动有效运转、提高实效具有重要意义。当前，在政策性文件的指导下，生态文明教育基本激励机制已经建立，但各地区各单位的政策解读往往存在偏差，激励方式单一、激励措施脱节、激励形式不接地气，降低了激励机制的引导推动作用。同时，激励机制缺乏对不同人群、不同阶段、不同需要的针对性设计，往往采取"大水漫灌"的激励措施，生态文明教育的教育主体与教育对象大多被动接受，难以直击真实需求，不利于推动生态文明教育的全员、全方位、全过程良性发展。同时，激励机制缺乏量化标准，在运行过程中难以保证绝对客观公正，可能出现适得其反的效果。

（三）生态文明教育的监督机制亟待重构

当前，我国公民生态文明素养整体不高，尚未形成人人参与、人人共建的良好局面。目前我国生态文明教育的监督机制多为文件中条令性规定，监督规则缺乏联动，具体实施时难免出现监督漏洞，生态文明教育政策执行力大打折扣。同时，生态文明教育尚未建构起各层面的专业评估体系，未能针对生态文明建设、美丽中国建设所需要的教育内容、教育形式、教育实效开展有效监督，无法保证生态文明教育的实效性反馈，难以实现政策性重构。另外，生态文明教育相关政策执行的奖惩机制不够明确，缺乏明确的责任划分、惩治措施与追踪反馈，导致出现"无法可依"进而"执法不严"现象，严重削弱相关政策的执行力，制约着我国生态文明教育高质量发展。

第四章 中国特色社会主义生态文明教育体系构建

生态文明教育范围广、内容多，涉及的关系错综复杂，需要从模式、范围、内容、队伍着手，科学构建生态文明教育体系，这是加强和改进中国特色社会主义生态文明教育的基础性工作。

第一节 构建中国特色社会主义生态文明教育的基本模式

一 延伸家庭：注重家庭生态文明的启蒙教育

家庭教育一般是指家长或其他长者在家中对新一代及其他家庭成员所进行的有目的、有意识的教育。家庭教育从其含义上讲也有广义和狭义之分。广义的家庭教育是指个体在整个生命过程中受到的有意识的、有目的的影响；狭义的家庭教育是一种从出生到成人的自觉教育。良好的文明素养并非与生俱来，而是通过后天教育习得，特别是个体的早期启蒙教育。父母是孩子的榜样，对孩子的行为养成和性格固化有着较大影响，父母对生态环境的态度、家庭生活的习惯等都会潜移默化地影响着儿童的思想意识。因此，生态文明教育要从娃娃抓起。家庭生态文明教育主要是一种以节约资源、保护环境为核心的父母对儿童进行生态文明思想的灌输和教育，当然还包括父母自己在环境保护和节约能源等方面的知识和实践。

（一）家庭生态文明教育，需从娃娃抓起

儿童时期是生态文明习惯养成的黄金时期。孩子们具有很好的可塑性，如果他们在很小的时候就受到了良好的生态文明教育，便很容易养成绿色生活、环境保护的良好生态文明习惯。事实表明，在幼年时期对儿童进行生态文明教育要比在成年后的教育效率高、效果好。苏联著名教育家苏霍姆林斯基将孩子比喻为一块大理石。他相信，家长正是将大理石雕刻成雕像的雕塑家。家庭是孩子的第一所学校，父母是孩子的第一任教师，父母要切实承担起对孩子进行生态文明教育的责任，用生态知识、生态道德、生态行为为孩子扣好人生第一粒扣子。

（二）家庭生态文明教育，重在言传身教

家庭生态文明教育主要针对的是孩子在思维模式、行为方式、生活习惯养成期间的生态文明引导，父母是第一责任人。生态文明教育与家庭生活行为息息相关，父母在家庭教育中要以亲情关系为纽带，在日常生活包括衣、食、住、行等实践过程中潜移默化地展开生态文明教育，做到言传身教。父母在与孩子相处中，要有意识地进行生态文明教育，如讲述粮食的生长过程、能源的开采流程等，在此过程中，家长要注重知行合一，用符合生态文明要求的言行引导孩子在生活中接受生态文明理念，实现孩子早期的生态养成。

（三）家庭生态文明教育，需要润物无声

在家庭教育中，父母是孩子最好的老师，孩子在成长过程中会自觉模仿家长的言行举止，家长的世界观、人生观、价值观很大程度上会在子女身上体现。古人云，言教不如身教，在家庭生态文明教育中，家长首先要以身作则、身体力行，为子女树立践行生态文明的良好榜样。一方面，家长要规范自己的语言，在与子女沟通中要时刻重视语言细节，体现生态文明的价值理念，言语间要流露出尊重自然、爱护自然、顺应自然的价值观念，为孩子生态文明价值观念养成树立榜样；另一方面，家长要规范自己的行为方式，在日常生活中，要时刻重视保持良好的行为习惯，体现生态文明的客观要求，如节约能源、爱惜粮食、绿色消费、低碳出行、讲究卫生等，为孩子生态文明行为习惯的养成自觉树立榜样。

二　聚焦课堂：坚守学校生态文明教育主阵地

（一）学校是开展生态文明教育教学的主要阵地

学校是系统开展生态文明教育的主要阵地。教师具有较高的文化素质、思想觉悟，能够充分发挥自身在教育方面的特长，在学校和社会上进行生态文明教育宣传引导。学生群体对新观念的吸收能力较强，并能通过互联网、社会活动等途径将绿色、可持续发展的思想传播到社会。课堂教学是开展生态文明教育的主渠道主阵地，要通过全面系统地教育引导青少年学生正确认识和理解开展生态文明建设的重要意义，引导学生高度认可我国生态文明建设的战略部署，进一步通过生态环境保护调查、专题生态文明学术报告、生态文明实践等形式，实现生态文明的学校教育。

（二）统筹推进大中小学生态文明教育一体化建设

青少年是祖国的未来，学校针对青少年开展系统的生态文明教育意义非凡。欧洲经济合作与发展组织的环保教育报告指出，2～16岁是一个重要的阶段，英国环保教育家帕尔默（Joy Palmer）在1993年曾经对英国人的环保行为进行了一项研究，该研究发现，青少年生态环境保护主动性、参与度最高。因此，必须高度重视青少年学生的生态文明教育。高校是立德树人的重要场所，大学生是建设美丽中国的生力军，加强大学生生态文明教育，培育新时代大学生的生态文明道德素质、生态文化素质和生态科技素质，全面提高大学生的生态文明素养，势在必行。教育是长久持续的过程，仅在高校开展生态文明教育往往"孤树难支"，因此，要统筹推进和加强大中小学生态文明教育一体化建设，大力弘扬生态文明文化、灌输生态文明理念、强化生态文明实践养成，全面系统深化青少年对人与自然关系的认识，进而培养新时代高素质生态公民。

（三）学校是培养专业化生态文明建设人才的摇篮

建设美丽中国，需要具有生态文明建设专业化职业化高质量的人才队伍，要培养热爱生态环境保护事业的专业化技术人员，更要培养一大批具有较高生态文明素养的普通工作者。从生态文明的角度来看，教育尤其是高等教育，既可以为生态文明建设提供大量的专业技术人员，也可以为社会提供数以百万计的适应生态文明要求的高素质劳动者，从而提高生态文明建设的整体质量。建设山清水秀、蓝天碧水、空气清新的"美丽中国"，学校要担负起培养生态人才的重要责任，通过学校途径开展生态教育尤其是生态劳动教育，培育各行各业具有生态意识与生态能力的"生态劳动者"，加速社会的生态转型，助推中国特色社会主义生态文明建设。

三　辐射社会：实现社会生态文明教育全覆盖

社会生态文明教育最广泛的受众是各类社会群体，通过向社会大众进行生态国情、环境现状和绿色发展等知识的宣传普及，能够有效地推动生态文明观在全社会形成共识。

（一）社会生态文明教育内容涉及面广

社会生态文明教育引领社会风尚、社会面貌生态转化，引导人们践行生态文明、积极参与生态文明建设。通过媒体生态文明的宣传、生态文明教育基地建设、生态环境保护组织活动、生态环境保护公益讲座等形式的生态文明教育宣传，极大地促进了我国的社会风尚、社会面貌向生态化发展，人民生活中各种浪费资源、污染环境的旧俗陋习得到有效扭转，绿色生态环境保护、节能减排的良好社会氛围正在形成。人是社会化的动物，人类既要与自然环境进行物质和能源的交换，又要与他人在社交环境中进行信息和观念的交流。主流的生态文明思想观念、生态文化氛围、大众的生态文明行为习惯等都会对个体的生态文明观念和生态文明行为造成深刻的影响，开展高质量社会生态文明教育势在必行。

（二）社会生态文明教育形式丰富多样

相对于学校、家庭生态文明教育而言，社会生态文明教育受众群体更大。社会发展到一定程度，社会教育的对象也越来越广泛，涵盖了各个年龄段的社会成员。一方面，通过开展生态科技宣传、生态环境保护技术展示、保护地球绿色之旅等多种活动，能够对公众进行生态文明的知识和观念教育。另一方面，通过"在职充电"将生态文明与社会发展相结合，能够使公众在增长生态文明知识的同时养成节约能源、保护环境的生活习惯。同时，通过电视、报纸、杂志等载体开设生态环境保护专题节目，可以拓宽群众对生态文明的了解，扩大生态文明教育的辐射面。

（三）社会生态文明教育满足人们需要

社会生态文明教育形式丰富多样，能够适应和满足不同社会群体的教育需要。对老人而言，看报纸、听广播及各类健康讲座更符合他们的需求；对有工作需求的员工而言，多媒体网络如电脑、手机等，更能吸引他们的注意力；对青少年而言，将生态环境保护、生态观念与动漫、网络游戏等结合起来，是一种更好的社会生态文明教育方式。通过喜闻乐见的方式，人们在自己所喜欢的不同的活动和事物中，感受到了相同的生态文明观念。总之，社会生态文明教育通过个性化生态文明教育形式，能够为不同年龄阶段、兴趣爱好的各种人群提供多种适宜的生态文明教育方法，极大地推动整个社会的生态文明教育。

四 突出重点：融入党政领导干部的培训体系

生态文明教育具有全民性、多样性的特征，高质量的生态文明教育必须要聚焦党政领导干部这个关键少数。培养一支拥有广阔生态视野的干部队伍是实现生态文明教育的重要保障，要全面培养领导干部队伍的生态文明意识和能力。

（一）建立健全领导干部生态文明教育培训制度，强化各级领导干部定期开展生态文明教育轮训

2019 年 11 月，党的十九届四中全会通过《中共中央关于坚持和完善中国特色社会主义制度　推进国家治理体系和治理能力现代化若干重大问题的决定》明确指出："生态文明建设是关系中华民族永续发展的千年大计。"[1] 要实行最严格的生态环境保护制度。坚持人与自然和谐共生，坚守尊重自然、顺应自然、保护自然，健全源头预防、过程控制、损害赔偿、责任追究的生态环境保护体系。生态文明教育不仅要着眼于广大民众，更要聚焦领导干部这个关键少数。党政领导干部是国家生态文明建设政策的制定者、执行者，其生态文明素养对建设美丽中国在一定程度上起着决定性意义。因此，要加强顶层设计，建立健全领导干部生态文明教育培训制

---

[1] 《十九大以来重要文献选编》（中），中央文献出版社，2021，第 500 页。

度。过去一些领导干部，往往把精力放在了经济成绩上，而忽略了生态环境保护，其根源就在于生态文明意识缺失。必须适应新形势新发展要求，强化各级领导干部定期开展生态文明教育轮训工作，逐渐改变广大领导干部不合时宜的发展理念，让领导干部能够自觉承担起建设生态文明的责任。

（二）学习领会习近平生态文明思想的深刻内涵，推动领导干部牢固树立生态文明绿色发展理念

领导干部要认真学习领会习近平生态文明思想的深刻内涵与核心要义，牢固树立"绿水青山就是金山银山"的发展观念，坚决摆脱"先污染、后治理"的恶性循环路子；引导广大领导干部正确认识经济发展与生态保护之间的关系，认识到忽略生态环境保护是"涸泽而渔"，绝不能脱离生态搞发展，更不能简单地用 GDP 来衡量干部业绩，避免"一刀切"；要引导干部正确对待"显绩"与"潜绩"的关系，树立"前人栽树后人乘凉"的思想境界。在干部考核中，要将经济建设和生态文明建设相结合，实行"逆生态发展"的一票否决制。领导干部必须践行"绿水青山就是金山银山"的理念，毫不动摇地坚持节约资源和保护环境的基本国策，带领广大群众坚定走生产发展、生活富裕、生态良好的文明发展道路，全力建设美丽中国。

（三）在各级领导干部中广泛宣传先进人物事迹，激励领导干部带头做好生态文明建设模范标杆

生态文明教育要充分发挥典型榜样的示范作用。广泛宣传领导干部生态文明建设的先进人物事迹，邀请生态文明建设先进单位的典型人士做专题讲座，探讨我国生态文明建设中出现的一些成功经验，特别是可以借鉴、值得推广的经验，不断增强领导干部践行生态文明的能力和水平。通过新闻媒介在全社会树立干部榜样，为领导干部营造一个良好的学习和舆论环境，引导领导干部通过自主学习和向典型学习的途径提高自身素质。同时，要把消极作为的领导干部当成反面典型的教育材料，开展警示教育，发挥警示作用。更重要的是，要严格执行领导干部自然资源资产离任审计，坚决落实中央生态环境保护督察制度，全面实行生态环境损害责任

终身追究制，通过活生生的案例教育，激励广大领导干部带头做好生态文明建设模范标杆。

第二节　明确中国特色社会主义生态文明教育的实施范围

建设生态文明，实现绿色发展，关键在干，关键在人。生态文明教育是生态文明建设的先导性、基础性工作，要因材施教，精准发力，各级各类学校要承担起培养德智体美劳全面发展、具备美丽中国建设基本素质和能力的时代新人的重任。

一　生态文明教育是面向全体人民的普及教育

生态文明建设功在当代、利在千秋，是一项长期复杂的系统工程，必须坚持生态文明建设为了人民、建设依靠人民、建设成果由人民共享的发展理念，凝聚起全体人民的磅礴伟力。生态文明教育作为生态文明建设的先导性、基础性工作，必须坚持人民立场，面向全体人民，努力培养具有生态文明价值观、生态文明实践能力的建设者和接班人。

（一）生态文明教育为了全体人民

党的十八大以来，党和国家高度重视和推进生态文明建设，努力营造天更蓝、水更清、草更绿、空气更洁净、市容更美丽的生活环境。建设美丽中国，关键在人，优美的生态环境仅仅是物质上的生态，高质量生态文明要求全体人民思想观念的生态转型，生态文明教育要面向全体人民，教育人民群众认识到生态文明的极端重要性，引导人们积极关注生态、参与生态、共享生态，满足人民群众对美好生态环境的向往和追求。同时，生态文明教育要培养高素质生态公民，促进人与自然的和谐共生，促进人的全面发展。

（二）生态文明教育依靠全体人民

生态文明建设是新时代我国"五位一体"总体布局的重要组成部分，融入经济建设、政治建设、文化建设、社会建设的全过程。美丽中国人人共建，建成美丽中国需要中国共产党带领全国人民共同努力。生态文明教育是面向全体人民的教育，要将"绿水青山就是金山银山"、人与自然和谐共生、绿色发展、低碳生活等生态文明理念凝聚成为全体人民的价值共识和行为指南，教育引导人们在生产生活中自觉尊重自然、敬畏自然，汇聚越来越多更加关注生态、自觉保护生态的生态文明建设时代新人，培养越来越多的生态文明建设领域的高素质专业人才，为新时代生态文明建设奠定坚实的人才智力支撑，坚定不移地走生产发展、生活富裕、生态良好的文明发展道路，共建美丽中国。

（三）生态文明教育成果由全体人民共享

习近平总书记强调："良好的生态环境是最公平的公共产品，是最普惠的民生福祉。"[①] 美丽中国人人共享，高水平生态文明教育塑造全体人民共同的生态价值观，培养人民群众的生态文明建设能力，倡导人们在生态文明建设伟大事业中实现个人的人生价值，引导人们在生产生活的日常行为中满足个人理性需求，引领人民群众在努力建设物质的生态文明、培育精神的生态文明的同时，在绿色消费、低碳生活、优美生态中实现建成美丽中国成就美丽人生的宏大愿景。

二 生态文明教育是贯穿大中小学全过程教育

加强和改进新时代生态文明教育，要统筹规划大中小学一体化生态文明教育有效衔接，这既是创新生态文明教育的必然要求，也是遵循教育教学规律、青少年身心发展与认知规律开展生态文明教育的现实诉求。

（一）实现大中小学生态文明教育有效衔接，是增强生态文明教育系统性的必然要求

当前，生态文明教育以生态文明思想文化和知识理论为教育内容，以新时代生态文明建设为教育背景，通过系统性设计，把大中小学生态文明教育有效衔接在一起，既充分考虑其在不同阶段教学课程的差异性，又保证生态文明教育融入教学课程的连贯性，有机衔接生态文明教育教学每个环节。当前，我国大中小学各个阶段都开展了生态文明或与之相关的教育

---

① 习近平：《论坚持人与自然和谐共生》，中央文献出版社，2022，第26页。

内容，但是还没有建立起一套完整、规范的生态文明教育衔接体系，这使得教学内容经常出现"空白""倒挂"等问题。

与此同时，生态文明教育体系缺位致使生态文明教育资源无法进行科学整合与合理分配，影响了生态文明教育发展进程与教学效果达成。要进一步统筹设计大中小学生态文明教育教学内容，根据不同学段设置符合当前学段需要且相对独立的生态文明课程，构建大中小学各阶段纵向衔接、有机融合的内容和目标体系，根据各个学段的教学特点和学生认知水平设置教学评价体系，形成系统完整、有机衔接的生态文明教育体系，从而推动大中小学各个学段生态文明教育的有效衔接。

（二）强化大中小学生态文明教育一体建设，是增强生态文明教育针对性的现实诉求

生态文明教育自身的特点，以及各个阶段学生成长特点与身心发展的规律，再加上不同类型学校所实施的教育方式区别，这些都对学校生态文明教育提出了不同角度的要求。如何做到大中小学各个阶段各有侧重、有机衔接，进而实现生态文明教育与大中小学教育的同频共振和同向同行，是亟待思考的现实问题。要强化大中小学生态文明教育一体化建设，将习近平生态文明思想充分融入国民教育，开展形式多样的资源环境国情教育和碳达峰碳中和知识普及工作。习近平总书记指出："在大中小学循序渐进、螺旋上升地开设思政课非常必要，是培养一代又一代社会主义建设者和接班人的重要保障。"[1] 思政课是开展生态文明教育的重要载体，同样，推动大中小学生态文明教育一体化建设也应遵循循序渐进、螺旋上升的规律，针对不同年龄阶段青少年心理特点和接受能力，系统规划、科学设计教学内容，推动大中小学生态文明教育进行教学体系一体化布局，充分把握各阶段学生成长特点与认知能力，合理制定生态文明教育教学目标，设置该年龄阶段所能理解的生态文化，整合生态文明教育教学资源，优化与学生成长阶段相适应的教学方式和教学手段，提高生态文明教育教学的适用性，从而精准把握生态文明教育教学切入点，增强新时代生态文明教育的针对性。

---

① 习近平：《思政课是落实立德树人根本任务的关键课程》，人民出版社，2019，第6页。

三　生态文明教育要实现城乡社会成员全覆盖

政府机关、乡村、社区、企业是人们工作生活的主要场域，也是生态文明教育的重要场域。生态文明教育要根据不同场域的生产生活特点，明确生态文明教育的导向、方式方法与职责定位。

（一）政府机关

1. 政府机关是生态文明建设的设计者和主导者

生态文明建设是涉及政治、经济、文化、社会等领域的系统工程，兼具公共性、整体性和长期性。政府机关是生态文明建设的设计者和主导者，政府机关工作人员的生态文明素养高低在一定程度上决定了生态文明建设的政策规划是否科学合理、行之有效。作为生态文明建设主导者，他们的生态文明素质与生态文明建设能力至关重要，为确保生态文明建设的顶层设计、统筹规划、资源分配有序推进，各级政府应定期聘请生态、经济、伦理、建筑设计、发展规划等相关方面专家学者，通过生态文明教育专题报告、集中培训、规划论证、参观考察、总结汇报等多种教育方式，全面提高政府工作人员的生态文明素养，开展常态化制度化的生态文明建设专题学习，确保其在制定长期发展政策和建设规划时，能够科学统筹绿色、低碳、环保等因素，在工作中理清"绿水青山"和"金山银山"的辩证关系，保障政策规划的制定合理、科学有效，为建设人与自然和谐共生的美丽中国提供生态文明的智力保障。

2. 政府机关是生态文明教育的倡导者和执行者

生态文明建设之"文明"首先体现于生态文明教育。人民意志、党的政策最终都要体现到相关发展规划中，政府机关特别是各级教育主管部门是生态文明教育政策的倡导者和执行者，相关生态文明教育的各种决策要充分把握教育客观规律，更要深入掌握生态文明的精神实质，将生态文明和教育深度有机结合，推动生态文明教育顺利实施。教育者必须先受教育，要加强政府机关生态文明教育，对政府机关工作人员进行系统性教育培训，坚持以习近平生态文明思想为根本遵循，聘请教育、生态等相关方面专家学者，通过开展交流座谈、专题研讨等系统化生态文明教育提升生态文明素养，使其能够科学引领全社会开展生态文明教育，为生态文明教育高质量高效率开展提供先导性保障。

（二）乡村、社区

1. 乡村、社区是开展生态文明教育重要场域

一是充分发挥政府的主导作用。在乡村和社区生态文明教育中，政府要明确自身的主体作用，切实履行好主体职责，制定符合当地实际的可行性方案。对生态文明教育可以通过制定具体的短期规划，不对群众日常的生产生活造成影响；对习惯培养类的生态实践制定中长期规划，在群众的生产生活中逐步进行。同时，对乡村和社区生态文明教育经费提供保障，增设生态文明教育宣传或实践必备设施，选拔一批善做群众工作的领导干部，借鉴"驻村工作队""定点帮扶"等积极做法，积极推进乡村、社区生态文明教育，将持续巩固拓展脱贫攻坚成果与乡村振兴有效衔接，助力乡村振兴。二是发挥乡村、社区的协同效应。在乡村和社区生态文明教育中要充分发挥两者的协同效应，有效提升乡村和社区生态文明教育成效。加强乡村、社区之间的联系，通过双方基层党组织的通力合作，举办乡村、社区生态文明教育联合培训，切实提升乡村、社区生态文明教育队伍专业化水平。加强对志愿者、民间团体的指导，倡导规范化、制度化的生态环境保护公益活动，增强绿色生态文明建设的主体力量。三是要充分发挥居民的主体性。乡村、社区生态文明教育质量与人民群众的参与程度密切相关。要加强辖区居民对生态文明建设的认识，规范居民生态文明行为方式，提高居民生态文明幸福感，引导居民感受生态文明的发展。例如，对那些推动美丽乡村、宜居社区建设中表现良好的居民发放"生态文明之星"锦旗、奖章等鼓励，充分调动人民群众积极参与乡村、社区组织的各项生态文明教育活动的积极性，不断提高辖区居民的生态文明意识，并使其付诸生态文明建设实践，推动美丽乡村、美丽社区建设。

2. 乡村和社区生态文明教育的具体内容

一是丰富乡村、社区的生态经济教育。促进农村、社区的生态经济建设，首先让居民了解生态经济是什么，为什么要发展生态经济。通过宣传教育让群众认识到什么是循环经济、为什么要进行碳达峰碳中和、如何转变发展方式等，促进乡村、社区生态文明创建。二是加强乡村、社区生态道德建设。针对乡村、社区居民的特点，通过因材施教，选用喜闻乐见的

适宜教学方式，强化生态道德教育，使乡村、社区居民逐步树立人与自然的和谐共处的理念，明确美丽乡村、美丽社区建设人人有责，自觉以生态道德来引导和约束自己的行为。三是加强乡村、社区生态安全宣传引导。让乡村、社区居民认识到生态安全问题的严重性，增强生态安全的忧患意识，采用通俗易懂方式向居民宣传资源浪费、空气污染、水土流失等带来的不良后果，通过展示我国在生态文明建设方面所取得的优秀成果、成功案例、先进典型等，进一步引导乡村、社区居民规范自己的行为，树立绿色发展理念，提倡生活垃圾分类、资源节约等，以实际行动践行乡村、社区生态文明建设。

（三）企业

1. 加强各类企业经营管理人员生态文明素质培养

企业是国民经济发展的主体。在实现清洁生产、绿色发展和低碳发展的过程中，各类企业经营者扮演着举足轻重的角色。企业领导的发展理念是影响企业发展方向的重要因素。企业生存和发展以满足社会需求为基础，以最大限度地提高企业经济效益和社会效益为目标。生态效益是社会效益的主要方面，因此，要加强各级各类企业经营者的生态文明素质培养，特别要加强对循环经济、低碳经济和绿色经济的宣传和教育。同时，教育、生态环境保护、企业管理等行政部门要联合起来，对各级企业的经营人员进行定期宣传培训。另外，要在全社会树立生态文明企业家的榜样，鼓励企业领导带头学习生态文明发展理念，提升生态文明素质的同时将可持续发展、高质量发展、绿色发展观等融入企业发展实践。

2. 用习近平生态文明思想引领企业文化建设

进入新时代，企业文化在企业发展中的地位日益凸显，企业文化是企业员工所共同遵守的价值观念，影响着企业的整体发展。生态文化是以追求人与自然和谐相处为主要行为取向的文化，应是企业文化的重要组成部分。企业的生态文明教育要围绕企业文化建设，要坚持用习近平生态文明思想引领企业文化建设，形成企业生态价值观念、绿色经营目标和企业生态元素，并将其作为企业文化的一部分。在企业的生态文化建设中，要确立"生态"的价值取向，构建企业的生态价值观，树立企业的生态文明理念，推动企业的生态转型。另外，要在企业中营造生态文化氛围，让广大职工充分认识节约资源、保护环境的重要意义，培养企业职工强烈的生态文明意识和生态责任感，确保绿色、低碳等企业文化内涵赋能企业健康发展。

3. 创新企业生态文明教育教学与实践的形式

企业发展壮大整体规划中，要把生态文明教育纳入企业员工教育、培训、能力提升计划，科学制订企业生态文明教育实施方案，加强企业员工绿色发展观、生态环境保护知识、环境保护设施管理培训。通过宣传栏展示、专家讲座、职工培训等方式对全体职工进行清洁生产、循环经济等相关政策的传达和教育。同时，建立健全企业生态文明教育和清洁生产责任体系，制定考核办法，组建环境保护工作领导小组，按分级负责、分层管理的原则，实行企业生态文明教育和清洁生产的领导责任制，做到分级负责、责任到人。在制定企业发展政策时，要遵循国家有关法律法规、政策和标准，同时充分考虑生态元素，通过制定规章制度、开展宣传教育等措施，向广大职工进行环境保护、节约资源等方面的教育，实现企业的清洁生产和生态发展。

第三节　完善中国特色社会主义生态文明教育的内容体系

生态文明教育是一项复杂的系统工程，需要明晰教育内容体系，以针对教育对象选取不同的教育内容，最终实现教育目标。具体而言，生态文明教育内容主要包括培养生态文明意识、传授生态文明知识、涵养生态文明文化、提高生态文明技能、养成生态文明道德、贯彻生态文明法制、担当生态文明责任。

一　培养生态文明意识

意识是人脑的机能，是客观世界的主观映像，正确的认识能够指导人们实践，错误的意识则会把人的活动引入歧途。生态文明意识是公民从人与生态环境整体优化的角度来理解社会存在与发展的基本观念，是人们处理人与自然关系的正确意识，是能够指导人们在生产生活实践中践行人与自然和谐共生的生态意识，是生态文明教育的首要内容。人的存在方式是生活方式和生产方式的统一，人对待自然的态度主要体现在生产和生活中。生态文明意识主要包括两个方面内容。一方面，培养生态文明意识，要倡导绿色生活方式。首先要明确什么是绿色生活方式。绿色生活方式是指在生活中亲近自然、注重生态环境保护、绿色消费、节约资源的生活方式。其次要明确为什么要践行绿色生活方式。绿色生活方式有利于发扬勤俭节约的优良传统，有益于保持家庭成员的身心健康，有助于建设美丽中国。最后要明确如何践行绿色生活方式。践行绿色生活方式，就要摒弃消费主义的错误观念，在衣食住行中自觉践行绿色消费、绿色出行、绿色居住理念。另一方面，培养生态文明意识，要遵循绿色发展理念。绿色发展理念是新发展理念的重要组成部分，是以效率、和谐、持续为目标的经济增长和社会发展方式，绿色生产方式是绿色发展理念在生产过程中的具体体现。绿色生产方式以节能、降耗、减污为目标，以科学管理和先进技术为手段，实施生产全过程污染控制。绿色生产方式要求生产者在生产过程中摒弃粗放式发展，使用绿色科技，开展绿色生产，调整产业结构，促使经济社会发展高质量转型。

二　传授生态文明知识

知识是指符合文明方向的，对物质世界及精神世界探索的结果总和。生态文明知识是指人类在长期实践中形成的对人与自然关系的科学认识，是生态文明意识、生态文明文化、生态文明技能、生态文明法制、生态文明责任等抽象内容的具体呈现，是新时代建设生态文明的重要财富。新时代中国特色社会主义生态文明教育，知识教育是重要基础，要在教育中充分挖掘语文、政治、历史、地理、物理、化学、生物等课程的生态价值，更要培养教育对象获取生态文明知识的能力，在短暂的知识传授中指明继续获取知识、运用知识的前进方向。具体而言，开展生态文明知识教育，不能就知识而言知识，而要以融会贯通为目标，在讲授生态知识的同时穿插生态伦理，在探寻人与自然历史的同时解读生态文明，梳理好单一基础学科与生态交叉学科的系统关系，发挥传授生态文明知识的矩阵合力。

三　涵养生态文明文化

生态兴则文明兴，生态衰则文明衰。习近平总书记指出，要"加强生态文化建设，使生态文化成为全社会的共同价值理念"①，并指出："要化解人与自然、人与人、人与社会的各种矛盾，必须依靠文化的熏陶、教化、激励作用。"② 文化是一个国家、一个民族的软实力，生态文化对于生态实力的提升至关重要。5000 年中华文化是中国特色生态文化的宝库，当中孕育、积淀、凝练出的天地人和谐统一的大生态观、大生命观，参天地赞化育的生生意识和"民胞物与"的生命关怀，以及背后的历史典籍、人物故事，为生态文化教育提供了取之不尽的文化宝藏。70 多年的新中国奋斗史是中国特色生态文化的来源，70 多年中国共产党带领中国人民自力更生、艰苦奋斗，誓把山河重安排，创造了红旗渠、三北防护林、南水北调、塞罕坝林场等生态建设人间奇迹，为生态文化教育提供了源源不断的精神宝库。挖掘传承中华传统文化中丰富的生态文化，守正创新新时代中国特色社会主义的生态文化，创作生态相关电影、小说、综艺等文化作品，开发生态景区，带动生态文旅，引领生态经济，是生态文化教育的发展方向。

四 提高生态文明技能

生态文明技能是指既可满足人们的需要、节约资源和能源，又能保护环境的一切手段和方法，包含了生态环境保护技术与清洁生产技术。科学技术是第一生产力，生态文明技能提升是生态文明建设的必要途径。生态文明技能提升能够提高资源利用效率、减少污染排放，有利于合理有效地利用不可再生资源、开发利用可再生资源，进一步满足人民大众不断增长的绿色产品需求，是解决环境污染和建设生态文明的必然选择。因此，在我国生态文明教育内容体系中，生态技能教育应分为科普教育和专业教育。科普教育通过向全体人民普及生态技能的原理、用途及发展方向，引导公民大众选择绿色消费、低碳生活，提升全民生态文明素养；专业教育通过职业教育和大学教育，培养研究型、技术型、应用型、创新型生态技术人才，为生态文明建设提供坚实的人才支撑。

---

① 习近平：《之江新语》，浙江人民出版社，2007，第 48 页。
② 习近平：《之江新语》，浙江人民出版社，2007，第 149 页。

五　养成生态文明道德

生态文明道德是指反映生态环境的主要本质、体现人类保护生态环境的道德要求，并须成为人们的普遍信念而对人们行为发生影响的基本道德规范。马克思主义伦理学强调，任何一种道德最终能否为社会所接受，能否转化为社会成员的风俗习惯和道德实践，关键在于它能否反映社会伦理关系的本质，是否能体现社会发展的必然性。因此，生态文明道德究竟能够在多大程度上成为人们遵循的道德规范和行为准则，在很大程度上取决于生态文明道德教育的深度和广度。道德是人们心中的法律，生态文明道德教育是一项复杂的工程，其内容必须反映人与自然、人与社会、人与人之间最本质的道德关系，进而体现社会整体对人们的道德要求，最终成为指导和制约人们行为的准则和规范。生态文明道德教育需要家庭、学校、社会的共同努力，通过高校和科研机构钻研生态道德教育的教学内容、方式方法，社会和学校加大生态文明道德的教育、宣传力度，家庭进行道德实践，使生态文明道德内化于心、外化于行，增强人民群众的生态理性，正确看待自然，自觉保护自然。总体而言，"以德服人"是广大人民群众生态文明素养的提升、生态文明行为的重要内容，必须对民众进行教育，引导人民群众形成生态文明道德，从而有效地促进人们的生态文明行为。

六　贯彻生态文明法制

法制是指法律制度，生态文明法制是指国家或地区有关于生态文明原则和规则的总称。法制教育是思想政治教育的重要内容，生态文明法制教育是生态文明教育的重要组成部分。具体而言，生态文明法制教育包含五个层面。一是生态文明学法。学法是守法的首要前提。生态文明学法教育，要梳理国家层面生态文明相关法律如《环境保护法》，梳理生态具体领域的部门法如《土壤污染防治法》《大气污染防治法》《水污染防治法》，分析具体地区的生态法律法规如《长江保护法》《黄河保护法》等相关法律。二是生态文明知法。在认识了解生态文明相关法律的基础上，进一步系统解构有关法律的相关联系，知晓特殊情况所适用的具体法律条文，明确违反法律的量刑标准。三是生态文明懂法。在学法和知法的基础上，进一步深刻理解生态文明相关法律内容，明确法律条文设置的背景、目的、意义，让生硬的法律条文活起来。四是生态文明守法。守法就是在学法、知法、懂法的基础上，严格在法律规定的框架内行事，坚决杜绝法律所禁止的生态破坏行为，依照法律履行自己应尽的义务。五是生态文明护法。护法是指在面对破坏生态、污染环境的行为时，坚决运用法律武器，通过法律途径解决问题，维护生态文明法规制度的权威。

七　担当生态文明责任

责任是指个体分内应做的事，来自对他人的承诺、职业要求、道德规范和法律法规。生态文明责任来源于正确认识人与自然关系的道德准则和行为规范，承担生态文明责任是每个公民应尽的义务，是生态文明教育的关键内容。生态文明责任教育，主要包括三个方面内容。一是树立人与自然和谐共生的生态责任意识。人与自然和谐共生，既是马克思主义生态观的具体体现，又是中华优秀传统生态理念的重要内容，更是习近平生态文明思想的核心内涵，是当代认识人与自然、人与人、人与社会道德准则，要通过生态文明责任教育，明确人与自然的和谐伦理关系，将自然放在同一面、将破坏放在对立面，推动人民群众树立生态责任意识，进一步推动自我觉醒到社会意识的有效转变。二是增强生态文明的忧患意识。生态文明，重在建设、贵在坚持，建设生态文明只是万里长征的第一步，维护生态文明更需要持之以恒，需要坚持忧患意识，要针对不同群体的不同需要，引发人们对自然生态的深度思考，在生产生活实践中时刻保持对自然环境的忧患意识，筑牢生态文明的安全屏障。三是培养参与生态文明的主体意识。建设生态文明，保护自然环境，没有人是局外者，需要人人参与、人人共建、人人共享，提升人民群众参与生态文明的主体意识至关重要。培养生态文明主体意识，需要将理论与实践有机结合，深刻认识个人与他人、个人与社会、个人与自然的辩证关系，思考何为生态文明之"善小"与"恶小"，引导教育对象从自己做起、从身边做起、从小事做起，推动生态实践的广泛参与，激发全体人民的生态文明主人翁意识，为建设生态文明汇聚14亿人民的磅礴伟力。

第四节　培育中国特色社会主义生态文明教育的队伍体系

中国特色社会主义生态文明教育，关键在人，关键在教师，关键在于高质量教师队伍体系建设。队伍体系建设，在于开掘源头活水，为生态文明教育培养新生人才；在于激发工作活力，解决生态文明教育队伍的后顾之忧；在于保持队伍稳定，合理保障生态文明教育队伍的各项待遇。因此，加强中国特色社会主义生态文明教育的队伍体系建设，要从教育培训、机制改革、考评体系三个方面入手。

一　加强生态文明教师队伍教育培训工作

生态文明教育队伍培训是充实数量、保证质量的必要工作，需要健全完善培训机制、定期开展实践考察活动、不断开展继续教育，以此保障教育队伍的新鲜血液。

（一）健全和完善生态文明教师队伍培训机制

培训机制是有计划、有系统的培养和训练活动，旨在提高教师队伍的素质、能力。加强生态文明教师队伍教育培训工作，首先要不断完善教师进行定期学习、定期研讨的培训制度，并逐步建立全国性的培训示范体系，在省一级建立起对地级市教师的分批轮训制度、在市一级建立起对各个学校的集训制度、在校一级建立起全员培训制度，使各级培训紧密衔接、相互补充。要根据地域差异合理地进行培训内容设计，根据不同层次的教学需要适当增减培训规模，并根据当前所处环境变化不断更新培训内容，使之更加丰富、科学，让培训对提高师资队伍的质量起到重要的促进作用。各级各部门要切实落实党中央的总体部署，在教育部的统筹安排下，组织一批师资队伍，特别是要加大对科技人才的培养力度，加大对高级教师的培训力度，拓宽他们的发展空间。要加强高校科研队伍建设，加强高校人才队伍建设，提高人才队伍建设的科学性。要形成一个完整的培训系统，并在此基础上构建起"岗前培训—培训反馈—职业技能培训—培训反馈—职业再培训—培训反馈"的培训机制。

（二）定期组织开展社会实践和学习考察活动

大自然、大社会是生态文明教育的活教材，学好活教材、用好活教材必须深入自然、深入社会。任何理论知识都必须应用到实践才能真正发挥其价值，因此要提升生态文明教师队伍的整体综合素质，必须开展好与教学相对应的考察和实践活动，让教学有据可查，让培训学有可依。在社会考察和实践过程中，生态文明教师必须能够深入田间地头、走入生产一线，充分掌握生态文明建设的道路进程，了解在社会生产中生态文明建设的重难点。在此基础上更好地运用辩证唯物主义和历史唯物主义为学生讲授相关问题，用自己的亲身经历不断丰富充实生态文明教育教学内容，达到说理、用情、讲法相统一，增强课堂信服力。生态文明师资队伍要能够在实践中不断升华自我，通过各类社会实践和学习平台，不断寻找自身所存在的知识盲区，通过提升自己为组建高素质生态文明师资队伍提供有力支持。

（三）开展继续教育提高教师的整体专业素质

生态环境状况不是一成不变的，生态文明教育不是止步不前的，需要生态文明教育教师队伍与时俱进，与生态文明共同成长，继续教育是关键。加强生态文明教师队伍教育培训工作，还要强化教师的学习意识。要着力引导生态文明师资队伍加大学习频率，相关部门要积极组织所属师资队伍持续参与相关学科的对外交流，既要充分发挥线上网络教育的即时性和灵活性，还要继续发挥线下集中教育的针对性和有效性，为进一步做好生态文明教育工作奠定良好的基础。与此同时，要结合学校的实际把生态文明教育融入专业课程的教学工作，把教师的教学和学习结合起来，进一步加强对教学工作的考核，用书面稿的形式反馈再教育的成果。

二 深化生态文明教师队伍建设机制改革

当前，我国的生态文明师资大量短缺，而教师的基数是教学质量提升的根本，没有一定数量作为支撑，教师的素质便很难提升。因此，必须稳步扩大教师队伍规模，适度提高师资队伍的数量，并根据不同的需要，科学地设定任课教师的选聘条件，保证生态文明教育目的得以实现。

（一）建立健全生态文明教育教师遴选和退出机制

遴选是指谨慎地选拔，退出是指有序地清退。建立健全生态文明教师遴选和退出机制，就是使生态文明教育教师队伍有进有出、能进能出，促进教师队伍健康有序发展。为此，必须持续改进和完善师资选拔机制。各级教育行政部门和高等院校要按照习近平总书记对思想政治理论课教师提出的"六要"及"八个相统一"，在"优中选优"的基础上，不断充实完善我国的生态文明教育师资队伍，全面提高师资队伍的整体水平和综合素质。首先，要建立健全人才选拔与培训体系。要优化师资队伍，提高专任比例，建立作风优良、数量稳定、专兼结合的师资队伍。其次，要促进生态文明师资自由流动，提高教师职业吸引力。在招聘渠道上，要拓宽人才引进途径，从高等院校、科研院所向政府部门、社会组织等领域延伸。再次，建立健全评估体系，对有关实践者的绩效进行评估，通过行之有效的绩效考核指标体系，使教师的绩效考核工作更加科学、合理，保障能者多劳、能者多得。同时，完善教师流动和退出机制，坚持"合理流动"与"转岗"并举，对不能适应新情况的教师，要严格按照流程，拓宽教师退出渠道和完善教师队伍退出保障体系，确保教师队伍的先进性。

（二）强化生态文明教育学科教学科研的协同机制

教学和科研如鸟之双翼、车之两轮，是一对需要平衡的辩证关系。教学服务于科研，实现一流的教学，一流的科研便水到渠成；教学需要科研的支撑，有了前沿的科研，教学便能适应学科、适应时代发展。在当前师资紧缺的形势下，建构合理有效的协同机制，妥善处理好各学科教学、科研之间的关系，对加强生态文明教育队伍建设至关重要。因此，一方面需要加大对生态文明相关学科的科研投入力度，鼓励教师加入科研、投入科研，推动生态文明相关学科的发展进步，让生态文明教育教学与时俱进；另一方面，要设立妥善的考核评价机制，在绩效考评、职称考评中加大教学所占比例，保障教师能够潜心教研引领教学。同时，生态文明作为交叉学科，要鼓励生态文明教师研究多学科的相关内容，广泛吸收生态文明教育的养料，在教育教学中灵活运用，不断提升生态文明教育的教学实效。

（三）构建生态文明教育的师德师风建设长效机制

"师德"是一种职业道德，是教师具备的最基本的道德素养，"师风"

是教师行业的风尚风气，师德师风是教师工作者的灵魂。生态文明教育师资队伍建设关键在于培养一支对社会主义生态文明教育的建设事业尽心尽力、认真负责的教师队伍。构建和完善师德师风建设长效机制需要从师资队伍的现实出发。在师德建设上，首先要严格把握教师的政治立场和政治信念，定期或不定期地为教师举办习近平生态文明思想培训班，保证教师在教学过程中的政治方向与党中央保持高度一致；其次要展开师德师风教学评价，根据教育对象对教师的师德师风评价结果，建立相应的师德档案，对违反师德的老师，要坚决执行"一票否决制"，压实师德责任。最后要选树优秀教师代表，发挥榜样模范在教师队伍建设中的表率作用，引导教师队伍建设朝着良性方向发展。

（四）完善生态文明教育教师队伍的运行保障机制

教师队伍的运行保障机制是提升师资质量、保持队伍稳定的"稳定器"，加强生态文明教育教师队伍建设，必须从组织保障、财政支持、监督管理三个层面健全完善运行保障机制，促进生态文明教育教师队伍敢于担当作为。首先，加强组织保障。由于生态文明教育事关中华民族永续发展的根本大计，具有一定的战略意义，必须从组织上给予保证，落实"一把手"负责制，并将其列入重要议程，对相关的安排做出明确的规定；其次是强化财政支持。要合理分配资源，调整教育经费结构，提高教育资源使用的针对性、有效性，以填补教育师资力量不足；最后要加强监督管理，从提高待遇、提高职位、加大资金投入等方面，持续强化监管和保障。生态文明教育在新的历史时期肩负着越来越多的重任，要促进生态文明教育教师的发展就必须健全完善生态文明教育教师队伍建设的保障机制，不断向社会主义生态文明建设输出合格的、优秀的人才。

三　完善生态文明教师队伍建设考评体系

考评体系是由一组既独立又相互关联并能够较为完整地表达评价要求的考核评价系统。需要从灵活考评指标设计、完善绩效考评办法、健全评价激励机制三个方面入手建立科学完备、行之有效的生态文明教师队伍考评体系。

（一）灵活设计生态文明教师队伍的考评指标

考评指标是用科学方式组合设定特定划分项目与标准，将被考核者的特定工作进行量化展示，为考评结果的综合运用做好准备。公平、公正、科学、客观的评价结果，可以最大限度地发挥生态文明教育教师的潜能，提高其授课积极性，从而促进生态文明教师队伍质量的整体提升，最终实现生态文明教育高质量发展。考评生态文明教师情况，主要从5个方面展开：德、能、勤、绩、廉。"德"是指教师在政治意识、思想状况等方面的素质；"能"是指教师在生态文明教育教学中所具备的能力与知识结构；"勤"是指对生态文明的教师工作态度；"绩"是指生态文明教师的工作业绩、物质素质与智力，是评价生态文明教师素质与能力的重要指标；"廉"是指保持和发扬艰苦奋斗的优良传统，生态文明教师担负生态育人的重要职能，必须具备"廉"的品格。此外，生态文明教师评价的实施，要以硬性指标为主，以软性指标为辅，把硬性和软性两种指标有机结合，通过软性考核，提高生态文明教师除教学业务能力之外的素质水平，促成生态文明教师多方面能力的综合发展。

（二）完善生态文明教师队伍的绩效考评方法

绩效考评是指运用科学的方法、标准和程序，对行为主体的评定任务有关的实际作为做出准确评价的过程。在教育效果评估中，绩效评估制度对提高教师教学质量具有重要意义。为了提高生态文明教师的教学和研究能力，必须以科学的评估制度为基础，制定更加规范化的评估指标，并建立完善的绩效管理机制。为了调动生态文明教师的工作积极性，提高他们的教学热情，在评价过程中，要把生态文明教师的责任和工作表现结合起来，坚持"效率优先、按绩分配、优绩优酬"的原则，以此激励教师提升授课水平，并提升在学科建设中的竞争意识。值得注意的是，在评价制度方面，需要保证评价的全面性、客观化，推动生态文明教师的全面发展。特别是在对生态文明教育的评价中，所涉及的问题更为复杂，任何一项指标设计得不合理或考虑得不全面都有可能产生一定的偏颇。因此，在专业技术职称评审中，应设置生态文明教育专业技术职称评定，并保证其指标不变，且科研成果、教学成绩、社会服务活动等都可以用来衡量教师的教学活动。在完成绩效评价后，学校要依据其绩效评价结果，确定薪酬、职位发展、福利待遇等。

（三）健全生态文明教师队伍的评价激励机制

考核仅仅是工具，妥善运用考核结果才是目的，合理的激励机制是提升生态文明教育师资力量的关键。健全评价激励机制，就是要使教学评价更加科学合理，激励措施更加切实有效。要根据一定的考核比例，从教师专业知识、科研能力、教学技能等多个角度，全面评价教师素质。杜绝以工作资历、教学年限排序等不合理现象，通过实行"能进能出、能上能下、能高能低"的合理竞争，激发教师自我发展动力。对于有突出表现、有突出贡献的教师，要给予资金和项目支持，加大奖励力度，通过建立"名师工作室"等方式充分发挥好典型的示范和引领作用。总的来说，教育评价并不是要将教师划分等级，而是通过评价，以量化指标为依据，对每个教师的工作表现进行更为客观的评估，从而让教师更加清晰和客观地认识到自身还存在的不足，并据此制定相应的对策，以提升生态文明教育教学质量，最终达到更高的教育目标。

第五章 中国特色社会主义生态文明教育的体制机制

教育兴则国家兴，教育强则国家强。我们党始终坚持教育发展的人民立场，历来强调发展教育为了人民，开辟了中国特色社会主义教育发展道路。党的十八大以来，以习近平同志为核心的党中央把教育摆在优先发展的战略位置，习近平总书记就教育发表一系列重要论述，深刻回答了关系教育现代化的重大理论和实践问题，为我国新时代办好人民满意的教育提供了根本遵循和行动指南。习近平总书记指出："尊重自然、顺应自然、保护自然，是全面建设社会主义现代化国家的内在要求。"①

中国特色社会主义进入新时代，生态文明建设也进入新时代。党的十八大以来，我国生态文明建设取得显著成就，生态文明制度体系更加健全，污染防治攻坚向纵深推进，绿色、循环、低碳发展迈出坚实步伐，生态环境保护发生历史性、转折性、全局性变化，我们国家天更蓝、山更绿、水更清，人民群众生态环境获得感幸福感安全感持续增强，但离建成美丽中国的要求与满足人们对美好生活的期待仍有较大差距，亟须加强和改进生态文明教育，以生态文明教育为抓手促进生态文明制度认同、推进生态文明建设进而将生态文明教育提升到中国之治的战略高度，引导全体社会公民广泛参与到生态文明建设实践中来，动员起 14 亿人民的生态伟力。

生态文明教育是办好人民满意的教育的重要组成部分，生态文明教育在建设美丽中国、成就中国之治实践中具有基础性、先导性、全局性地

---

① 习近平：《高举中国特色社会主义伟大旗帜 为全面建设社会主义现代化国家而团结奋斗——在中国共产党第二十次全国代表大会上的报告》，人民出版社，2022，第 49~50 页。

位，必须坚持以习近平生态文明思想为指导，创新中国特色社会主义生态文明教育工作体制及运行机制，广泛开展生态文明教育、完善素质教育，推动德育、智育、体育、美育、劳育全方位融合，培养担当民族复兴重任的时代新人。教育系统要把改革创新作为鲜明导向，扎根中国大地、聚焦中国问题、立足中国国情，围绕党中央关心、群众关切、社会关注的教育热点难点问题，全方位深化教育领域综合改革。唯有严明的生态治理制度和扎实的生态文明教育才能从根本上转变人类活动方式，坚持和完善生态文明教育制度必将推动我国生态文明教育发生根本性、全局性的深刻变革。毋庸讳言，当前我国生态文明教育仍处于国民教育边缘，生态文明教育工作体制、运行机制建设等方面存在笼统化、碎片化现象，新时代加强和改进生态文明教育，亟须建构多维度、有中国特色的生态文明教育工作体制和运行机制。

第一节　中国特色社会主义生态文明教育的工作体制

教育决定着人类的今天，也决定着人类的未来。习近平总书记指出："建设教育强国是中华民族伟大复兴的基础工程，必须把教育事业放在优先位置，深化教育改革，加快教育现代化，办好人民满意的教育。"① 教育是培养人的事业。"古今中外，每个国家都是按照自己的政治要求来培养人的。"② 我们办的是社会主义教育，必须始终把坚持社会主义办学方向作为政治原则、作为思考和谋划教育工作的逻辑起点，以历史思维为中华民族培养社会主义建设者和接班人。制度建设最具有根本性、全局性与长期性，建构科学完备的教育工作制度至关重要。

习近平总书记在党的二十大报告中强调："大自然是人类赖以生存发展的基本条件。尊重自然、顺应自然、保护自然，是全面建设社会主义现代化国家的内在要求。"③ 生态文明教育是中国特色社会主义教育的重要组成部分，是新时代生态文明建设的基础性、先导性工作。全面培育和提升公

---

① 《习近平谈治国理政》第 3 卷，外文出版社，2020，第 35～36 页。
② 习近平：《在北京大学师生座谈会上的讲话》，人民出版社，2018，第 6 页。
③ 习近平：《高举中国特色社会主义伟大旗帜　为全面建设社会主义现代化国家而团结奋斗——在中国共产党第二十次全国代表大会上的报告》，人民出版社，2022，第 49～50 页。

民生态文明素养、建成美丽中国，亟须科学构建中国特色社会主义生态文明教育体系，这也是走向生态文明新时代、实现中华民族伟大复兴中国梦的重要内容。我国生态文明教育亟须健全党委领导、政府主导、社会协同、全民参与的生态文明教育工作体制，确保生态文明教育组织高效、职责明确、上下联动、形成合力，共同促进生态文明教育高质量发展。

一　加强党委对生态文明教育的统一领导

（一）办好中国特色社会主义生态文明教育，关键在党

办好中国的事情，关键在党。党的领导是办好生态文明教育的根本保证。党的十八大以来，我国从中央到地方成立了教育工作领导小组，党的领导纵到底、横到边、全覆盖的工作格局基本形成。各级党委政府要始终坚持把优先发展教育事业作为推动各项事业发展的重要先手棋，不断使教育同党和国家事业发展要求相适应、同人民群众期待相契合、同我国综合国力和国际地位相匹配。教育是国之大计、党之大计，而生态文明建设功在当代、利在千秋，生态文明教育一头连着生态环境，一头连着人民群众，必须高度重视生态文明教育工作，坚持社会主义办学方向，全面加强党对教育工作的领导，完善领导体制和工作机制，全面贯彻落实新发展理念，做好生态文明教育的顶层设计与教育过程的监督指导，营造生态文明教育与生态文明建设融合发展的良好氛围，全力促进我国生态文明教育健康有序快速发展，全面培养提升公民的生态素质及生态行为能力，为建成美丽中国奠定坚实的基础。

（二）马克思主义生态理论是我国生态文明教育的理论基石

马克思主义是中国共产党的伟大旗帜，马克思主义生态理论是我国生态文明教育的理论基石。"中国共产党为什么能，中国特色社会主义为什么好，归根到底是因为马克思主义行，是中国化时代化的马克思主义行。"[①] 马克思主义生态文明理论是马克思、恩格斯在批判继承18、19世纪自然科学和哲学社会科学的思想成果基础上，在唯物史观的视域下，通

---

① 习近平：《高举中国特色社会主义伟大旗帜　为全面建设社会主义现代化国家而团结奋斗——在中国共产党第二十次全国代表大会上的报告》，人民出版社，2022，第16页。

过综合创新和不断超越逐渐形成和发展起来的，体现了马克思、恩格斯关于人与人、人与自然、人与社会关系的深度思考，提供了资本逻辑下人类社会遭遇生态危机的解决方案，彰显了马克思主义的科学性、人民性、实践性、开放性，其在19世纪提出的科学论断至今仍旧适用，是我国生态文明教育的理论基石。中国共产党成立后，中国共产党人在革命、建设和改革发展中把马克思主义生态理论同我国生态具体实际相结合、同中华优秀传统生态文化相结合，将马克思主义生态理论中国化时代化，成为推动中国走向人与自然和谐共生的中国式现代化的行动指南。新时代中国特色社会主义生态文明教育，要在党的领导下，坚持用马克思主义生态理论为实践提供科学指导，在实践中坚持并发展马克思主义生态理论，为建设美丽中国提供中国化时代化的理论支持。

（三）习近平生态文明思想是我国生态文明教育的根本遵循

党的十八大以来，在习近平生态文明思想科学指引下，我国生态环境保护发生历史性、转折性、全局性变化。习近平生态文明思想以科学的理论范畴、严密的逻辑架构、深邃的历史视野丰富和发展了马克思主义人与自然关系理论，对中华优秀传统生态文化进行创造性转化、创新性发展，为正确认识人与自然关系提供科学指导，为建构中国自主的生态文明知识体系提供科学指引，是我国生态文明教育的根本遵循。

2022年11月，教育部印发《绿色低碳发展国民教育体系建设实施方案》的通知，该方案强调："以习近平新时代中国特色社会主义思想为指导，全面贯彻党的二十大精神，深入贯彻习近平生态文明思想，立足新发展阶段，完整、准确、全面贯彻新发展理念，构建新发展格局，聚焦绿色低碳发展融入国民教育体系各个层次的切入点和关键环节，采取有针对性的举措，构建特色鲜明、上下衔接、内容丰富的绿色低碳发展国民教育体系，引导青少年牢固树立绿色低碳发展理念，为实现碳达峰碳中和目标奠定坚实思想和行动基础。"[1] 全面贯彻落实习近平生态文明思想是新时代生态文明教育的根本任务，要推动习近平新时代中国特色社会主义思

---

[1] 《教育部关于印发〈绿色低碳发展国民教育体系建设实施方案〉的通知》，教育部网站，http://www.gov.cn/zhengce/zhengceku/2022-11/09/content_5725566.htm。

想进学术、进学科、进课程、进培训、进读本，用马克思主义中国化时代化的最新成果铸魂育人。深化新时代学校生态文明教育改革创新，在循序渐进、螺旋上升的大中小学生态文明教育一体化育人体系中将价值塑造、知识传授、能力培养融为一体，有序有力推进习近平生态文明思想进教材、进课堂、进头脑。

二 突出政府对生态文明教育的主导作用

（一）生态文明教育坚持党的教育方针毫不动摇

1. 构建中国特色社会主义生态文明教育体系

教育体系是指教育系统中各种教育要素的有序组合，是有序推进教育实践、实现教育目标的重要保障。深化全民生态文明教育，需要将生态文明教育全面纳入整个国民教育体系，严格按照生态文明教育学科体系、专业设置、课程建设等要求，科学编写、出版适用于各级各类学校生态文明教育的系列教材，培养和建设一支专业化、职业化的高水平生态文明教育教师队伍。同时，组织编制涵盖全体公民、贯穿社会教育全过程的生态文明教育普及读物，扩大社会各阶层生态文明教育的覆盖面，全面提高国民的整体生态文明素质，实现以生态文明教育高质量发展促进我国生态文明高质量建设。

2. 调整和优化区域生态文明教育资源配置

资源配置是指相对稀缺的资源在不同用途上所做出的选择，"好钢"需要"用在刀刃上"。加强生态文明教育，资源配置是重要基础。加强生态文明教育，需要各级政府在经济社会规划优先安排生态文明教育发展、财政资金优先保障生态文明教育投入、公共资源优先满足生态文明教育和人力资源开发需要等方面持续发力，坚持系统观念，构建政府主导、覆盖城乡、可持续的生态文明教育体系，在更高水平上更好满足经济社会及人民群众对生态文明教育的个性化、多元化需求，为促进全体人民参与美丽中国建设做出积极贡献。

（二）统筹推进大中小学生态文明教育一体化建设

1. 生态文明教育要守住学校教育这个主阵地

"学校是有组织、有计划地进行教育的机构，是师生生活、学习和工作的场所，是以凝聚师生为主体的生态单位。"① 要发挥学校生态文明教育主阵地作用，持续优化生态文明教育教学秩序和综合育人环境，将生态文明教育贯穿到幼儿教育、中小学教育、职业教育、成人教育、高等教育及干部培训的各个阶段，甚至贯穿到人的一生。义务教育阶段是国民生态文明教育的重中之重。事实上，我国生态文明教育在学前教育、中小学教育、高等教育等阶段都比较薄弱。目前，除在中小学地理、自然等课程中有一些生态环境保护知识，在基础教育阶段，"环境保护""地球资源的有限性"等内容在教育过程中随意性较大，学校推广和普及生态文明教育、实现生态文明教育目标的动力不足，学校生态文明教育主阵地作用没有得到充分发挥。在高等教育阶段，教育部将环境科学作为一级学科，并设立了环境科学教学指导委员会，但在高校中以环境科学为主的生态环境教育与其他学科教育相比，并没有被摆正位置，生态文明教育课程尚未真正纳入学校教育的课程体系，学校没有将生态文明教育作为一门公共必修课程，生态文明教育在某种程度上流于形式。

2. 系统谋划和提高生态文明教育质量工程

生态文明教育质量工程涉及教育观念、教育体制、教学方式的全方位调整，需要做到老师"教好"、学生"学好"、学校"管好"三位一体。教育行政主管部门要打破传统教育的藩篱，将生态文明教育置于公共教育的优先战略地位，转变教育观念和思维模式，走出单一生态学的专业禁锢，把生态文明教育贯穿在学校教育各个学段、全部过程，传播生态文明知识和生态文化，要抓好生态文明教育的教材建设，在教学理念、教学内容、教学方法上进行改革和创新，统筹谋划和推进大中小学生态文明教育一体化建设，把资源配置集中到生态文明教育教学上来，加强数字生态文明教育发展，利用现代教育技术、工具和平台提升生态文明教育质量，全面提高各级各类生态文明教育的效能。

三 统筹社会对生态文明教育的协同效应

"生态教育是顺应自然的人性教育，是人类为了实现可持续发展和创

---

① 吴林富：《教育生态管理》，天津教育出版社，2006，第 117 页。

建生态文明社会的需要，而将生态学思想、理念、方法融入现代全民性教育过程。"① 生态文明建设取得实效需要凝聚社会各界的共同参与，生态文明教育健康发展同样需要社会各方面力量的协同配合，要健全家庭、学校、社会生态文明教育协同机制。树立科学的生态文明教育理念是一个长期的过程，需要学校、家庭、社会持续不懈地努力，统筹发挥学校、家庭、社会生态文明教育的协同效应，久久为功，促进青少年身心健康成长与生态文明理念、生态行为养成，在全社会形成"保护生态环境就是保护生产力，改善生态环境就是发展生产力"的广泛共识，确保我国生态文明教育实现又好又快发展。

（一）发挥家庭教育在公民生态文明教育中的基础作用

家庭是社会最小的单元，在生态文明意识培养中起着举足轻重的作用。生态文明教育要从娃娃抓起，发挥家庭教育启蒙作用，注重孩子生态行为养成，培养孩子良好生态品质，如不践踏花草、不乱丢果皮、不随意涂画、不乱扔纸屑等良好的环境行为，提醒孩子随时随地都要爱护环境、保护环境，帮助孩子养成良好的生态文明意识、生态文明行为。

（二）发挥学校教育在公民生态文明教育中的主导作用

生态文明教育要全程纳入整个国民教育体系。学校是系统性开展生态文明教育的主阵地，是青少年获得生态知识、养成生态习惯、提高生态能力的主要场所。学校生态文明教育能够全面、系统、深入地培养和提高公民生态文明建设能力，提升青少年生态伦理道德、生态保护意识、处理生态问题的素质与能力，形成正确的生态价值观。生态文明教育是全国性、全民性教育，要贯穿学校教育的各个阶段。

（三）发挥社会教育在公民生态文明教育中的补充作用

生态文明教育要覆盖全体公民，贯穿社会教育全过程，特别是企业、机关、社区、乡村等，要发挥微博、微信等新媒体的辐射功能，普及生态知识、弘扬生态文化、培育生态道德与生态责任，倡导绿色发展理念，提高国民整体生态素质。

---

① 于文秀：《生态文明有赖于生态教育》，《光明日报》2015 年 12 月 16 日。

（四）生态文明教育纳入各级党政领导干部培训体系

生态环境保护能否落到实处，关键在领导干部。党政领导干部是决定我国生态文明建设的关键少数，他们的整体生态文明素养与生态文明建设能力决定着我国生态文明建设的进程与质量。生态文明教育要纳入党政领导干部培训，让"绿水青山就是金山银山"的理念逐步成为广大领导干部的集体共识，牢固树立正确的政绩观和权力观，解决好当官为什么干什么留什么的问题，进一步提高领导干部对加强生态文明教育的认识，不断增强领导干部生态文明建设的责任感、使命感和紧迫感。

四 鼓励全民对生态文明教育的共同参与

（一）调动企业、民间组织、人民团体等参与生态文明教育

社会是生态文明教育的大课堂，要构建企业、民间组织、人民团体等社会各界积极参与配合的生态文明教育工作机制。要从政府向企业、组织、公众延展，把生态文明教育"小课堂"与社会"大课堂"融会贯通起来，营造社会各界力量共同关心、支持生态文明教育的氛围，教育引导全社会尊重自然、顺应自然、保护自然，推动绿色发展，促进人与自然和谐共生，全面建设社会主义现代化国家。

（二）生态文明教育人人有责，美丽中国人人共享

随着生态文明建设进入新时代，全面提升人的生态文明素养成为社会主义生态文明教育的重要内容，成为实现国家治理体系和治理能力现代化的重要方面。"生态文明建设同每个人息息相关，每个人都应该做践行者、推动者。"① 社会主义生态文明教育旨在实现人的发展与生态优化的同构性，确保人的充分发展与生态系统的根本改善，实现生态文明建设人人参与、人人有责，美丽中国人人共建、人人共享。

第二节　中国特色社会主义生态文明教育的运行机制

生态文明教育是培养全社会生态文明意识的主要途径，各级各类学校

---

① 《习近平关于社会主义生态文明建设论述摘编》，中央文献出版社，2017，第122页。

是开展生态文明教育的主要阵地，构建中国特色社会主义生态文明教育体系意义重大。科学系统的生态文明教育运行机制是提高生态文明教育效能的重要保障。

一　中国特色社会主义生态文明教育的宣传教育机制

宣传教育机制是建成美丽中国的前提。通过宣传教育能够引导民众成为绿色消费的参与者、监督者、行动者，调动社会公众参与美丽中国建设的积极性主动性，从而将生态文明理念转化为社会公众个人文明健康绿色的生活方式与稳定的生态行为习惯。

（一）宣传教育机制是开展生态文明教育的重要基础

习近平总书记强调："要加强生态文明宣传教育，把珍惜生态、保护资源、爱护环境等内容纳入国民教育和培训体系，纳入群众性精神文明创建活动，在全社会牢固树立生态文明理念，形成全社会共同参与的良好风尚。"[①] 各级党委宣传部门要加强主流媒体对生态文明教育的宣传引导力度，鼓励社会各领域、各部门参与到生态文明教育之中，充分宣传党中央建设美丽中国的战略部署，展现各级党委部门重视生态文明教育和建设生态文明的决心，表明中国拒绝走西方国家"先污染、后治理"老路的态度，教育引导全社会形成生态文明价值观念和生态行为准则。"政府可以通过宣传教育的方式，引导民众成为绿色消费的参与者、监督者、行动者，在'衣食住用行'等日常生活中最大限度节约资源和能源消耗的数量。"[②] 要通过调动社会公众参与生态文明教育的积极性和主动性，努力营造全民关心、共同参与生态文明教育的良好社会氛围，在全社会灌输生态文明教育理念、绿色发展观，培养社会各界内在生态需要，进而转化为社会公众个人文明健康绿色的生活方式与稳定的生态行为习惯。

（二）宣传教育机制是提升生态文明国际话语权的保障

生态文明建设领域"西强中弱"是中国生态文明话语国际传播面临的现实格局。与欧美国家相比，中国生态文明话语对外传播仍然存在"发声

---

① 《习近平关于社会主义生态文明建设论述摘编》，中央文献出版社，2017，第122页。
② 张文风：《"绿色"发展指引中华民族永续发展》，《中国社会科学报》2020年6月9日。

难"的问题，面临"有理说不出、说了传不开、传开叫不响"的窘境。要进一步完善教育宣传机制，坚守中华文化立场，提炼展示中华文明的精神标识和文化精髓，加快构建中国生态文明话语体系，讲好中国生态文明故事、传播好中国生态文明声音，坚持生态文明国际话语权建构着眼于服务民族伟大复兴伟业，用中国特色生态文明话语推动构建更加公正合理国际生态治理体系，积极回应西方国家的质疑、抹黑与攻击，增强中国参与全球生态环境治理的能力与水平，提升中国生态文明建设的国际话语权，打破西方话语权垄断，揭穿西方社会企图运用"中国能源威胁论""中国环境破坏论"等扭曲中国的谎言，向全世界充分展现可信、可爱、可敬的中国特色社会主义生态文明新形象。

二 中国特色社会主义生态文明教育的组织管理机制

组织管理机制是开展生态文明教育的组织保证。我国全民生态文明素质培育任重道远，各级党委、政府要站在党中央"五位一体"总体布局高度，谋划生态文明教育顶层设计，构建"党委领导、政府主导、社会协同、全民参与"的生态文明教育工作体制。推动政府主导生态文明教育整体规划与系统设计，实现政府、社会、民间组织、企业、公民个体之间的高效联动。要让生态文明教育成为全体人民的社会共识，切实提高人们生态文明建设能力，全面推动我国经济社会与生态环境的永续发展。

（一）加强党对生态文明教育工作的全面领导

加强党对教育工作的全面领导，牢牢把握社会主义办学方向，是我国教育事业发展第一位的问题。教育系统是坚持党的领导的坚强阵地。加强党对教育工作的全面领导，有利于提升生态文明国际话语权，有利于更好发挥中国全球生态文明建设重要参与者、贡献者、引领者作用。

（二）推动政府统筹生态文明教育整体规划

构建"党委领导、政府主导、社会协同、全民参与"的生态文明教育工作体制。要遵循生态文明教育的基本规律和学生成长规律，对我国生态文明教育制度作出统筹规划与系统设计，将生态文明教育融会贯通于国民教育各个阶段。要本着注重实效、形式多样、分类引导的原则，将绿色发展观作为《教育现代化2035》的重要内容，促进生态文明教育科学化、系统化、制度化，不断完善我国生态文明教育组织管理机制，实现政府、学校、社会、公民个体之间的生态文明教育高效联动，统筹推进大中小学生态文明教育一体化，科学回答生态文明教育培养什么人的基本问题。

三　中国特色社会主义生态文明教育的制度保障机制

制度保障机制是促进生态文明教育健康发展的必要条件。习近平总书记指出："保护生态环境必须依靠制度、依靠法治。只有实行最严格的制度、最严密的法治，才能为生态文明建设提供可靠保障。"① 我国《教育法》规定，"教育活动必须符合国家和社会公共利益"。完善的制度保障机制能够确保生态文明教育在人、财、物等方面得到根本保证，要通过精准施策与综合施策相结合为整个社会注入"绿色基因"，促进生态文明教育提质增效，增强社会公众参与生态治理的获得感和幸福感，从而提高全社会参与美丽中国建设的积极性与能动性，营造生态文明人人共建、美丽中国人人共享的氛围，提升绿水青山的"颜值"，彰显金山银山的"价值"，全面增强我国的生态软实力，最终提高我国生态环境综合治理能力，为建成富强民主文明和谐美丽的社会主义现代化国家贡献力量。

（一）加强顶层设计，将生态文明教育纳入我国教育中长期发展规划

生态文明教育是一个由被动到主动、从不自觉到自觉的实践过程，要积极推进生态文明教育基地建设，拓展生态文明教育的平台与渠道，创新生态文明教育的内容形式与方法手段，教育引导人们在日常生活中自觉维护生态环境与生态平衡。全面落实教育部《绿色低碳发展国民教育体系建设实施方案》的要求，构建中国特色社会主义生态文明教育体系，充分发挥教育系统人才智力优势，加快推进生态文明教育大中小一体化建设，把绿色低碳发展要求全程纳入国民教育体系，特别是把习近平生态文明思想融入大中小学教育教学体系，全面系统地融入教材、融入课堂、融入网络、融入社会，建立理论与实践、线上与线下、校内与校外相结合的生态文明教育联动机制，让生态文明理念不断深入人心，形成美丽中国建设全

---

① 《习近平关于社会主义生态文明建设论述摘编》，中央文献出版社，2017，第99页。

动员、共参与的思想自觉和行动自觉。例如，通过开展保护母亲河、植树节、世界水日、世界地球日、世界环境日、爱鸟周等特殊生态活动日开展生态宣传与社会生态实践活动，引导公民坚持从自身做起，从点滴小事做起践行生态文明理念，强化公民生态道德行为养成，倡导文明、科学、生态的生活方式，发挥生态文明实践的育人功能，使公民在生态文明实践中逐渐养成良好生态道德行为习惯，切实提升人的整体生态文明素质。

（二）注重队伍建设，加强专兼结合的生态文明教育师资队伍建设

1. 加强师资队伍建设

习近平总书记在党的二十大报告中强调要"加强师德师风建设，培养高素质教师队伍，弘扬尊师重教社会风尚"①。百年大计，教育为本。教育大计，教师为本。教师是办好教育的根本依靠，承载的是传播知识、传播思想、传播真理，塑造灵魂、塑造生命、塑造新人的时代重任。2022年，教育部等八部门印发《新时代基础教育强师计划》，突出要求"遵循教师成长发展规律，以高素质教师人才培养为引领，以高水平教师教育体系建设为支撑，以提升教师思想政治素质、师德师风水平和教育教学能力为重点，筑基提质、补短扶弱、做优建强、全面提高教师培养培训质量，整体提升中小学教师队伍教书育人能力素质，促进教师数量、素质、结构协调发展，为构建高质量教育体系奠定坚实的师资基础"②。没有高水平的教师，就谈不上高质量的生态文明教育，培养一支政治优良、数量充足、专业化职业化水平高的生态文明教育专兼职教师队伍，是促进生态文明教育高质量发展的根本保证。

2. 落实教师福利待遇

教师是落实立德树人根本任务的一线工作者，必须充分落实保障教师福利待遇，才能保障教师队伍稳定、高质、高效。《新时代基础教育强师计划》突出强调："中央和地方共同支持新时代基础教育强师计划实施。各地要优化支出结构，将教师队伍建设作为教育投入重点予以优先保障，

---

① 习近平：《高举中国特色社会主义伟大旗帜　为全面建设社会主义现代化国家而团结奋斗——在中国共产党第二十次全国代表大会上的报告》，人民出版社，2022，第34页。
② 《教育部等八部门关于印发〈新时代基础教育强师计划〉的通知》，教育部网站，http://www.moe.gov.cn/srcsite/A10/s7034/202204/t20220413_616644.html。

加大对师范院校支持力度，适时提高师范专业生均拨款标准，重点提升教师专业素质能力、提高教师待遇保障。严格落实经费监管制度，规范经费使用，确保资金使用效益。"① 这就为教师福利待遇落实落地明确了制度保障。生态文明教育关系立德树人根本任务、关系生态文明建设成效，各级政府要承担起教育责任，保证生态文明教育经费投入、教师福利待遇，对从事生态文明教育的教师要提高待遇及教龄津贴标准，吸引和激励更多从事生态文明教育的教师长期从教、安心乐教、终身从教。

四　中国特色社会主义生态文明教育的监督考核机制

奖惩制约机制是促进生态文明教育健康发展的重要措施，要把生态文明教育监督考核与奖惩制约机制纳入我国生态文明教育的各个阶段、各个环节，落实到生态文明教育全过程，以不断激励、监督、鞭策和惩治的方式推进生态文明教育，从根本上扭转生态文明教育知易行难现象，确保实现生态文明教育高质量发展，为建成美丽中国提供强有力的生态支撑。

（一）注重生态文明教育示范作用

榜样示范是社会教化的重要手段。通过榜样示范可以使行为准则具体化、形象化、人格化，是生态文明教育的重要补充。要重视生态文明建设先进榜样的教育作用，设立各级别生态文明奖项，如生态文明工作模范、道德楷模、绿色家庭、环保少年、低碳企业等，奖励在生态文明领域做出突出贡献的集体和个人，引领全社会向榜样看齐、向模范学习，推动构建生态文明良好社会氛围，引导人们正确处理人与自然的关系，从改变自然、征服自然转向调整人的行为、纠正人的错误行为，实现人与自然的和谐共生。

（二）强化生态文明教育惩戒作用

惩戒是一种鲜明的行为导向。习近平总书记强调："只有实行最严格的制度、最严密的法治，才能为生态文明建设提供可靠保障。"② 通过健全和完善我国生态文明教育长效机制，"严格实施生态文明建设法律制度。

---

① 《教育部等八部门关于印发〈新时代基础教育强师计划〉的通知》，教育部网站，http://www. moe. gov. cn/srcsite/A10/s7034/202204/t20220413_616644. html。

② 《习近平关于社会主义生态文明建设论述摘编》，中央文献出版社，2017，第99页。

明确政府生态文明建设目标，建立政府生态责任机制，严肃生态监管，实行生态问责"①。生态文明教育是提升生态文明建设的基础工程，要加大生态文明教育的监督考核，针对生态文明教育重视不够、保障不力，甚至将生态文明教育流于形式的现象，要实施追责问责，决不能让生态文明教育行业变成逐利的产业，更不允许社会资本在生态文明教育领域无序扩张，破坏生态文明教育生态，确保生态文明教育全面服务建成美丽中国战略全局。

五　中国特色社会主义生态文明教育的反馈评价机制

反馈评价机制是衡量生态文明教育成效的主要标杆和关键环节，它真实反映着生态文明教育总体规划、目标要求、学科建设、课程设置、师资队伍建设、大中小学衔接等的实现状况与实现程度，特别是生态文明教育总体规划与人才培养方案制定落实情况、生态文明理论教育与实践教学开展情况、教育对象掌握生态文明知识和生态技能的实际情况、从生态文明意识到生态环境保护行为的转化情况等，据此及时调整生态文明教育时间表与路线图，有助于切实提高我国生态文明教育的效能。

（一）明确生态文明教育评价标准

习近平总书记强调："我国是中国共产党领导的社会主义国家，这就决定了我们的教育必须把培养社会主义建设者和接班人作为根本任务，培养一代又一代拥护中国共产党领导和我国社会主义制度、立志为中国特色社会主义奋斗终身的有用人才。"② 培养什么人，是教育的首要问题。必须牢固树立和践行"绿水青山就是金山银山"的理念，站在人与自然和谐共生的高度谋划发展，将习近平生态文明思想融入生态文明教育教学全过程，推动习近平生态文明思想进教材、进课堂、进头脑，全面提高公民生态文明素质、提升生态文明建设能力，努力培养能够堪当民族复兴重任的时代新人。

（二）完善生态文明教育效果评价

生态文明教育总体规划与实施方案运行情况跟踪评价，包括各个学段

---

① 龚昌菊、庞昌伟：《值得借鉴的国际生态文明制度》，《光明日报》2014 年 1 月 9 日。
② 《十九大以来重要文献选编》（上），中央文献出版社，2019，第 647 页。

生态文明教育的课程设置、教材编制、教学内容、教学形式、课时安排、教学评价、教学成效等。客观地讲，推动生态文明建设、成就中国之治，归根结底要靠人才。中国式现代化需要教育现代化的支撑，生态文明教育是提高人们生态文明素质、促进人的全面发展的重要途径，是民族振兴、社会进步的重要基石，对建成美丽中国、建设人与自然和谐共生的社会主义现代化具有基础性意义。要坚持以习近平生态文明思想为指导，深入学习贯彻习近平总书记关于教育的重要论述，坚持社会主义办学方向，坚持扎根中国大地办教育，把生态文明教育摆在优先发展的战略地位，建立健全中国特色社会主义生态文明教育工作体制及运行机制。同时，生态文明教育要与时俱进。随着互联网技术的突飞猛进，数字化线上生态文明教育已经成为学校教育和课堂教学的补充和延伸，扩大了优质生态文明教育资源覆盖面，促进生态文明教育均衡发展，开启了加快生态文明教育现代化、建设教育强国的历史新征程。推进生态文明教育数字化，要充分发挥生态文明教育数字化对教育资源有效配置、高效配置的作用，通过数字化赋能优质均衡的生态文明教育资源共享。将培养"有绿色情怀、有绿色智慧、有绿色担当"的时代新人作为德智体美劳全面发展育人目标的题中应有之义，推动形成绿色生产生活方式，使社会主义生态文明教育成为教育新发展格局的内生引擎，建设全民终身学习的学习型社会、学习型大国。

　　总之，建设生态文明是关系人民福祉、关乎民族未来的根本大计，是实现中华民族伟大复兴的中国梦的重要内容。习近平总书记明确指出："环境就是民生，青山就是美丽，蓝天也是幸福，绿水青山就是金山银山；保护环境就是保护生产力，改善环境就是发展生产力。"① 生态文明教育是促进生态文明建设进而成就中国之治的基础工程，必须立足我国国情，建构多维度、全方位、有中国特色的生态文明教育工作体制和运行机制，全面促进生态文明教育创新发展、健康发展，教育引导全社会积极推进美丽中国建设实践，自觉维护生态环境安全，扎实推动绿色低碳高质量发展，深入打好污染防治攻坚战，依法推进生态环境保护督察执法，加快健全现代环境治理体系，更快更好地建成美丽中国，成就中国之治。

---

① 《习近平关于社会主义生态文明建设论述摘编》，中央文献出版社，2017，第12页。

第六章　中国特色社会主义生态文明教育的推进策略

体系机制构建后，关键在落实，明晰模式是关键。生态文明教育要融入教育全过程，为生态文明建设提供全方位的人才、智力、精神文化支撑，必须设计科学有效的推进策略，调动起14亿人民的生态向心力、生态凝聚力，发挥全社会的生态文明合力，推动我国公民与我国社会的生态升级，实现人的自由全面发展同人与自然和谐共生的同向同行、同频共振。

第一节　中国特色社会主义生态文明教育的策略原则

由于我国国情十分复杂，全方位、立体化开展生态文明教育是一项复杂艰巨的长期任务，需要明确其基本原则。要坚持"两点论"与"重点论"的统一，因势利导、化危为机，充分调动起生态文明教育中各个要素的系统合力，推动生态文明教育顺利开展。

一　政府主导与民间参与相结合的原则

（一）充分发挥政府生态文明教育主导作用

我国是一个生态系统复杂多样的国家，从总体上看，我国的人口众多、环境承载能力的上限较低；在农业方面，资源和产品的供求关系相对不均衡；在资源方面，人均占有资源相对较少，能源消耗高的产业在全国工业规模中占比较高。作为发展中国家，资源环境问题与经济发展问题并存。基于这样的背景，需要国家从生态角度整体和长远考虑，制定生态文明教育的政策。我国国情决定了中国特色生态文明教育需要走一条由上至下的发展之路，其实施过程也需要政府的高度关注和大力支持。至今，我国生态文明教育在国家领导下已取得了丰硕成果。一是中国已初步建立了生态文明教育的多层次教育制度，包括学校教育、社会教育等，并逐步建立了国家生态文明教育的组织架构；二是继续扩大生态文化宣传阵地，如创办刊物、环境专业图书出版社、开设生态环境保护广播站等；三是积极推进与世界各国的生态文明教育合作，例如"绿色教育计划""中国中小学绿色教育计划"等；四是建设以倡导生态文明为主题的教育基地，发挥全国生态文明教育的窗口和示范作用。

（二）充分发挥社会组织生态文明教育协同作用

从 1978 年开始，随着中国社会主义民主政治的进一步深化和发展，大量的社会团体开始出现。环境保护组织具有组织性、非营利性、非政府性、自治性、自愿性、自发性等特点。社会组织在政府的支持和协助下，通过各种方式开展环境宣传和教育活动：一是通过线上的公开渠道，例如微信公众号、短视频平台等向公众普及生态文明知识，或是通过线下的渠道，例如街边宣传、讲座等方式展示我国在生态文明建设中总结的成功经验，以此对公众进行宣传。二是通过公众关心的生态问题入手开展了一系列的志愿或义工活动，促使社会主义生态文明建设逐步被公众所了解和接受；三是作为第三方机构，在政府的支持下对一些高耗能高污染企业的生产经营等方面进行监督，并积极为有关的政策制定提供建议；四是深入农村，大力开展生态文明教育，通过扶持当地农户发展产业，实现经济发展，提高对环境保护的认识，使农民在生产和生活中减少和避免发生破坏环境的现象。通过以上几种具体途径，社会团体在我国开展生态文明教育方面发挥了自己的作用。

政府主导是中国特色社会主义制度优势之一，在政府"看得见的手"的规范指引下，"看不见的手"充分发挥运行作用，形成政府作用和市场作用的有机统一。生态文明教育是一项复杂、长期、系统的教育工程，需要政府在制定计划、政策、方案时高屋建瓴、见微知著，立足于中国特色社会主义制度优势，将政策实施与理论宣教相结合，发挥好政府在学校、社会、家庭生态文明教育中的主导作用。同时，在服务型政府建设背景下，要充分发挥社会组织在生态文明教育中的协同作用，在分子化社会结构中靶向挖掘人民群众在生态文明教育中的所需所求，做好政策实施与实效反馈，打通政府政策与教育对象的"最后一公里"，推动生态文明教育走深走实。

二 学校教育与社会协同相结合的原则

（一）学校课堂是生态文明教育主要阵地

学校教育是实施生态文明教育的基础，是指导学生树立正确的生态价值观的关键。从生态文明教育的现状来看，我国学生虽已具备基本的生态文明知识，但由于自身的主观能动性和生态实践能力较弱，且部分学生长期受到应试教育制度的制约，学生群体的整体生态实践参与度都处在一个较低水平。为此，要从根本上解决目前存在的问题，就需要采取相应的对策，积极推进校园生态文明教育。要培养出真正的生态型、高素质的人才，就必须对其进行长期、有效的生态文明教育。通过全面、科学的生态文明教育，使学生从联系发展的角度来认识生态文明的发展过程，树立正确的生态观念，提高学生的生态文明意识，引导学生积极参与生态文明实践活动，使其成长为生态文明建设道路上的践行者和生力军。

（二）社会宣传是生态文明教育有益补充

报纸、杂志、电视、网络、微信公众号等媒体是大众传媒的主要载体，它可以为公众提供全球的环境保护相关政策信息，通过对当前形势和未来政策走向的深度解读，对其受众的思想和行为起到正向的引导作用。当前，社会力量在生态文明教育中的作用主要表现在：一是建立环境保护的报刊、栏目，如《中国环境报》《环境教育》等，并根据环境保护的要求，将环境保护的信息列入刊物，对环境保护或相关政策推行信息进行及时的报道；二是对空气质量或环境指标信息进行权威发布。空气质量与环境指标与人们美好生活的品质高低息息相关，将这些公众关心的信息进行公开，既是尊重公众对生态状况的知情权，又可以激发公众对生态环境的责任感，以主人翁意识自觉践行生态文明建设；三是在曝光违法违规的生产企业过程中向公众进行环境警示教育，即通过曝光违法单位和个人，对其引起的后果进行深入剖析，从而向广大人民群众敲响生态环境保护警钟；四是加强生态环境保护执法宣传。大力宣传生态环境保护法律法规、公开透明执法，对违法者进行批评教育，能够充分发挥新闻媒介监督生态环境保护法规的监督功能，还能够对公众起到生态文明法律法规的教育作用。

学校教育有明确的教育内容、成熟的教育方式、完备的师资力量，能够利用各门课程系统化、立体化授课将生态文明理论知识讲深讲透、讲清讲好，但因其固有模式限制，在生态文明教育实施中往往重理论而轻实践、重内容而轻形式，生态文明教育远离社会实际、脱离客观需要；社会组织有实时的一手资料、丰富的传播途径、准确的用户导向，能够利用各种途径的科学化、针对化传播将生态文明社会信息深入挖掘、广泛传播，但因其往往非专业人员参与，在生态文明宣传教育中往往就事论事，缺乏理论高度。因此，要发挥生态文明教育学校课堂的主阵地作用和社会组织的补充作用，利用社会媒体的相关报道补充学校课堂教学，引导学生使用课堂知识认识社会环境，将生态文明"小课堂"与社会环境"大课堂"充分结合，推动生态文明教育增智增效。

三 集中授课与分类指导相结合的原则

（一）生态文明教育坚持集中授课为主

集中授课具有较强的组织性和规范性。从学校的层次来看，幼儿园、小学、中学、大学能够把不同年龄段的教育对象组织在一起，根据其接受能力与知识基础开展合适的生态文明教育；从高等学校的类别来看，工科、理科、文科、综合类院校可以把侧重点不同的生态文明教育内容有计划、有目的地传授给学生。从集中授课具体的实施方式来看，学生接受生态知识、学习相关课程是在规定的时间和地点，由专门的老师按照教学大纲和教学计划有序开展，并且有明确的教育目标和教学任务。此外，还有对学生学习情况的考试考核、对教育教学的反馈评价等。同时，集中授课的教学内容、教学大纲、教学目标和组织形式等都是国家教育行政部门经过相关专家学者的研究论证之后，在全国各级各类学校按要求和计划组织实施的。总的来说，其规范性、权威性和目的性更强，这也是集中授课的优势所在。

（二）生态文明教育坚持统筹分类指导

在积极探索生态文明教学的实践中，我国的高等教育为了培养社会主义生态文明建设的专业人才，在理学类、工学类、农学类等多个学科门类下都设置了相应的专业方向和课程，为培养生态文明建设专业人才奠定了坚实基础；在以中小学为主的基础教育中，设置了以渗透式的多学科协同为主、分类指导的专题教育为辅的教育体系。多学科协同是指在不同类别和不同方向的多个学科中，将生态知识逐步融入该学科的教育教学体系，进而让学生对生态文明建设形成正确认识。这种教学理念既不需要对现有的学科体系进行较大变动，也不需要额外抽调或招聘教师开设单独的生态文明相关课程，对于目前教师数量与学生总数比例差距较大的实际情况来说，是合理的解决方案。但目前存在的问题是，由于多学科协同教学是将生态文明教育内容根据各个学科的不同特点进行分类式的融入，教育者需要根据各个学科的不同情况向学生传播生态文明知识，此种教学方式使得学生接受的知识缺乏系统性。因此，需要通过分类指导，围绕生态文明建设中的某一个环境问题，以专题的形式整合教学资源，开展生态文明教育，让学生对问题产生系统性的认识，这也是分类指导的优势所在。

生态文明教育是一项长期、复杂、系统的工程，在开展过程中不能搞"大水漫灌"，更不能搞"各自为战"，必须处理好整体推进和重点突破之间的关系，有计划地设计、有步骤地推进、有重点地落实，因地制宜、因时制宜，有教无类、因材施教。通过集中授课的形式将生态文明教育内容高质高效地系统讲授，使教育对象在较短时间内对生态文明理论知识有宏观认识和整体思考，培养全面、系统的生态观；进一步采用分类指导的方式进行专题讲授，把分散在各个学科当中的理论知识集中起来系统分析，培养学生发现问题、认识问题、分析问题、解决问题的综合能力，在宏观中整体思考，在微观中关联生成，推动生态文明教育入脑入心。

四　理论教学与生态实践相结合的原则

（一）理论教学是生态文明教育的基础前提

科学的理论引导是人类发展的先决条件。开展生态文明教育，不仅要从知识上进行，还要从观念上改变人们对生态文明的认识。马克思主义生态理论、中国传统生态智慧、中国特色社会主义生态文明思想，为中国特色社会主义生态文明教育提供了深厚的理论基础，其核心内容包括职业教育、社会教育、家庭教育等多方面内容，其作用是将马克思生态理论和中国特色社会主义生态文明思想广泛地传达给广大民众，使人们能够更好地理解人与自然的关系，树立生态文明的价值理念。中国特色生态文明教育可以使人们对自己在生态文明建设中的作用有一定的认识，从而更好地参与生态文明建设。公民只有在自觉地学习和理解生态文明的背景和重要意义之后，才能积极地参与生态文明建设。

（二）生态实践是生态文明教育的第二课堂

实践既能使理论更加鲜活，又能加深人们的认知。如果单纯地从思想上推广环境保护知识，那就是纸上谈兵，只有将生态文明教育与环境保护结合起来，才能真正地检验它的效果。在我国，生态实践的主体包括企业、学校、教育者、学生和公众。企业以强烈的社会责任感，积极投身生态文明建设，将经济发展动力转化为绿色、生态化，以达到经济效益提升和生态环境保护双重目的；绿色校园是开展生态文明的一种实践活动，同时也是开展教育活动的有利条件；在实施生态文明教育的过程中，教育工作者越来越重视生态环境的实践和体验，通过探究、体验性的方法提高教育对象对生态环境的认同和接受程度；通过参与社区组织的环境教育，使学生能够把自己所学到的环境知识融入自己的日常生活，在为社会服务的同时，获得实实在在的经验。随着人们对生态文明的认识逐渐提高，人们在日常生活中逐渐改变自己不良的生活习惯和消费习惯，从而形成了一种新型、健康、绿色的生活方式。

马克思主义认为，理论源于实践、指导实践，并接受实践的检验。生态文明理论教育的内容源自人类数千年在处理人与自然关系中的能动实践，在这个能动实践过程中，把对自然的感性认识凝练为对规律的理性认识。生态文明教育理论正确与否，不能仅停留于课堂教学的理论探讨，而需要在客观实践中运用和检验，最终完成生态文明实践—认识—实践的两次飞跃。因此，生态文明教育需要将理论与实践充分结合，在课堂教学中将人类在长期社会实践中总结出的生态理论讲清楚、讲透彻，打好生态实践的理论基础；将所学的生态理论在实践中检验、在实践中发展、在实践中进一步深化认识，为充分理解生态理论创造实践环境，推动生态文明教育见行见效。

第二节　中国特色社会主义生态文明教育的实施路径

实施路径是实际实行的路线和方式方法，是开展生态文明教育的工作方向。生态文明建设功在当代、利在千秋，而教育是国之大计、党之大计，生态文明教育融入育人全过程，需要根据生态文明建设的需要，在学校、社会、家庭、干部的各群体、各环节、各阶段各有侧重、有机衔接、互相支撑、相辅相成，共同构筑起强大的社会主义生态文明教育体系。

一　家庭教育是生态文明教育的启蒙阶段

家庭是人生的第一课堂，父母是孩子的最好老师。家庭教育是人类社会教育活动的重要组成部分，对世界观、人生观、价值观的养成具有重要意义。幼年、童年是人生的起步阶段，是各种行为习惯形成的关键时期，在此阶段，家庭是教育的主要途径。正因为如此，在生态文明教育中，家庭教育不仅要传递生态文明知识和观念，更需要重视个体生态文明行为习惯的养成。

（一）营造家庭生态文明的和谐氛围

家庭生态文明教育需要建构和谐的家庭氛围。家庭和谐是指家庭成员之间的互助、依赖、理解、包容、支持、信任。生活在拥有和谐氛围的家庭中，能够赋予每个家庭成员积极乐观的精神品质，彼此之间的沟通能够舒畅有效，这是开展家庭生态文明教育的必要前提。营造家庭生态文明的和谐氛围，需要调动起乡村、社区等社会治理的最小单元，通过宣传讲座引导家庭成员认识家庭和谐的内涵与要义，通过组织活动引导家庭成员感悟家庭和谐的价值与作用，通过选树榜样引导家庭成员学习和谐家庭的先进典范，在此基础上，进一步推动生态文明教育走进家庭，发挥和谐家庭的情感教育优势，在和谐的家庭氛围中以生态育人、以生态化人，推动家庭单元的生态转化。

（二）培养家庭生态文明的生活方式

生活方式是指个人及其家庭的日常活动方式，包括衣、食、住、行及时间利用等。生活方式在很大程度上影响着人们的行为和思考，家庭成员在日常生活中的思想、行为、语言等习惯会随着时间的推移相互影响。尤其是在儿童成长的过程中，父母面对生态环境的态度、行为，会直接影响儿童的生态世界观、价值观，因此，培养家庭生态文明的生活方式至关重要。在家庭生态文明教育中，家长要发挥榜样示范作用，从日常生活的小事入手，将正面引导与反面警示相结合，发挥主观能动性作用，培养儿童生态文明观念，例如，父母与孩子一起打扫家务，保持室内干净整洁，从对家庭环境的维护扩展到对生态环境的珍视和保护；父母主动绿色消费、低碳生活，言传身教地对儿童进行榜样教育；不定期组织家庭外出旅行，在沟通家庭成员感情的同时接触自然、感受自然，培育儿童尊重自然的和谐观念；及时制止儿童的生态不良行为，耐心告知不良行为的生态影响，启发儿童举一反三、触类旁通。

（三）提倡家庭绿色健康的消费习惯

消费是人类通过购买消费品来满足自身欲望的一种经济行为。在家庭的消费构成中，既有食物、衣服、家电、交通工具等物质需求，也有旅游、走亲访友等满足心理需求的各种休闲和社交活动。消费习惯是指消费主体在长期消费实践中形成的对一定消费事物具有偏好的心理表现，是长期形成的具有定型化的消费模式。消费习惯是个人价值观的外在体现，健康的消费习惯有助于生态文明建设，在家庭中倡导绿色健康的消费习惯是家庭生态文明教育的重要组成部分。一定时期以来，在西方消费主义的影响下，我国社会出现了价值观异化，把消费当作人的价值的外在体现。然而，人的价值不是由消费来证明的，精神的充实与满足是人的真正目的。消费主义所遵循的是工业文明时代的经济理性，所倡导的经济理性与生态文明的绿色消费理念背道而驰，已经落后于生态文明时代的价值观念。生态文明倡导的生态消费，并非与人类社会生活相隔离的"禁欲主义"，而是使人们从"异化"的消费中解脱出来，摒弃"奢侈"的攀比。家庭生态文明教育，要教育孩子养成以"绿色健康"为核心的消费习惯。比如，为了节约资源，对可买可不买、实用性还是观赏性、一次性使用或是能够循环使用的物品要仔细分类、理性选择；从节约能源、减少污染等方面考虑，在出行方式上应优先考虑公共或低碳型交通工具；在消费过程中主动践行勤俭节约、艰苦朴素等优良传统，在家庭消费中养成绿色健康的消费习惯，助力家庭生态文明教育持续健康发展。

二　学校是生态文明教育的主要阵地

学校教育通过在固定的场所、专业的教师，通过长时间目的明确、组织严密、系统完善、计划性强的教育活动促进学生身心发展，是个人人生中所受教育的重要组成部分。学校教育伴随着人的成长的不同阶段划分为初等教育、中等教育和高等教育，适时调整教育内容，循序渐进、由浅入深，最终实现教育目标。由于不同年龄阶段的学生存在认知上的差异性，在学校所能接受的学习任务量不同，在落实小学、初中、高中以及大学不同阶段的生态文明教育过程中，要根据不同阶段学生的生理状况、心理状况、知识储备与兴趣爱好，因材施教地选择适当的生态文明教学方法、调整适宜的教学内容，既要推进各学科之间对生态文明教育的横向联动，又要推进各学段之间教育目标的纵向衔接，以此来实现学校生态文明教育更加均衡的发展。

（一）小学阶段的生态文明教育是起步阶段

小学是人们接受初等正规教育的学校，6～12岁为小学适龄儿童。小学阶段是人生的童年期，是认识世界、养成习惯、夯实基础、培养能力的重要时期。小学阶段应着重培养学生的观察能力和动手能力，注重亲近自然、欣赏自然、保护自然。教育主体应以寓教于乐为主要的教学方式，引导学生观察和认识身边的动物、植物等，一步步教会学生自己描述周围环境的特点及变化，使他们能够对自身所处的生态环境产生初步的情感，树立起正确的生态是非观。还要通过日常使用的生活学习物品对学生进行教育，例如，电是从哪里来的？水是从哪里来的？一支铅笔要消耗掉多少木材？要带领学生建立起生活与生态环境之间的联系，学习如何预防环境污染等方面的知识，养成节约用水用电、保护环境等良好行为习惯。教师还可以利用自然资源，通过带领学生参与植树、爬山等活动，使学生们通过亲身经历，建立起与大自然和谐共处的生态情感。

（二）初中阶段的生态文明教育是延续阶段

初中是中学的初级阶段，是中等教育范畴。初中阶段是人生进入青年期，学习知识、涵养道德、增长才干的重要时期。在初中阶段，主要是使学生了解到自然环境对人类生存的必要性，让他们自觉地认识到人与自然需要和谐共处的平等关系，从而培养学生的生态善恶意识。在这个教育阶段，主要采用学科渗透式理论教学形式传播生态科学和生态环境保护知识，端正学生的生态环境保护态度。还要重点培养学生分析生态环境问题的能力，引导学生运用所学的地理、生物、物理、化学等学科知识了解生态环境、生物多样性对于人类的意义，认识资源短缺、环境污染的原因和危害，理解可持续发展、生态文明建设的重要意义，树立尊重自然、保护自然的理念。同时，要充分挖掘各门学科中的生态文明教育内容，在各门学科适当的位置设置相应的生态文明专题，通过学科联动理论教学，引导学生用所学知识理解、分析、把握生态现象之间的联系及因果关系，以期提高学生对环境的具体认识。

（三）高中阶段的生态文明教育是养成阶段

高中是中学的高级阶段，是中等教育的范畴。高中阶段是人生中的黄金阶段，是成长身体、知识储备、思想养成的关键时期。高中阶段的学生已经具备了一定的独立思考能力，能够运用各个学科的基础知识分析与解决相应领域稍具抽象性的问题。因此，高中阶段的生态文明教育应以基础学科为依托，从认识环境问题的复杂性入手，引导学生对生态文明建设所要解决的问题进行综合思考和判断，注重其对生态文明建设进行更加深入的理解，进一步提高学生的实践自觉。高中阶段的生态文明教育既可以使用多学科协同教学的方式进行，也可通过单一学科独立教学的方式系统地对学生进行生态文明教育。同时，生态文明教育还可以利用课堂思考的方式来进行，在教师的指导下，学生通过对当前全世界范围内关注的热点问题进行讨论，如正在发生的战争是否有可能对环境造成危害、日本将核污水排入海将引起怎样的生态灾难等类似问题，对生态现状进行深入探究，使学生能够真切体会到环境污染的严重后果，进一步引发对生态环境问题的深思，引导其树立起参与建设生态文明的伟大志向。

（四）高校阶段的生态文明教育是成熟阶段

高校是本科院校、专门院校、专科院校的统称，是高等教育的范畴。高校阶段是学生世界观、人生观、价值观形成和发展的重要时期。高校生态文明教育主要是针对本科生及研究生开展的，其目的是使学生能够通过进一步了解人类社会经济活动的发展情况，反思其是否对过去以及现在的生态环境结构或功能产生了不可逆的影响，从而引导学生用不同专业的视角审视生态问题，提升践行生态文明的基本能力。因此，高校生态文明教育要重视专业性、科学性、实用性，要将习近平生态文明思想融入教育教学的全过程，引导学生树立"绿水青山就是金山银山"的生态文明建设理念，使各学科专业的学生都能成长为一名合格的生态公民。在本专科阶段的生态文明教育中，要科学设置生态文明必修与选修课程，通过课堂理论教育让学生认识到生态文明建设的重要性，引导学生能够自主探究生态问题的复杂性；在研究生阶段，教育主体要积极引导学生参与到社会环境的实地考察中，指导他们搜集整合各种环境参数，把理论和实践结合，探求应对生态问题的策略和途径。

学校是开展生态文明教育的主要阵地。中小学要在开设好基础课程的前提下，围绕社会主义生态文明建设这一主题，联动起其他学科的各门课程，落实并加强对不同年龄阶段学生的生态文明教育。各高校要自主开展生态文明教育相关的课题研究和生态实践活动，实现从生态课程到课程生态的转化。通过构建生态课程与课程生态综合育人形式，将生态文明的理论知识、价值理念、实践方向与各门课程的专业知识相融合，潜移默化地培养受众的生态情感、生态道德、生态责任，实现显性与隐性生态文明教育的有机结合，提升受众的生态意识、生态行为、生态能力，全面增强公民生态素养，充分发挥生态文明教育的积极作用。

三 社会是生态文明教育的重要场所

社会教育是指社会生活中对人的身心发展起积极作用的各种教育性因素的总和，与学校教育、家庭教育并行，越来越成为教育的重要组成部分。人是社会关系的总和，生态文明学在社会之中，用于社会之中，社会是生态文明教育的重要场所。社会教育面向全体社会人员，具有广阔的教育场所，具有广泛性；社会教育教育形式、教育主体、教育客体、教育场所、教育方法没有严格的制式约束，具有灵活性；社会教育用于社会实践，在实践中学习知识，在实践中应用知识，具有实践性。生态文明建设需要社会全员的广泛参与，需要贯穿于社会发展的各个层面，需要在社会实践中践行生态文明，与社会教育高度耦合。社会教育是生态文明建设的必要途径，是生态建设的大课堂。新时代加强和改进生态文明教育，需要营造社会生态价值场、创设社会生态实践场、健全社会生态舆论场，发挥社会教育的重要作用，让生态文明成为全社会的共同理念。

（一）营造社会生态价值场，发挥道德准则的规范作用

价值观是人们关于一切事物的价值的立场、看法、态度和选择。道德是人们共同生活及其行为的准则和规范，道德规范是影响价值观的重要因素。社会价值观是社会中多样的价值观长期整合和消解的产物，是社会意识的重要组成部分。新时代生态文明建设，不仅仅要建设生态的美丽中国，更要建设生态的美丽中国人，社会生态价值观的建设至关重要。要在马克思主义道德观、中国特色社会主义核心价值观的指导下，建构国家、社会、个人层面的中国特色社会主义生态文明观，用道德观念把个体自我约束建立在具有生态责任和生态危机意识的人的自觉行为之上，发挥社会生态道德准则的行为规范作用。营造社会生态价值场，需要在全社会宣传生态文明道德准则，明确法律之外的生态"应为""可为""勿为"，推动全社会树立正确的生态荣辱观，用道德准则规范、引导、推动人们行为的生态转型，推动全社会的生态升级。

（二）创设社会生态实践场，发挥生态基地的实践作用

实践教育是生态文明教育的重要组成部分，社会是生态文明实践教育的重要场域，需要发挥生态基地的实践作用，广泛发掘社会中的物质生态资源、非物质生态资源以及自然生态资源和人文生态资源，因地制宜地设计生态实践教育模式，丰富创新生态实践形式，在社会中创设各式各样生态文明实践场，服务不同人群、不同需求的生态实践教育。从 2008 年开始，国家林业局、教育部和共青团中央联合对 41 个单位进行了"全国生

态文明教育基地"命名，在此之后，省级生态文明教育基地和市级生态文明教育基地也相继建立，其中包括学校、博物馆、森林公园、自然保护区等多种形式。要充分利用已经建构起的生态基地，深入挖掘生态基地的综合效用，引导人们在生态实践中将感性认识和理性认识充分结合起来，推动人们认识生态、感悟生态、热爱生态，在生态实践中把生态文明思想逐步转变为生态行为，以生态思维去解决实际问题。

（三）营造社会生态舆论场，发挥新闻舆论的导向作用

舆论是指公众的言论，"是社会中相当数量的人对于一个特定话题所表达的个人观点、态度和信念的集合体"①，舆论对社会公众意识具有引领作用。随着信息技术的发展以及移动互联网平台的普及，媒体格局正在发生深刻变化，社会舆论结构呈现多层次的复杂状态。在生态文明教育过程中，需要充分重视社会生态舆论的重要作用，把握正确的舆论导向，营造积极、健康的社会生态舆论场，坚持党管媒体的原则不动摇，充分发挥新闻舆论的正确引导作用，通过社会舆论的强大影响力传播生态声音、监督生态行为、营造生态氛围。大众传媒是目前最有效的宣传手段，既要充分利用电视、广播、报纸、杂志等传统媒体，更要利用网络、手机等新媒体平台来提高宣传的效果和受众范围，通过新闻、纪录片、综艺节目、影视作品等人民群众喜闻乐见的形式公布生态状况、弘扬生态文化、引导生态行为，推动树立健康的生活方式和良好的消费习惯；社会监督是社会舆论的重要作用，要充分利用媒体的舆论监督功能和影响力，鼓励和引导公众利用网络有效监督政府和企业的生态行为，让人人成为生态环境保护的监督员，发挥人民大众的监督力量；舆论可以引导，也可以被引导，需要充分运用社会舆论，宣传勤俭节约、绿色消费的生活方式，传播生态道德、生态法制的生态内容，鼓励保护环境、监督环境的生态行为，在全社会营造风清气正的生态文明氛围。

四 干部培训是生态文明教育的关键

建设生态文明关键在人，关键在干部。各级党政领导干部是生态文

---

① 《不列颠百科全书（国际中文版）》第14卷，中国大百科全书出版社，2007，第5~9页。

明建设的设计者、推动者、实施者，领导干部的生态文明素养影响着生态文明建设的进程和质量。各级党政领导干部要加强学习领会习近平生态文明思想，深入分析推进碳达峰碳中和工作面临的形势和任务，充分认识实现"双碳"目标的紧迫性和艰巨性，研究需要做好的重点工作，统一思想和认识，要以推动高质量发展为重点，推动地方产业结构转型升级，逐步走上绿色低碳发展道路，要重点加强教育培训，切实增强干部教育培训的时代性、系统性、针对性、有效性，扎扎实实把党中央决策部署落到实处。

（一）转变新时代干部生态文明教育目标

教育目标是把受教育培养成为一定社会需要的人的总要求。新时代党政干部生态文明教育的目标应当立足于新发展理念的发展要求、新时代生态文明建设的客观需要、中国式现代化的宏伟蓝图以及中华民族伟大复兴的伟大事业。以往对于党政干部的生态文明教育多为生态环境保护、生态环境修复等，在实践中往往陷入"头痛医头，脚痛医脚"的被动局面。新时代干部的生态文明教育目标不仅要被动保护，更要主动建设，既提倡"绿水青山"，更要求"金山银山"，理顺在保护生态环境的同时发展经济社会、利用良好生态环境发展经济社会、运用经济社会发展的成果保护生态环境的逻辑关系，同时明确人民群众对生态、经济、社会发展的共建、共治、共享，突出以人民为中心的"绿水青山"和"金山银山"。总而言之，干部的生态文明教育的目的，在于激励培养其思想观念，并在实践中建立起建设生态文明的途径。

（二）明确新时代干部生态文明教育内容

教育内容是指为实现教育目标，经选择纳入教育活动过程的知识、技能、行为规范、价值观念、世界观等文化总体。新时代党政干部生态文明教育的内容应将马克思主义基本原理、中华优秀传统文化、习近平生态文明思想有机融合，结合各区域、各领域的生态文明建设需要，因地制宜地设计教育内容。传统干部生态文明教育往往停留在"是什么"的层面，旨在通过生态知识传授引导党政干部自觉树立生态文明意识，在实践中取得的实际效果有待提升。新时代党政干部生态文明教育，不仅要教育引导干部了解生态文明之"应然",更要教育引导干部认识生态文明之"所以然",厘清"应然"与"所以然"之间的辩证关系,在实际工作中用全局视野、历史视角、联系观念看问题,正确处理经济发展与生态环境保护之间的关系。为此,教育内容既要体现法治等原则,又要兼顾相关学科的综合与均衡,教育引导党政干部在中国式现代化、中华民族伟大复兴的客观需求下,明确在经济发展、社会治理中的绿色、协调、可持续的发展方向,同时根据不同区域、不同岗位的客观条件、工作需求,因地制宜、因时制宜、因材施教,开展有规划、有设计、有协同、有针对性的生态文明教育。

（三）突出新时代干部生态文明教育实践

党政干部,关键在干,党政干部关于生态文明建设的思路、理念最终要体现在生态文明具体的方针、政策中,方针政策的落实必须切合实际,因此,党政干部生态文明知行合一尤为重要,需要突出实践教育。传统的干部生态文明教育注重在课堂上进行专业知识的灌输,往往缺乏对生态环境的实践,实践教学通常只是简单地学习垃圾分类、污水处理、垃圾处理、环境监测等,重形式轻实效。新时代干部生态文明教育应围绕培养目标、培养内容等设计有针对性的实践教育。在教育内容方面,例如绿色投资,要对党政干部进行生态环境法律、绿色信用、绿色证券、绿色保险、绿色金融等方面知识的教育,介绍相关经验。在必要的时候,可以组织进行讨论和交流,分享自己的想法和经验,为促进经济、社会和生态环境保护的协调发展贡献智慧,为实现绿色发展探索更多的途径。

第三节　中国特色社会主义生态文明教育的载体创新

载体是指某些能够传递能量或运载其他物质的物质,生态文明教育的载体是承载和反映生态文明教育功能或要素的体系。生态文明是客观实在的物质存在,生态文明教育载体不能仅仅局限于书本讲台,要发挥环境育人的重要作用。随着时代的发展和社会的进步,现代信息技术能够突破时空限制,拓展生态文明教育的宏观视角与历史视野。根据生态文明教育的实践特性,生态文明教育需要走出课堂、走入自然,在自然中感悟生态、认识生态、了解生态。因此，必须从环境、技术、平台三个方面创新社会主义生态文明教育载体。

一　发挥环境育人功能，营造良好的生态文明教育大环境

人是环境的产物，人既要适应环境，也受环境的影响。"蓬生麻中，不扶自直""近朱者赤，近墨者黑"，人们生活工作的环境状况与所处社会的公众态度，会潜移默化地对人产生影响。因此，生态文明教育要发挥环境育人功能，在社会、学校、家庭打造生态环境育人"生态圈""主阵地""桥头堡"，为生态文明教育创造良好的场域载体。

（一）改善社会生态环境，营造环境育人"生态圈"

社会是由人与环境形成的关系的总和。社会环境是人类生存及活动范围内的社会物质、精神条件的总和，社会环境中的生态物质状况、生态精神方向对人们的生态文明养成具有重要作用。要充分利用社会环境的生态作用，改善社会生态环境，加大硬件、经费的投入，建立生态文明教育的立体网络，动员全社会积极参与生态文明教育的各项活动，拓展生态文明教育的物质场域和精神场域，增强教育活动的群众性和渗透力，为社会生态文明教育营造环境育人"生态圈"。

1. 构建社会生态联动物质场域

生态物质场域是生态环境的物质体现，既是人们生产生活的实践场所，又是人们潜移默化地接受生态文明教育的物质场域。新时代加强和改进生态文明教育，必须构建起多层次、多角度、多形式、多渠道的物质场域体系，让生态文明覆盖人们生产生活的全方位、全领域、全时段、全过程。构建联动的社会生态物质场域，需要在政府主导下推动多方参与，在生活场所、工作场所因地制宜打造环境优美、功能齐全、设施完善、面向公众的生态场域，满足人民群众的休闲、观赏、健身、娱乐需要，适当设置贴合场景的宣传标语，让环境成为"会说话的生态文明教师"，用丰富的生态场域娱乐人、用联动的生态场域教育人，实现润物细无声的环境育人作用。

2. 完善社会生态文明精神场域

生态精神场域是生态环境的意识体现，既是人们长期形成的精神财

富，又是人们耳濡目染地接受生态文明教育的精神场域。新时代加强和改进生态文明教育，必须重视生态精神文明建设，在全社会围绕社会主义核心价值观和生态文明建设需要，统筹推进社会生态文化建设，完善人人有责、人人尽责、人人享有的生态文明精神场域。完善社会生态文明精神场域，需要全社会分工协作，在社会生态道德规范准则的基础上，培育生态精神、弘扬生态文化、传播生态声音、发展生态产业，让人民群众认识生态文化、感悟生态文化、享受生态文化，满足人民群众的精神文化需要，在生态文明的精神场域中完成个人意识的生态转型，实现春风化雨的环境育人作用。

（二）优化学校生态环境，构建环境育人"主阵地"

作为培养人、教育人的主阵地，学校应该教育引导学生崇尚自然、热爱自然，培养学生在整个生态系统生活中的责任感，推动人才培养质量的全面提升和生态文明教育工作的顺利开展。

1. 创造绿色生态校园环境，营造良好生态校园文化氛围

校园作为一个整体的学习、生活、工作的生态系统，其中的建筑风格、景观布局、教室布置、教学基地建设，都是校园文化的物质基础和外在形式。校园内部的花草树木、林荫小路、空中走廊、宣传橱窗、石凳座椅、电梯通道、名人雕塑、文化墙，都蕴含着学校独有的教育理念、人文思想和学术精神，折射出学校特有的价值取向和文化魅力，有助于增加师生的认同感和归属感，为学生健康成长创造浓郁的文化氛围。要创造一个生态文明的美丽校园，需要从如下几个方面努力：一是在空间布置上，要注意动静相宜，强调人与自然和谐共生。在建筑布局中，应根据场地、地形、采光、透风等方面，兼顾功能与安全性、科学化与人性化的统一，把花草树木有机融入建筑之中，利用植物的光合作用净化室内空气，做到阴阳协调、冷暖均衡、沟通方便，科学规划、合理布置教学场地。二是在功能分区的设计上，要充分考虑到学生的现实需要，遵循学生的活动规律，在教室、餐厅、寝室、操场等主要活动空间以及连接的道路上体现生态文明，设计建设"绿色长廊""生态角"等生态设施，让学生在校园环境中贴近生态、贴近自然，发挥环境育人的重要作用。

2. 营造生态文明教育氛围，培养学生提升生态文明意识

在教学过程中，教师应善于引领学生走出教室小课堂、走进生态大课堂，在生态环境中培养学生的生态文明观念，从而进一步践行绿色消费、循环经济等生产和生活观念，让学生在社会环境中更全面地掌握生态环境现状，强化其责任意识、规则意识和奉献意识，强化生态文明教育效果。一是在各课程教学中渗透生态文明知识，教育引导学生体会生态文明的深刻意蕴。生态文明教育是思想政治教育的重要内容，思想政治教育是生态文明教育的重要途径，学校生态文明教育将生态文明与学生的思想政治教育有机地结合起来，发挥好"思政课程"与"课程思政"的生态文明教育作用，凝聚起校园生态文明教育的课程矩阵合力，使学生在学习各门课程知识的同时养成生态意识。二是组织学生在寒暑假期间开展生态文明教育实践教学。学生一直在家庭和学校的庇护下生长，远离社会、远离自然、远离生态，远离生态文明实践场域，教育实效难以保证。应充分利用学生寒暑假，组织学生深入乡村、社区、企业，把抽象的教学内容有机融入能够直观体验的生态场域，让学生真正体会到宁静和谐的自然环境所带来的祥和与环境污染给人类带来的不良后果，推动学生从生态文明"要我参与"变成"我要参与"，强化生态责任意识、规则意识、奉献意识，在实践中培养生态问题意识、锻炼生态能动能力。三是组织学生定期召开有关生态文明建设的热点事件座谈会。生态文明建设的热点问题容易引发社会舆论，借助热点问题展开专题教育是生态文明教育的有效手段。学校可在专业老师的指导下组织学生针对联合国气候峰会、全国环境保护大会、全球气候变化趋势、环境污染突发事件、生态文明建设优秀案例进行专题讲座，设计讨论议题，深刻剖析生态热点问题中蕴含的生态理念、生态规律、生态方法以及生态影响，引导学生通过热点问题见微知著、睹始知终，让生态文明教育"活"起来。

3. 构建规范校园生态制度，提高学生的生态文明素养

制度是通过明文规定规范个体行动的一种社会结构，是形成规范性价值观的主要途径。校园是微型社会，在校园中构建规范的生态制度，对学校生态文明教育发展具有推动作用。构建规范的校园生态制度，需要从如下几个方面采取针对性措施。一是要健全校园生态保护制度。校园生态保

护制度是限制学生在校园环境内的行为规范，学生往往缺乏社会生活经验，难以意识到随手乱丢垃圾、不及时关水关电等"小恶"行为的不良影响，需要学校健全校园生态保护制度，用严格制度规范学生在校园环境中的生态行为，引导学生在生态文明领域"勿以恶小而为之，勿以善小而不为"，引发学生的自觉树立生态环境保护意识，促进学生的生态成长。二是要建立生态化管理体系。生态化管理体系是指学校在校园运行的过程中通过加强对教学设施、教学场地的生态化管理，让校园成为践行生态文明的先进典范。如在采购原材料、废弃物处理、公共区域绿化、建筑设计、能源循环利用等问题上，提高可循环使用、可再生材料的使用率；限制公共场所、建筑物内有害人体健康化学物质的使用；在新建的公寓、宿舍内加装太阳能，以提高能源利用率，等等。通过切实有效的校园生态化管理体系，引导学生在校园生活中培养节约资源、绿色消费的优良品质。三是要强化校内资源生态审计。当代学生生活条件较好，缺乏勤俭节约、艰苦朴素的优良品格，需要通过资源生态审计，以班级为单位，统计各季度集体用电、用水、用纸的正常需求与实际使用，将相关数据进行公开，对节约的集体进行奖励，对超额的集体进行批评，在"比学赶帮超"的良好氛围中践行生态文明。

（三）维系家庭生态环境，打造环境育人"桥头堡"

家庭是人生的第一课堂，父母是孩子的最好老师。家庭教育是人类社会教育活动的重要组成部分，对世界观、人生观、价值观的养成具有重要意义。幼年、童年是人生的起步阶段，是各种行为习惯形成的关键时期，在此阶段，家庭是教育的主要途径。过去，受应试教育影响，我国家庭教育普遍存在重智育轻德育的现象，父母在家庭教育过程中重视孩子智力的培养而在很大程度上忽视行为习惯的养成。幼年、童年时期养成对生态的认知、态度、习惯影响着一生的生态实践。生态文明教育需要发挥家庭生态环境教育的作用，通过父母在家庭中的良好生态生活习惯、道德品行、谈吐举止与有意识的生态行为纠正、道德培养、生态实践等，潜移默化地教育培养孩子形成良好的生态观，使生态文明教育赢在起点。

1. 在家庭中践行生态文明理念，增强孩子的生态认知

家庭是孩子健康成长的启蒙场所，为孩子成长和生态价值观的培养提

供丰富养料。父母衣食住行的日常习惯特点，会潜移默化地影响孩子的行为，因此在平时的生活中，父母要在贯彻生态环境保护行为、树立生态环境保护意识等方面给子女树立良好的榜样。比如，家长应该引导家庭成员从小事做起，学会节约和爱惜粮食、爱护动植物、不随便扔垃圾、拒绝使用一次性塑料袋、共同维护社区公共卫生等，引导孩子对身边浪费粮食、虐待小动物、践踏公共草坪、肆意浪费或破坏公共设备等不良行为说不，并对其不良行为及时予以纠正和引导。家长要把这些教育内容融入日常的点点滴滴，经常性地用生态文明理念和绿色生活行为去引导和影响孩子，在对子女润物细无声的生活教育中，帮助孩子逐渐树立起绿色低碳的生态理念，让孩子明白保护环境、爱护生命的重要性。

2. 在家庭中规范生态文明行为，引导孩子知行合一

在与家人朝夕相处的日常生活中，父母的世界观、人生观、价值观、道德观、为人处世、礼仪学识等都会潜移默化地影响着孩子的一生。父母要以身作则，身体力行地进行生态文明教育。例如，在植树节、世界环境保护日等具有生态环境保护意义的节日中，父母要带头实践生态环境保护行为，体悟大自然的美妙和神奇，培养孩子热爱自然的情感，树立绿色生态环境保护的生态观；积极倡导节俭、爱护环境的绿色生活方式，引导幼儿养成随手关灯、循环用水、不浪费食物、保持个人卫生、爱护花草树木等习惯；父母在谈及生态环境问题时，可以适时地指出环境污染、奢侈浪费的危害，引导儿童了解生态环境对于人类生产生活的重要意义，帮助孩子潜移默化地养成生态文明价值观，进而固化为生活习惯；在讨论或评价一些社会热点事件与现象时，家长可以借由一些鲜活的现实案例对孩子进行生态文明教育，让孩子学会正确看待和理性思考当今的各类生态危机问题，使孩子在面对上述社会现实问题时，能够学会运用科学的生态思维进行理性的分析，深化自身的生态认知，为形成良好的生态习惯奠定基础。

3. 在家庭中建立生态奖惩机制，锻炼孩子的生态意志

在家庭中建立明确的奖惩机制是家庭教育的有效途径。正确的、规范的价值观念对个人的成长有很大影响，青少年的良好的生活习惯与行为方式缺少长期的稳定性，其正确的价值观念与行为模式的形成，需要家长长

期持续的引导与约束。因此，父母不但要向孩子灌输正确的价值观、丰富的社会经验、风俗习惯，更要采取相应的奖惩手段，强化其积极正面的行为，抑制其负面的消极行为，培养其正确的、道德的观念。例如，父母应该及时表扬孩子绿色消费、保护小动物、帮助弱小群体等良好的行为，而对随意丢弃垃圾、破坏公共设施、践踏其他生命、不尊重老弱病残等不文明行为予以惩戒，通过采取奖惩相结合的方法，帮助儿童建立生态文明观、道德价值观念，增强生态意识，从而形成人与自然、人与人、人与社会的和谐关系。

4. 在家庭中开展生态实践活动，培养孩子的生态情怀

家庭活动是教育的重要载体。法国教育家卢梭倡导青少年儿童应该在与自然的亲密接触中接受教育。父母可以通过组织家庭生态实践活动，带领孩子走进大自然，在新鲜的空气和清澈的河流中体验大自然的美丽，在污水和嘈杂的环境中体验破坏环境带来的危害，在这种强烈的反差中，让孩子了解保护环境对于人类的重要作用，让他们更好地理解人与人、人与自然的关系；父母要经常把自己的孩子带入农村，在田野里奔跑，在小桥上奔跑，在花丛和草地上玩耍，这样才能体会到大自然的美丽，滋养他们热爱自然、热爱生命的情怀。父母也可以带领孩子去观察城市的建筑、交通和生活方式，让他们了解城市无限制的扩展和毫无特色的统一而造成的社会发展隐患。通过这些行为，让孩子学会以全面的眼光整合零散的知识，从而加深对世界的全面认识，加强他们的社会使命感和责任感。

二 借助现代信息技术，实现生态文明教育线上线下融合

习近平总书记指出：“进入21世纪以来，全球科技创新进入空前密集活跃的时期，新一轮科技革命和产业变革正在重构全球创新版图、重塑全球经济结构。”[1] 以人工智能、量子信息、移动通信、物联网、区块链为代表的新一代信息技术加速突破应用，推动各行各业的新应用新业态新模式转变，给生态文明教育革新提供了技术支持，是实现生态文明教育线上线下相融合的良好机遇。

---

① 《习近平谈治国理政》第3卷，外文出版社，2020，第245页。

（一）利用新媒体搭建公民生态文明教育资源平台

1. 生态文明教育要综合运用传统与新型媒体平台

随着互联网的发展，互联网平台呈现多元化模式，如各类大型门户网站平台、政府信息网站平台、自媒体平台，不同类型平台的受众群体各具特点，发挥的作用各有不同，应充分发挥不同类型网络平台的不同作用，有针对性地设计相关内容，有针对性地开展社会生态文明教育。一是通过各类门户网站开展社会生态宣传。如利用"新华网""央广网"等新闻媒体对党和国家生态文明建设的大政方针、部分地区生态文明建设的优秀案例、环境保护的先进个人等进行宣传报道；在以"新浪网""搜狐网"为代表的大型门户网站，设立"生态文明"专题，妥善设计内容开展专题宣传，充分覆盖社会群体。二是建立健全各级政府、自治区、直辖市的生态文明宣传教育网站，定期发布本地区生态文明建设的相关政策、取得的成绩与工作方向，提高人民群众的知情权。三是充分发挥抖音、快手、微博、B站等自媒体平台的生态文明教育功能，综合运用音频、视频、文字、图像等多种形式，充分发挥人民群众的首创精神，用青年一代喜闻乐见的传播方式，开展生态文明建设相关内容的宣传，助力全社会生态文明素养的提升。

2. 生态文明教育要深度运用大规模在线开放课程

随着互联网的普及，网络教育已经成为教育的一种重要方式，在缩小地区教育差异、扩大教育规模、提高教育质量上发挥重要作用。生态文明建设要充分发挥网上开放教育的作用，利用以"慕课"为代表的网络教育模式，丰富生态文明教育的教学内容、拓宽生态文明教育的教学渠道、扩展生态文明教育的覆盖面、提升生态文明教育的教学质量。一方面，可发挥高校的智库作用，邀请各国学者、专家、知名大学的教授和教师，开设公开讲座、开发系统课程，让民众在网上获得更加新颖、丰富的课程资源，享受生态文明知识盛宴。另一方面，对网络教育的受众进行细分，面对不同人群的不同需求进行课程设计，因材施教提升生态文明教育的针对性，并建立交流平台供不同人群共同讨论生态知识，以论促学、以论促知、以论促谋、以论促行，形成相互交流、相互协作的学习网络和知识网络，在实践中继续丰富创新生态文明教育。

3. 生态文明教育要配套运用移动网络新媒介平台

移动网络平台是指手机、平板电脑等能够随时随地接入网络、便于携带使用的终端设备，既具备超越时空的便捷特性，又具备灵活互动的传播特性，是网络新媒介的延伸，是生态文明教育无死角覆盖的有力抓手。利用移动平台进行生态文明教育，需要面向广大用户设计喜闻乐见的涉及生态故事、生态理念、生态法治、生态日常等相关内容，在移动阅读、移动视频、移动广播等平台适量推送，并发挥人民群众的首创精神，鼓励教育对象参与到内容创作中来，吸引人们利用碎片化时间了解生态、认识生态、学习生态、掌握生态，最大限度地扩展生态文明教育的发展空间。

4. 生态文明教育要妥善运用媒体技术精准投放内容

教育不仅要有教无类，更要因材施教。生态文明教育是新时代教育的重要组成部分，运用互联网平台开展生态文明教育既要全面覆盖，更要利用大数据技术，精准识别用户群体，根据不同群体的不同需求精准投放相关内容，因材施教地宣传和普及生态文明知识，让绿色观念深入人心。同时，生态文明教育因其地域属性也要做到因地制宜，在投放相关内容时，可借助定位识别技术投放当地生态文明建设现状、当地生态环境的沧桑变化、当地生态文明先进个人，针对不同地域人们的不同需求开展教育，让人们既了解风土人情又认识生态文明，让生态文明教育理念、知识的内容传播更富有亲和力、针对性，增强公民生态文明教育的实效性。

（二）利用新技术丰富公民生态文明教育体验方式

1. 新技术与生态文明教育相结合的意义

近年来，虚拟现实（VR）、增强现实（AR）技术取得突破，被广泛应用在游戏、娱乐、教学、广告、医疗、工业等方面。据统计，国内 VR 的潜在使用者已经达 2.86 亿，各类 AR 设备也有百万余消费者。VR/AR 技术在教学实践中的应用，可以使人们在学习中感受到更多的视觉、触觉和更逼真的综合体验。因此，生态文明教育要把握新技术带来的机遇，以大数据为基础、以高速计算能力为支撑、以人工智能技术为助力，广泛将 AR/VR 等先进的媒介技术用于家庭、学校、社会生态文明教育，打破教育对象的时间和空间限制，增强生态文明教育的娱乐性和体验感，切实提高生态文明教育实效。

2. 新技术与生态文明教育相结合的方法

利用新技术能够丰富生态文明教育的体验方式，运用科技模拟方法，可以在真实生态场景、生态规律、生态现实的基础上创建虚拟场景，让教育对象在较为狭小的空间内，横向体验美好河山的雄伟壮阔，纵向体验沧海桑田的时空巨变，横向与纵向相结合，在"虚拟"中体验"现实"，在"现实"中感悟"虚拟"，引发教育对象的生态深思。在充分感受的基础上，设计符合客观规律的生态体验程序，如"垃圾分类""绿色生活""节约资源"等，使用虚拟游戏的方式使教育对象认识日常生活中点滴小事造成的影响，搞清楚什么是"应为""可为""勿为"，弄明白"为什么""如何为"，在"虚拟"中"亲身经历"，在"现实"中"改变行为"，丰富体验方式，推动教育对象的生态转型。

3. 新技术与生态文明教育相结合的前景

2022 年 11 月，美国人工智能研究实验室 OpenAI 推出一种人工智能技术驱动的自然语言处理工具 ChatGPT3.5，它能够通过理解和学习人类的语言来进行对话，还能根据聊天的上下文进行互动，真正像人类一样来聊天交流，甚至能完成撰写邮件、视频脚本、文案、翻译、代码，写论文等任务，因此在社交媒体上迅速走红，短短 5 天，注册用户数就超过 100 万。2023 年 3 月 15 日，OpenAI 进一步发布其升级版本 ChatGPT4.0，相较于此前版本，其算力具有几何倍的增长。在此带动下，世界各国开始竞相发展人工智能技术，新技术革命势在必行。目前，由于新技术壁垒、造价成本等，人工智能技术使用成本较高，尚未得到广泛运用，需要政府、企业、高校紧密结合，组织生态环境保护、互联网、信息技术、视讯技术专家团队，通过科技立项等方式开展技术攻关，面向教育需求、市场需求、人民需求、生态需求进行研发设计，尽可能创造出成本低廉、使用便捷、应用广泛的硬件软件，以满足不同地域、不同职业、不同年龄教育对象的生态文明教育需要。

三　搭建实践育人平台，强化生态文明实践养成知行合一

实践育人是理论育人的巩固和深化。生态实践中蕴藏着无限的活力，可以激发人们的思想意识，发挥生态文明示范标杆的教育功能，激励和引

导人们的生态行为。生态体验可以直接影响人类的思想、行为，通过主动创造体验自然的情景空间，使人在与自然的密切接触中接受熏陶，塑造生态意识，从而达到对他者的关爱、对本真的向往、对智慧与慈悲的探索，真正了解多元生命的和谐共生与包容，推动国民行为方式的生态文明化。实践需要场地，生态实践教育需要场域，加强生态文明实践养成教育，需要在政府的主导下，搭建不同形式的实践育人平台，为生态文明实践教育提供场域保障。

（一）建设国家生态文明教育基地，发挥教育基地"蓄水池"作用

生态文明教育实践基地是生态文明建设的典型窗口，是生态文明教育的重要场域，要建好用好国家生态文明教育基地，引导社会公民在基地中认识生态、了解生态，为生态文明实践教育发挥"蓄水池"作用。一是要充实"硬件"。进入21世纪，政府在全国各地建设了一批生态文明基地，然而这些基地往往距离城区较远，基地类型、功能重叠，难以发挥基地实效。各地区政府应统筹设计本地区生态文明教育基地，在市区、近郊、远郊按照距离远近、功能互补因地制宜地设计建设生态基地，充分发挥各基地的教育作用。二是要丰富"软件"。教育基地建设完善后，应在政府的主导下，吸引企业、社会团体招商引资，组织相关专家科学论证、统一设计，在教育基地建设起功能完备的教学设施、开展贴合实际的教育活动，以收获教育实效为目的，以寓教于乐为方向，吸引各类人群"来了就不想走""来了还想再来"，提升基地魅力。三是充分利用"硬件""软件"。政府应设计周期性的教育实践活动，推动单位、企业、学校、社会团体组织人群在不同季节赶赴实践基地参与学习，建构科学有效的教育实效反馈制度，让人们在与自然的密切接触中充分体会自然之美，助力生态文明教育。

（二）推动生态旅游持续健康发展，发挥生态旅游"引水渠"作用

在人民生活水平不断提高的今天，外出旅游已逐渐成为人民群众常见的休闲消费形式。人是自然界的一部分，人类生来亲近自然、热爱自然，自然界是人们休闲娱乐、放松心情的良好去处。要利用优美的生态环境推动生态旅游持续健康发展，吸引社会公民在寓教于乐中贴近生态、感悟生

态，让生态文明实践教育发挥"引水渠"作用。"生态旅游"这一概念是20世纪90年代早期世界自然保护联盟最先提出的，国际生态旅游协会将其概念总结为：具有保护自然环境和维护当地人民生活双重责任的旅游项目。生态旅游以生态环境为主体，以可持续发展为核心，以生态环境保护为先决条件，以协调人与自然关系为原则，既保护环境又拉动经济，是一举两得的举措。生态旅游以其优美、富饶的生态环境、迷人的人文景观，让游客在自然环境中休闲娱乐的同时启发对人与自然关系的深度思考，引导人们树立尊重自然、顺应自然的文明观念，进一步把保护自然环境和维护生态平衡的观念融入人们的日常生活，是生态文明教育的重要渠道。要充分发挥生态旅游的生态文明教育功能，需要在讲解生态景观的过程中，让参观者在认识自然景观的历史和魅力的同时，因地制宜地挖掘当地生态文明资源，适当建设相关"体验角""教学点"，重点讲解景区生态的历史演变与生态破坏会导致的不良后果，提高人们的生态环境保护意识，如在塞罕坝林场讲解"美丽的高林"如何变为"恶劣的荒漠"，进一步讲述三代塞罕坝人艰苦创业把沙漠变绿洲的奇迹；在红旗渠讲解林县的先天自然地理条件限制，讲述林县人民誓把山河重安排的豪情壮志等，既感受自然环境，又认识历史人文，又领悟生态理念，可谓一举三得。

（三）组织生态环境保护志愿活动，发挥志愿活动"取水阀"作用

生态环境保护志愿者活动是指志愿者在闲暇之余，志愿参与生态环境保护与公益活动，并不要求任何报酬。要开展生态环境保护志愿活动，组织志愿者自觉主动参加到生态建设、环境保护中来，为生态文明实践教育发挥"取水阀"作用。生态环境保护志愿者活动往往具有鲜明主题，如保护母亲河、低碳生活、保护森林等，积极倡导和践行保护生态环境、合理利用资源等文明理念，在活动中向社会公众宣传普及生态环境保护主张和具体措施。生态环境保护志愿者组织的活动多有统一的宣传服装和明显的目标，以吸引眼球的方式显示他们保护环境、节约资源的决心和意愿，倡导生态文明的理念，为社会营造良好的生态氛围，吸引越来越多的人加入生态建设、环境保护队伍，对生态文明理念在全社会的传播与普及起到了积极的推动作用。例如，许多大学生生态环境保护志愿者自发组织到各主要景点义务捡垃圾、维护秩序，以自己的行动提醒游客要维护公共卫生，

爱护旅游资源，做生态文明好游客；一些生态环境保护义工自发组织保护黄河生态环境，进行"关爱母亲河"的环境保护工作，吸引越来越多的人关注母亲河、爱护母亲河。通过各式各样的志愿活动，不仅可以提高志愿者本人的生态能力，还可在实践中得到一手数据，最重要的是将生态环境保护理念广泛传播，是开展生态文明教育的重要途径。

（四）创建生态环境公益保护协会，发挥保护协会"赛龙舟"作用

生态环境保护协会是社会生态组织的重要组成部分，要通过创建生态环境公益保护协会，有组织地开展生态环境保护活动，使社会公民在环境保护中心往一处想、劲往一处使，为生态文明实践教育发挥"赛龙舟"作用。要不断提高生态文明教育的影响力，发挥环境保护组织作用至关重要。一方面，要以顶层设计推动生态环境保护协会创建。环境保护协会是政府与企业、政府与个人之间的柔性纽带，需要发挥好传送带作用，将生态决策、生态理念等传递到最后一公里，最大限度地发挥社会合力。过去成立的环境保护协会往往追求"大而全"，机构臃肿、人员冗杂，行政化与官僚化在一定程度上限制了环境保护协会的功能实效。新时代环境保护协会，要在政府的主导下，通过顶层设计成立"小而精"的新型环境保护协会，建立起一套科学完善的工作体系，在相关活动中创造社会效益，不断将其精神精华和高尚品格渗透到人们的生活中。另一方面，要以意识形态教育推动环境保护协会健康发展。在政府的主导下，坚持以习近平生态文明思想为指导，按照生态环境保护的客观需要，发挥会员个性特点和专业特长，组织开展"美丽生态城，砥砺共前行""亲近自然，生态科普""倡导绿色 GDP 评价体系"等活动，在这些深具历史厚度和时代气息的活动中，选树一批优秀组织和先进个人，进一步激励人们以新的精神状态和奋斗姿态迈向生态文明新时代。同时，要发挥好环境保护协会的纽带作用，在协会的组织下推进校企生态文明合作，通过组织开展产学研合作、校友联谊会等活动，发掘企业的兴趣点、高校的需求点，创新生态人才培养模式与科学研究模式，推动企业产业链发展的绿色转型与人才培养的绿色升级，以企业之"财"力与高校之"智"力，共同推动环境保护协会创建。

（五）选树生态文明教育先进个人，发挥先进个人"领头雁"作用

榜样是一个团体的标杆，是鲜活价值观的体现，是有形的精神力量。作为生态文明教育的参与者和引领者，在生态文明的相关活动中，选树生态文明教育先进个人可以激发民众的崇敬之心，引发人们的积极响应，从而带动整个社会参与到生态文明活动中，为生态文明实践教育发挥"领头雁"作用。要基于新发展理念、生态文明建设、中国式现代化、中华民族伟大复兴的视角，组织生态文明先进个人评选活动，充分挖掘能够体现人与自然和谐共生的各行各业先进个人，开展先进事迹报告、先进人物学习活动，以榜样的力量感化人、以先进的做法引导人，发掘身边人的生态"内生动力"。

第七章 中国特色社会主义生态文明
教育的治理价值

党的十九届四中全会从 13 个方面凝练概括了中国特色社会主义制度优势，证明了中国特色社会主义制度是一个行得通、真管用、有效率的制度。生态文明教育任重道远，需要集中领导、统筹规划，更需要保证政策的执行力和延续性，这与中国特色社会主义制度优势特点高度契合。在党的集中统一领导下，各职能部门相互配合，科学规划我国生态文明教育的路线、方法、内容，在各级党组织和全体社会公民的共同努力下，中国特色社会主义生态文明教育顺利推进、行稳致远，深入赋能"中国之治"、彰显"中国之制"、贡献"中国之智"。

第一节 中国特色社会主义生态文明教育赋能"中国之治"

发展是我国解决一切问题的基础和关键。进入新时代，我国经济由高速增长阶段转向高质量发展阶段。党的十九大报告提出"建立健全绿色低碳循环发展的经济体系"[1]，为我国新时代高质量发展指明了前进方向。绿色是高质量发展的鲜明底色，是新发展理念的重要组成部分。思想是行动的先导，理论是实践的指南，高质量发展离不开新发展理念，生态文明教育是贯彻绿色发展理念的重要途径。通过生态文明教育灌输新发展理念，改善生产方式、改变价值取向、改进生活方式，助推高质量发展行稳致远；增强生态软实力，提升公民生态素养、加强生态话语权、促进生态文化发展，构建绿色发展的新格局，为"中国之治"赋能绿色强劲能量。

---

[1] 《习近平谈治国理政》第 3 卷，外文出版社，2020，第 40 页。

一　"中国之治"灌输新发展理念助推高质量发展行稳致远

高质量发展离不开新发展理念,新发展理念的目的是促进高质量发展。"理念"一词在《辞海》中的解释为"看法、思想,思维活动的结果",理念与观念关联,上升到理性高度的观念叫"理念"。理念的灌输需要科学的教育,生态文明教育赋能"中国之治",在"中国之治"的范畴下成为灌输新发展理念的重要阵地。党的十八大以来,以习近平同志为核心的党中央准确把握时代脉搏,提出"创新、协调、绿色、开放、共享"的新发展理念,将此作为指挥棒、红绿灯,引领中国在破解发展难题中增强动力,不断朝着更高质量、更有效率、更加公平、更可持续的方向前进。生态兴则文明兴,通过生态文明教育灌输新发展理念,改善生产方式、改变价值取向、改进生活方式,实现生产发展、生活富裕、生态良好,让绿色助推高质量发展行稳致远。

(一) 生态文明教育改善生产方式,促进生产发展

发展是解决一切问题的总钥匙。发展理念管全局、管根本、管方向、管长远,直接关乎发展成效乃至道路成败。绿色是自然界的主色调,是生命、健康、活力和希望的象征,绿色发展理念是对发展规律的科学反映,是实现生产发展的必经之路。实践是认识的基础,认识对实践具有能动的反作用。要通过生态文明教育培养贯彻绿色发展理念,引导政府决策者、企业经营者在开发产业过程中实现模式的绿色升级、生态转化,以绿色发展理念改变生产方式,以绿色发展方式促进高质量发展。

1. 生态文明教育指引产业转型升级的目标导向

方向正确,前进就是进步。当前,我国经济已由高速发展阶段转向高质量发展阶段。习近平总书记强调:"绿色发展是构建现代化经济体系的必然要求。"[1] 保护环境就是保护生产力,改善环境就是发展生产力,推进我国产业升级、提升我国产业全球竞争力,必须坚持绿色发展的目标导向,逐步淘汰高耗能、高污染、高排放产业,构建科技水平高、效率利用高、环境污染低的产业格局和生产方式。正确的认识对实践具有指导作

---

[1] 《十九大以来重要文献选编》(上),中央文献出版社,2019,第859页。

用。在新发展阶段贯彻新发展理念、构建新发展格局，生态文明教育尤为重要。通过生态文明教育培养政府决策者、企业经营者的绿色发展理念和绿色发展能力，以人与自然和谐共生的中国式现代化和建设美丽中国为目标导向，将发展目标聚焦在绿色科技和绿色产业、将发展方向锚定在生态转型和生态升级，为社会发展进步指明了前进方向。

2. 生态文明教育引领产业转型升级的路径模式

一直以来，环境保护和经济发展似乎是完全相悖的两个方向，政府决策者和企业经营者在过去以经济建设为中心的理念指导下在一定程度上忽视了生态环境保护，虽然取得了很大程度的经济发展，但也造成了生态环境污染，阻碍了经济持续健康发展。进入新时代，以习近平同志为核心的党中央前所未有地重视生态文明建设，在新发展理念的指引下，强调经济发展和环境保护两手都要抓、两手都要硬，促使各级政府决策者和企业经营者转变发展思路，而生态文明教育是转变思路的基础工作。要通过生态文明教育使生态文明深入人心，带动形成绿色消费、生态生活的全民观念，推动生态科技、生态文化、生态产品发展，拉动生态经济增长，进一步在经济发展方向和模式上坚持绿色循环低碳方向，以更深层次的环境保护引领经济发展、以更高质量的经济发展推动环境保护，实现环境保护和经济发展两手抓两手硬，为产业转型升级奠定路径模式。

3. 生态文明教育提供生产力发展的不竭动力

生产力是推动社会进步最活跃、最革命的因素，是社会进步的最高标准。当前，我国中等收入群体规模已超 4 亿，人口红利已经逐步消失，传统制造业陷入发展困境，生产力增长停滞不前，急需新的经济增长点带领我国避开中等收入陷阱，进一步发展和解放生产力，以实现新的更高质量的持续发展。绿色发展是实现更高质量生产力发展的必然选择，生产力的发展需要先进科技和新型产业的加持，生态文明教育至关重要。通过生态文明教育培养公民的生态素养、培育生态文明的专业人才，在生产、生活中创造绿色新理念、新需求，制造生态新产业、新产品，进一步通过双碳、新能源引领科技发展和产业变革绿色化发展，以先进科技和新型产业助推生产力升级，以绿色科技、绿色产业助力生产力发展，为生产力发展夯实重要基础。

（二）生态文明教育改变价值取向，实现生活富裕

党的十九大报告中作出了中国特色社会主义发展道路的部署规划，明确安排了美丽中国"两步走"目标，其中污染防治攻坚战已经取得胜利，2035 年基本实现美丽中国的目标仍需全党全国各族人民的共同努力。美丽中国之美丽，是满足人民全方位美好生活需要的美丽，物质基础是人民幸福的关键，共同富裕是美丽中国的最美所在。要通过生态文明教育改变社会发展的目标导向，坚持发展为了人民、发展依靠人民、发展成果由人民共享，在全社会树立起生态惠民、生态利民、生态为民的价值取向，让绿水青山创造出更多更好的金山银山，以建设美丽中国实现高质量发展。

1. 生态文明教育重塑辩证关系，推动生态惠民

改革开放以来，我国经济社会发展取得了巨大成就，同时，多年粗放式的发展方式也累积了十分突出的环境问题。当前，生态环境破坏和污染不仅影响着经济社会的可持续发展，更成为满足人民群众对美好生活向往的阻碍。良好的生态环境是最普惠的生态产品，优质的生态产品是美好生活必不可少的保障。通过生态文明教育转变社会发展的价值取向，在社会建设中重塑绿水青山和金山银山的辩证关系，给人民群众提供最普惠的蓝天、碧水、青山、净土，进一步探索政府主导、社会参与、市场运作、全民共享的生态产品系统，满足人民群众的各类生态产品需求，实现高质量全方位生态惠民，实现生态共同富裕。

2. 生态文明教育维护根本利益，推进生态利民

马克思认为，"'思想'一旦离开'利益'，就一定会使自己出丑。"① 人民群众要生存、要发展，需要丰厚的物质基础，同样需要优良的生态环境，金山银山和绿水青山共同是美好生活的重要基础。因此，建设生态文明必须同经济社会发展统筹起来，协调推进人民富裕、国家强盛、中国美丽。中国共产党坚决维护人民群众的根本利益，通过生态文明教育发展生态科技，通过生态科技创新不断提升生态产品的经济附加值和经济效益，着力打造"生态优先、绿色发展"的绿色生态产业，探索生态产业化、产业生态化的新模式、新路径，拓宽绿水青山向金山银山的优质转化路径，

---

① 《马克思恩格斯文集》第 1 卷，人民出版社，2009，第 286 页。

在向人民群众提供生态产品的同时极力丰富人民群众的物质生活，走向生态价值、经济价值、社会价值有机融合的生态利民道路。

3. 生态文明教育以人民为中心，保障生态为民

优美环境是美好生活的基础和重要组成部分，为人民群众创造普惠的优美环境是实现共同富裕的题中应有之义。要通过生态文明教育培养全社会的生态文明意识，使人民群众深刻认识美好生态环境的重要性，在日常生活中不断提升对美好生态环境的正常需求，同时培育公民的生态权利意识能力，在生态事务上充分发挥知情权、参与权、监督权。在此基础上，各级政府和企业在创造生态产品、开发生态产业时要秉持生态为民的目标价值，以充实的内容、便捷的方式、优惠的价格、丰富的形式尽可能满足全体人民的美好环境生存、发展和享受需要，实现优美环境之共同享有。

（三）生态文明教育改进生活方式，共建良好生态

生态文明是继原始文明、农业文明、工业文明之后的新型文明形态，是人类未来前进发展方向。在生态文明社会，人们在人与自然和谐共生的基本准则下从事劳动生活，人的劳动能力得到全面、和谐、充分的发展，同马克思主义人的全面发展观点相一致。当前，我们距离生态文明尚有一定的距离，通过生态文明教育改进广大人民群众的生活方式，以生态文明促进人的全面发展，是建设生态文明、建设美丽中国的必要路径，是高质量发展的重要基础。

1. 生态文明教育杜绝铺张浪费、挥霍无度的消费方式

改革开放以来，我国在经济高速增长的背景下，受到西方资本主义文化的冲击，消费主义和拜物主义一度盛行，一部分人把消费看作人生最高目的，无顾忌、无节制地消耗物质财富和自然资源，养成了铺张浪费、挥霍无度的消费方式，这与中华民族勤俭节约的传统美德和生态文明客观要求相悖，在一定程度上加剧了资源匮乏、环境恶化，是建设生态文明的挑战。要通过生态文明教育，以中华传统美德和社会主义核心价值观为基础，在全社会树立"以勤俭节约为荣，以铺张浪费为耻"的荣辱观，在高质量理念下倡导绿色节约的消费观，一方面控制消费数量、适度消费，另一方面在同等条件下尽可能选择可再生的生态环境保护产品，尽可能减小消费行为对环境产生的负担，杜绝铺张浪费、挥霍无度的"消费性社会"，

营造勤俭节约的"生活型社会"，使绿色消费、可持续消费在衣、食、住、行、用中得以具体化，以高质量消费方式助推生活方式的高质量转变，筑牢生态良好的生活基础。

2. 生态文明教育培养简约适度、绿色低碳的生活习惯

习近平总书记强调："'取之有度，用之有节'，是生态文明的真谛。"①有学者认为，人类历史大致可以划分为黄色、黑色两种社会形态，黄色指农业文明，黑色指工业文明，而绿色的生态文明是超越前两种文明的更高级别的文明形态，转变生活方式是社会文明发展的必然要求。要通过生态文明教育转变生活方式和消费模式，丰富人们在物质世界之外的精神世界，在家庭、社会中通过一系列包括家庭教育、社会教育、职业教育等方式，在不断社会化过程中养成简约适度、绿色低碳的生态生活习惯，在日常生活中反对奢侈浪费和不合理消费，注重勤俭节约，在消费过程中注重选择可再生用品，在使用过程中注重绿色低碳、环境保护，如购买使用无磷洗衣粉、节能电器、生态纺织品、新能源汽车等，逐步改变生活习惯和价值观念，在日常生活中进行垃圾分类、节约水电、变废为宝等，力所能及推进全社会的生态文明转变，进一步助力全社会建设生态文明。

3. 生态文明教育营造全民共建、全民共享的美丽中国

建设美丽中国单靠政府行政力量推动是难以实现的，必须集全国之智、聚全民之力，将生态文明理念印刻在广大人民群众的日常生活中，共建生态文明才能共享美丽中国，巩固生态文明教育的根基。要通过"接地气"的形式、"看得见"的方式、"摸得着"的模式普及生态文明知识，让人民群众在日常生活中树立生态环境保护意识、培养节约意识、形成健康消费理念，充分激发和调动广大人民群众建设美好环境的积极性和创造性。同时，要通过生态文明教育普及生态法律制度，提升人民群众的生态法治意识，激励公民在面对资源浪费、污染环境时勇敢拿起法律武器维护自己的合法权益，增强全民的"生态自觉"，加快形成人人关心生态环境保护、人人参与生态环境保护、人人监督生态环境保护、人人享受生态环境保护的大生态环境保护格局，发动 14 亿人民的生态文明之力，共同建设

---

① 《习近平谈治国理政》第 3 卷，外文出版社，2020，第 375 页。

山明草绿、天朗气清、人文家净的美丽中国。

二 "中国之治"增强生态文化软实力构建绿色发展新格局

"软实力"一词最早由哈佛大学教授约瑟夫·奈（Joseph Nye）提出，他认为软实力是一种"通过吸引而非强迫或收买的手段来达己所愿的能力"，是国家提升国际话语权的重要手段。生态文明建设仅靠行政手段是远远不足的，亟须建构生态软实力，用"绿色"影响力将生态文明渗透到社会发展的方方面面，提升生态文明建设实效性。教育是提升软实力的关键所在。生态文明教育赋能"中国之治"，在"中国之治"的范畴下通过打造生态品牌、加强生态话语权、促进生态文化发展，极力增强生态软实力，以"绿色"影响力构建绿色发展的全新格局。

（一）生态文明教育打造生态品牌，共创生态效应

近代以来，在资本主义市场经济条件下，"品牌"越来越成为企业竞争的核心关键，以此衍生出"德国制造""日本质量""中国速度"等国家品牌，成为国家软实力的重要组成部分。新发展阶段贯彻新发展理念，需要极力提升生态软实力，在国际国内打造中国特色生态品牌，通过生态文明教育宣传生态品牌的灵魂、内核、载体，对外宣传中国形象、对内提升生态准则，以生态品牌带动高质量绿色发展。

1. 生态文明教育传播"习式金句"，凝练生态品牌灵魂

语言，是一种思想观点和能力水平的展现。党的十八大以来，习近平总书记在治国理政实践中发表了一系列重要讲话，既简短精练又通俗易懂，既引经据典又推陈出新，既幽默生动、又高瞻远瞩，兼具高深的马克思主义理论素养和深厚的中华文化历史底蕴，形成了独具特色的语言风格，使习近平新时代中国特色社会主义思想更容易被理解和传播。在生态文明方面，习近平总书记"金句"频频，"绿水青山就是金山银山"[①] "生态兴则文明兴，生态衰则文明衰"[②] "像保护眼睛一样保护生态环境"[③]

---

① 《习近平谈治国理政》第 2 卷，外文出版社，2017，第 559 页。
② 《习近平谈治国理政》第 3 卷，外文出版社，2020，第 374 页。
③ 《习近平谈治国理政》第 2 卷，外文出版社，2017，第 395 页。

"良好的生态环境是最普惠的民生福祉"① 等重要论述，用最朴素的语言将生态文明建设涉及的辩证关系深刻描述，是习近平生态文明思想的浓缩精华。要通过生态文明教育将习近平生态文明思想广泛传播，深入挖掘"习式金句"的深刻内涵，使习近平生态文明思想入脑入心，促使广大党员干部、企业经营者、人民群众自觉将习近平总书记的要求转化为行动，推动我国生态文明建设走深走实，铸就我国生态品牌之灵魂。

2. 生态文明教育挖掘"生态精神"，锻造生态品牌硬核

百年征程波澜壮阔，百年初心历久弥坚。习近平总书记强调："一百年来，中国共产党弘扬伟大建党精神，在长期奋斗中构建起中国共产党人的精神谱系，锤炼出鲜明的政治品格"②，这是中国共产党人带领中国人民站起来、富起来向强起来伟大飞跃的精神坐标，是我们从胜利走向下一个胜利的精神指南。抓生态文明建设，既要靠物质，也要靠精神。在70多年治国理政实践中，中国共产党人带领广大人民群众积极开展生态治理，建成了三北防护林、塞罕坝林场、毛乌素"绿洲"等，创造了"把沙漠变绿洲、把荒原变森林"的人间奇迹，形成了以"艰苦创业，科学求实，无私奉献，开拓创新，爱岗敬业"为内容的"塞罕坝精神"，以"执政为民、尊重科学、百折不挠、艰苦奋斗"为内容的"右玉精神"，这些精神是我们在新时代建设生态文明的精神指引。要通过生态文明教育，传承好"塞罕坝精神""右玉精神"，进一步挖掘党在带领人民群众在生态文明建设实践中形成的生态精神，深刻理解和落实生态文明理念，再接再厉、二次创业，将生态精神锻造为我国生态品牌硬核，以伟大"生态精神"指引伟大生态事业。

3. 生态文明教育创造"生态产品"，构造生态品牌载体

发展生态经济，是生态文明建设同社会经济建设相协调的题中应有之义。"如果能够把这些生态环境优势转化为生态农业、生态工业、生态旅游等生态经济的优势，那么绿水青山也就变成了金山银山。"③ 生态经济需要生态品牌，生态品牌是生态经济发展的"金字招牌"。产品是品牌的基

---

① 《习近平谈治国理政》第3卷，外文出版社，2020，第362页。
② 《习近平谈治国理政》第4卷，外文出版社，2022，第7页。
③ 习近平：《之江新语》，浙江人民出版社，2007，第153页。

本载体，品牌是产品的外在升华，建构中国特色生态品牌，创造高质量生态产品至关重要。毋庸讳言，当前我国仍然缺乏生态产品体系的顶层设计，亟须完善一套科学有效的生态产品价值评价体系，这是发展生态品牌载体的关键所在。要通过开展生态文明教育的学术研究，探索建构政府主导、社会协同、市场化运作的生态产品发展模式，利用好山水林田湖草，打造一系列生态景区、生态旅游、生态食品、生态工具等生态产品，进一步培育生态品牌理念，促进生态产品消费，带动生态经济发展，将资金注入生态产品研发，以生态品牌理念创造高质量生态产品，以高质量生态产品构造中国特色生态品牌。

（二）生态文明教育强化生态话语，共筑生态堡垒

习近平总书记指出："要深度参与全球环境治理，增强我国在全球环境治理体系中的话语权和影响力。"[①] 话语权即说话的权力，话语权影响力越大、引导力越强，就越能掌握意识形态的主动权和主导权。国家话语权是一个国家在世界上"说话"的影响力，是国家软实力的重要组成部分。党的十八大以来，我国把生态文明建设提升到前所未有的战略高度，深度参与全球环境治理，推动全球生态文明建设，为全球治理体系建设、世界绿色低碳可持续发展贡献了中国智慧、中国方案。在此背景下，增强我国在全球环境治理体系中的话语权显得尤为关键。生态文明教育是生态文明建设的重要基础工作，同生态话语权密不可分，要通过生态文明教育丰富生态文明实践、凝练古今中外生态理论、促进国际生态文明交流，加强生态话语权的底气、骨气、志气，共筑生态软实力堡垒。

1. 生态文明教育丰富我国生态文明实践，增强生态文明话语底气

实力是话语权的底气，要加强生态话语权，进一步坚持我国生态文明建设道路，向着美丽中国和社会主义现代化目标迈进。生态文明教育是生态文明建设的基础性工作，可以发挥宣传、普及、教育、引导等全方位多层次的重要作用。要通过生态文明教育将中国生态文明建设成就广泛宣传，普及我国生态文明建设思想、政策、法规，教导党政干部、企业经营者、人民群众自觉将生态文明理念、原则、目标融入生产生活的各个环

---

① 《习近平谈治国理政》第 3 卷，外文出版社，2020，第 364 页。

节，增强生态文明建设合力，着力形成节约资源和保护环境的空间格局、产业结构、生产方式和生活方式，推进生态文明建设向纵深发展，进一步丰富我国生态文明建设实践、增强我国生态文明综合实力，为建构生态文明话语权提供坚实底气。

2. 生态文明教育总结古今中外生态理论，铸造生态文明话语骨气

进入20世纪，生态危机席卷全球，生态文明成为人类文明未来发展的共同追求和趋势。相比于西方生态话语，中国生态话语有得天独厚的优势。首先，中华民族5000多年优秀传统文化中蕴藏了丰富的生态思想，其中包含的古人对人与自然的辩证关系的深刻认识是建构生态文明话语权重要的思想基础；其次，马克思主义是无产阶级关于全人类解放的科学理论，辩证唯物主义和历史唯物主义是中国共产党人认识世界和改造世界的世界观和方法论，当中包含的人与人、人与社会、人与自然的辩证关系理论是建构生态文明话语权重要的理论基础；再次，中国共产党人历来重视生态环境保护，70多年治国理政实践尤其是党的十八大以来开展的环境保护、生态建设实践是建构生态文明话语权重要的实践基础；最后，我国具有生态文明建设后发优势，西方在生态建设中的理论和实践的经验教训均可被我们借鉴吸纳。要通过生态文明教育总结和传播古今中外生态理论与实践，为生态文明建设建构丰富的话语体系，为建构生态文明话语体系铸造刚强骨气。

3. 生态文明教育促进国际生态文明交流，昂扬生态文明话语志气

党的十八大以来，中国积极参与全球治理体系建设，引领国际生态文明合作，以人类命运共同体理念为抓手破解全球生态治理赤字，为世界生态环境治理提供了中国智慧、中国方案。然而，随着世界格局的演变，逆全球化、保护主义加深，我国尚未掌握国际生态治理的话语主导权。进一步深度参与全球治理体系变革、引领全球生态环境治理，需要提高我国生态文明国际话语权，增强国际话语认同，在国际上广泛传播中国生态文明思想。教育是国际交流的重要力量，要通过生态文明教育开展国际交流，以国际访学、公派留学、孔子学院、中外合作办学等为平台，以世界地球日、世界环境日、世界森林日、世界节水日、世界海洋日等节日活动为契机，用丰富多样的形式、易于接受的方式、深入浅出的内容，在国际教育

交流合作中广泛传播中国生态文明文化、理念、经验，宣传中国生态文明建设理论、方案、成就，讲好中国生态文明故事，让世界认识和认同中国生态文明建设，提升我国生态文明国际影响力，增强生态文明国际话语权和软实力，为我国深度参与全球治理体系变革昂扬话语志气。

（三）生态文明教育发展生态文化，共享绿色发展成果

文化是相对于经济、政治而言的人类全部精神活动及其产物，是社会意识形态的重要组成部分，对社会存在具有重要的反作用。生态文化是指以崇尚自然、保护环境、促进资源永续利用为基本特征，能使人与自然协调发展、和谐共进，促进实现可持续发展的文化，是生态软实力的重要组成部分。生态文化的形成，意味着人类统治自然的价值观念的根本转变，这种转变标志着人类中心价值取向到人与自然和谐共生价值取向的过渡。教育和文化是相互依存、相互制约的关系，教育是文化传播和交流的重要途径，文化是教育的价值取向。通过生态文明教育传播生态文化，助推生态文化的交流与发展，是提升生态软实力的重要渠道，对生态文明建设具有重要价值。

1. 生态文明教育助推生态文化传承

中华文明源远流长、博大精深，是世界上唯一没有中断、延续至今的文明，其中以"儒""释""道"三教合一为主线的中华文化经久不衰，其旺盛生命力是中华文明得以延续的根本原因。其中蕴藏的深刻生态文化是当代美丽中国建设的思想基础和理论宝库，是中国特色社会主义生态文明建设的特色所在，传承和把握中华优秀传统生态文化的内涵、载体、底蕴和精神尤为重要。要通过生态文明教育总结中华优秀传统生态文化，挖掘其中的"天地人和""道法自然""天人合一"等思想的精华，吸纳其中的整体性思维和辩证思维，借助新兴技术将传统生态文化创造性转化、创新性发展，让古人说"普通话"，让古籍说"现代话"，促进中华优秀传统文化传承发展，促使历史典籍在新时代重铸活力，以中华生态文化传承把握中国特色生态文明建设发展方向，以中华生态文化传承指引美丽中国建设前进。

2. 生态文明教育加速生态文化开放

文化在交流中传播、在开放中互鉴。中华民族在几千年发展中不断消化和吸收外来文化的精华，通过融合重组不断发展壮大，才有了中华文化

5000年源远流长。西方文化产生的地理环境、自然条件、文化传统与科技进步诸多因素有多重差异，同中华文化展现了不同的世界观、方法论，其中"理性"贯穿其中，是当代资本主义产生与发展的哲学文化源头。西方资产阶级在近代以科学为武器、以理性为伦理、以黄金为目标，开启了征服自然的数百年的工业文明，是造成当代生态环境问题的文化根源。近代以来，西方经济社会发展早、生态问题出现早、生态治理开展早、生态文化发展早，学习和借鉴西方生态治理经验、生态文化内容是我国生态文明建设的重要路径。要通过生态文明教育加速生态文化开放，以中华生态文化为根基，吸收和借鉴西方生态文化，推进中西生态文化融汇交流，在生态治理中以西方生态思想治"急症"、以中华生态思想治"顽症"，建构新的中国特色社会主义生态文化，助推绿色发展行稳致远。

3. 生态文明教育坚定生态文化自信

文化自信是一个民族、一个国家以及一个政党对自身文化价值的充分肯定和积极践行，并对其文化的生命力持有坚定的信心。生态文明是我国高质量发展的前进目标，生态文化自信是我国文化自信的重要组成部分，是提升新时代生态绿色发展软实力的基本前提和重要视域。要通过生态文明教育挖掘普及推动绿色发展"知行信"合一，以生态文化推进公民对绿色发展和生态文明建设的正确认知，以生态文化引领全社会参与和践行绿色发展，以生态文化坚守绿色发展的情感信仰，进一步以绿色发展成果坚定生态自信。同时，要通过生态文明教育发展我国生态学术、生态技术、生态科学、生态文学、生态艺术，将生态文化融入新时代生态文明建设全方面多维度，培育健全生态人格，增进人的生态发展进步，促进生态文化自信力量蓬勃壮大。

第二节　中国特色社会主义生态文明教育彰显"中国之制"

生态文明是人类文明发展的新的阶段，是遵循人、自然、社会和谐发展这一客观规律而取得的物质与精神成果的总和，这与马克思主义人的全面发展观高度吻合。生态文明不会凭空出现，需要长期的生态文明建设实践。人是社会生产力的第一要素，建设高质量生态文明，归根结底在于全社会每个人的生态文明素养，基础工作在于社会主义生态文明教育，是"中国之制"的具体表现。人的生态文明素养培育是社会主义生态文明教育的重要内容，是国家生态治理体系与治理能力现代化的核心问题，是提升中国之治的关键"硬核"。

党的十九届四中全会在生态文明建设方面提出了"坚持和完善生态文明制度体系，促进人与自然和谐共生"① 的战略部署，为生态环境治理体系现代化擘画了高瞻远瞩的顶层设计、战略规划、宏伟蓝图。国家生态治理现代化是国家治理体系现代化的重要组成部分，是新时代推进生态文明建设、建设美丽中国、实现中华民族伟大复兴的目标和途径。作为生态文明建设的基础性、先导性工作，生态文明教育彰显"中国之制"，在实际工作中主张生态优先、强调党政同责、培育生态公民，是提升我国生态治理效能的必要路径。

一　生态文明教育主张生态优先，追求"人与自然和谐共生"的价值目标

人与自然和谐共生，是中华优秀传统文化生态观、马克思主义生态观的共同追求，集中体现于习近平生态文明思想，是中国式现代化的鲜明特征。西方国家近 400 年的资本与工业现代化的发展模式，将自然作为征服和改造的对象，把人与自然彻底对立起来，造成了严重的社会危机和生态危机。改革开放以来，我国在以经济优先的价值追求下，在一定程度上忽视了生态环境保护，人与自然关系一度走向对立，造成了资源短缺、环境污染、生态危机等严重后果，对社会经济可持续发展产生严重危害。生态环境治理是国家治理体系中的重要组成部分。党的十八大以来，在以习近平同志为核心的党中央高度重视下，生态文明建设取得显著成效，美丽中国揭开崭新一页。思想是行动的先导，生态文明教育将党中央的生态文明建设目标、思路、手段通过各种途径、各种方法、各种形式让全体人民深刻把握，在全社会树立生态优先、人与自然和谐共生的价值目标，是完善国家生态治理体系、全面推进生态文明建设的先导性任务。

① 《十九大以来重要文献选编》（中），中央文献出版社，2021，第 289 页。

（一）生态文明教育转变生态治理目标

目标是前进的方向和动力。党的二十大报告确定了"必须牢固树立和践行绿水青山就是金山银山的理念，站在人与自然和谐共生的高度谋划发展"①的生态文明建设长远目标，从过去实现数字减排到以改善生态环境质量为纲，更加注重治理举措、治理实效。宏伟的长远目标确定了，就需要细分为各地域、各领域的长期目标和短期目标，生态文明教育至关重要。要通过对各级政府党政干部开展生态文明教育，使其深刻认识党和国家生态文明建设战略布局的意义、认真领会党中央和各级政府生态文明建设相关要求的实质、有效掌握生态文明建设的相关理论知识、综合研判自身领域的生态基础，科学规划真正能够让老百姓有获得感、幸福感的生态治理长远与短期目标，制定科学衡量考核治理质量效果的指标体系，引领生态文明建设高质高效发展。

（二）生态文明教育转变生态治理思路

生态治理思路是推进生态治理的方向方法，思路是否清晰、方法是否正确，是生态文明治理能否取得实效的重要影响因素。过去很长时间，我国各地方生态文明建设更多专注于末端治理，"先污染、后治理""边污染、边治理"的现象比比皆是，治理难度大、治理成本高、治理效果不明显。党的十八大以来，党中央对生态文明建设提出新要求，在习近平生态文明思想的指引下，生态治理思路从末端治理转变为全过程管理及风险防控，从源头和过程有效避免环境污染、资源浪费、生态破坏，极大增强了生态治理的主动性、统筹性、先导性、实效性。然而，治理思路并不是一朝一夕就能够转变的，生态文明教育十分关键。各级政府应通过生态文明教育增强工作人员、企业经营者和全体公民的风险管控意识，树立生态环境全方位、链条式管理，努力杜绝因环境问题处理不及时、不到位引发的环境污染、资源浪费、生态破坏等生态问题，高质高效建设生态文明。

（三）生态文明教育转变生态治理视野

生态治理是一项系统工程，生态治理的目光不能仅仅局限于生态环境

---

① 习近平：《高举中国特色社会主义伟大旗帜　为全面建设社会主义现代化国家而团结奋斗——在中国共产党第二十次全国代表大会上的报告》，人民出版社，2022，第50页。

保护、节能等生态领域，要跳出环境看环境，从经济、政治、文化、社会等战略层面审视生态治理的相关工作，进一步与国土资源空间布局、产业结构优化调整紧密结合，统筹考虑生态治理的方法、渠道，将生态文明教育的作用凸显出来。各级政府通过对全体工作人员进行生态文明教育，培育马克思主义生态观、习近平生态文明思想，统揽新时代新形势新阶段新常态下的新要求，使其养成生态治理的战略思维、辩证思维、系统思维，在"五位一体"总体布局中审视生态治理、在生态治理中发展各项事业，统筹经济社会发展与生态环境，实现从单纯治理生态环境向优化资源、产业结构调整的转变，综合施策、精准发力、协同推进生态治理落地见效，避免"头痛医头、脚痛医脚"。

二 生态文明教育强调党政同责、齐抓共管是国家生态治理现代化的关键

生态文明建设是一项复杂的综合性工作，需要多部门统筹协调、齐抓共管、综合管理。党的十八大以来，在习近平生态文明思想的指导下，建构了生态环境保护一整套制度体系，以最严格的责任制度抓住关键少数，为生态文明建设提供了重要保障。生态文明教育作为生态文明建设的先导性、宣传性工作，对于国家生态治理现代化具有重要作用。

（一）生态文明教育提升党政同责制度实效

当前，我国生态环境治理的党内制度多以中办与国办联合下发文件的形式，但其中多数内容不能被称为法规制度，需要进一步明确能够长期执行的生态治理党政同责的相关党内法规，同国家相关生态法律法规相衔接，以党内法规有效弥补国家法律在生态治理实际运行中存在的空白，有效保障生态治理相关政策的落地落实。同时，党政同责强化我国生态治理的党内法规和国家法律的衔接与协调，要明确二者各自的规范对象与适用范围，避免在生态治理过程中的环节脱档与越位错位。生态文明教育通过对相关党政干部的教育培训，突出党内法规和国家法律的相关重点，进一步明确党政干部在生态治理中所需承担的法律责任，以全面有力的党内法规促使党政干部在生态治理中运用国家法律，促进生态治理走深走实。

（二）生态文明教育完善党政同责清单制度

党政同责的前提是明晰党委与政府的责任划分，公正客观党政责任清单是在推进生态治理中保障治理能力、明确职责范围、合理调整权责配置的关键所在。在生态治理过程中，科学完善的正面清单和负面清单是落实党政同责的客观需要。以正面责任清单明确党委与政府对于辖区内生态治理不同职责之应为，以负面责任清单设置党委与政府不同职责之红线，以正面责任清单提升治理效能，以负面责任清单督促责任落实，是生态治理党政同责产生实效的重要保障。要通过各地方各级生态文明教育，深化当地党委和政府对本地区生态治理现状思路方法的认识，明确本地区生态治理党委与政府各自的正面责任与负面责任清单，以明确责任抓住关键少数，督促党政领导干部在生态治理中合理、合法、科学、高效地行使国家权力。

（三）生态文明教育构建党政同责考核机制

地方党委和政府是当地生态治理的主导者，良好的责任考核机制是实现生态治理党政同责制度的关键，生态文明教育在其中发挥重要的作用。生态环境当中存在着多种要素，各种要素之间相互联系、相互制约，稍有不慎便会"牵一发而动全身"。同时，行政区划的划分在自然界中是无形的，自然界中并不存在行政区划的"生态屏障"，往往一地的生态出现问题，周边的生态环境均受影响。因此，生态文明建设党政同责考核机制的建立不应只考虑行政区划，应在各个生态区域建立跨行政区的同责追究考核，划分不同区域党政干部的不同责任，共同治理、共同面对生态环境，共同调查、共同解决生态问题，维护区域内生态环境保护大局。通过各区域生态文明教育，强化区域内各行政区划党委政府的生态治理协调联动作用，划分责任、明确义务，在有形的生态区域构筑起无形的保护屏障。

三　生态文明教育培育生态公民，公众参与是国家生态治理现代化的基础

在地域广阔的中国做好生态治理并非易事，其任务的复杂性、地域性、长期性可想而知，必须培育生态公民，动员起14亿人的生态力量。国家生态治理现代化，必须通过生态文明教育培育一代又一代积极参与国家

生态治理的生态公民，集中公众力量建设高质量生态文明。

（一）生态文明教育培育公民体验自然生态的生命价值

体验自然生态的生命价值，是公民参与生态治理之本初，是培育生态公民的基础工作。人类生于自然、长于自然，同自然界中的万事万物共同生存在地球环境中，共同构成了地球命运共同体。然而随着近代以来人类中心主义在世界范围内广泛确立，人与自然和谐关系被资本主义、工业革命所打破，人与自然关系失衡，人类对自然生态的生命价值判断出现错误，造成了严重的恶果。因此，培育生态公民，首要的任务是通过生态文明教育扭转人与自然关系失衡的颓势，将人置于自然生命的共生之中，体验自然界万事万物的生命价值，还原人与自然生命共同体的和谐本真，引起公民的生命共鸣，为公民参与生态治理奠定感性认同。

（二）生态文明教育培育公民形成社会生态的共生合力

形成社会生态的共生合力，是公民参与生态治理之精髓，是培育生态公民的重要工作。人是感性和理性的共同存在，不仅具有自然属性，还具有社会属性，社会性是人的本质属性。社会生态的共生合力，是人类作为同一种生态主体在处理人与自然关系中所体现的群体特性，具有联动性、变化性与历史性，是人的类本质的生动体现。通过生态文明教育培育社会公民的生态能力，在社会存在中秉持人与自然和谐共生的最高追求，呼唤起社会公民在自然存在中应坚守的生态道德、生态责任、生态义务，凝聚起社会公民在生产生活中的生态应为、不为、无为共识，组织起社会公民在自然存在和社会存在中的生态合作，形成社会生态的共生合力，为公民参与生态治理奠定理性追求。

（三）生态文明教育培育公民追问精神生态的认同张力

追问精神生态的认同张力，是公民参与生态治理之重点，是培育生态公民的长远工作。人的存在从形式上讲是肉体存在，从本质上讲是精神存在，世间万物作为人的精神存在所面对的课题，如何追问生态在人心中的精神存在，理解自然生命的抽象形象，是处理人与自然关系的精神原点。精神生态和人的精神存在相似性，精神生态以自然界的万事万物为载体，具有系统性、历史性，是存在范畴之存在。生态文明教育可以让人们追问精神生态，把对形象具体的自然关注转向对抽象精神的生态思考，将生态环境的自然性和社会性统一起来，将人的社会性存在、精神存在与自然的具体存在、精神存在相结合，彻底重塑人与自然关系，形成追问精神生态的认同张力，为公民长久生态治理奠定精神动力。

第三节　中国特色社会主义生态文明教育贡献"中国之智"

习近平总书记在党的二十大报告中强调："中国式现代化为人类实现现代化提供了新的选择，中国共产党和中国人民为解决人类面临的共同问题提供更多更好的中国智慧、中国方案、中国力量，为人类和平与发展崇高事业作出新的更大的贡献！"① 与西方现代化道路中的殖民、压迫以及掠夺、污染不同，中国式现代化是基于中国国情的现代化道路，强调人与自然和谐共生、走和平发展道路，创造人类文明新形态。沧海横流显砥柱，万山磅礴看主峰，中国的发展离不开世界，世界的发展离不开中国。当今世界，生态问题已经成为全球各国共同面临、亟待解决、事关人类文明生存与发展的严峻挑战，唯有凝聚共识、协同努力才能共谋出路、战胜困难。生态文明教育促进人与自然和谐共生、秉持和践行新发展理念，是全球生态文明建设的先导性、基础性工程，为全球生态文明贡献"中国之智"。

一　"中国之智"提供全球生态文明建设与合作的中国智慧

中国好，世界才能好；世界好，中国才能更好。党的十八大以来，以习近平同志为核心的党中央秉持人类命运共同体理念，积极参与全球生态文明建设，为全球生态治理提供了中国贡献。生态文明教育调动起 14 亿人的生态活力，引导全国各族人民参与生态、建设生态、共享生态，以绿色推动人与自然和谐共生的中国式现代化，推动世界第二大经济体、世界最大的发展中国家的绿色转型，生态文明教育向世界提供"中国之智"，让全球生态文明建设共享中国方案、中国经验、中国借鉴。

① 习近平：《高举中国特色社会主义伟大旗帜　为全面建设社会主义现代化国家而团结奋斗——在中国共产党第二十次全国代表大会上的报告》，人民出版社，2022，第 16 页。

（一）生态文明教育为发展中国家走向现代化提供中国方案

1. 生态文明教育增强我国综合国力，为全球现代化发展提供不同道路

当前我国经济实力稳居世界第二，文化、教育、人才、生态环境快速发展，综合国力大幅提升。然而当今世界正处于百年未有之大变局，中国正处于中华民族伟大复兴战略全局，在经济发展新常态下如何保持动力供给持续发展成为当今中国面临的难题。生态文明教育将文化教育和生态文明统一起来，培养生态人才推进生态文明建设，落实科教兴国、人才强国、创新驱动发展战略，推动经济发展实现绿色转型升级，担负好新时代建设生态文明、建设美丽中国的政治责任，为综合国力的持续提升注入源源不断的绿色动力。实现现代化是发展中国家共同的目标，不应只有一种模式、一种方向，中国社会主义生态文明教育为全球发展中国家增强综合国力提供了不同道路。

2. 生态文明教育全面推进绿色发展，为全球绿色发展提供借鉴经验

在资本逻辑下的传统工业文明中，进步强制是其根本属性，先发资本主义国家往往走上了"先污染、后治理""边污染、边治理"的道路。后发现代化国家往往不具备如此的发展空间，传统发展模式也难以推动一个国家在 21 世纪走向现代化，因此绿色成为当今世界发展的鲜明底色。生态文明教育通过对政府、企业、公民的宣传教育，大力推广智慧技术、绿色技术在产业中的发展应用，使经济社会发展方向由数量增加转向质量提升、发展动力由基本要素驱动转向创新动能推动、发展模式由规模体积扩张转向结构框架升级，促使经济社会绿色转型、绿色生产、绿色生活，为全社会高质量发展注入绿色动能。其他发展中国家在发展过程中可借鉴中国的绿色发展模式，吸纳中国生态文明教育的经验，促使绿色成为世界发展的鲜亮底色。

3. 生态文明教育健全环境保护机制，为全球生态治理提供法制保障

中国地大物博，拥有 960 多万平方公里的国土面积和 300 多万平方公里的领海面积；中国人口众多，拥有 56 个民族 14 亿人口，长期是世界人口大国；中国产业发达，拥有全世界最完备的工业体系，是当今世界最大的制造业国家。在如此情况复杂的大国建设生态文明绝非易事，需要长期不懈全方位共同努力。法制管根本、管长远，进行生态治理、建设生态文

明，必须依靠健全严格的生态保护机制。生态文明教育通过对全社会进行生态法制教育，充分发挥党委政府科学的决策机制和责任制度的作用，引导生产企业切实履行生态环境保护的社会责任，规范公民的生态文明行为，使生态保护机制法制在全社会内化于心、外化于行，用最严格的法制护航新时代生态文明建设。生态治理是全球各国政府亟待解决的难题，中国在生态法制建设、生态法制教育方面的努力，为全球生态治理提供法制保障的现实借鉴与理论依据。

（二）生态文明教育为加强全球生态文明教育提供中国经验

1. 生态文明教育以解决生态环境问题为重要目标

当今社会，人类面临的生态环境问题空前严峻，气候变暖、土地荒漠化、大气污染、水污染、土壤污染、物种灭绝等生态环境问题成为制约人类发展的主要原因，世界各国在生态问题面前都不能独善其身。党的十八大以来，我国高度重视生态文明建设，把生态文明建设作为功在当下、利在千秋的伟业，通过生态文明建设推动解决当前中国持续发展面临的生态环境问题，同时积极参与全球生态治理，成为全球生态文明建设的重要参与者、贡献者、引领者。中国特色生态文明教育源自中国生态环境的实际情况，着眼于中国社会公民的生态意识，落脚于中国生态文明建设的目标导向，在党政机关、社会、学校、家庭科学设计教育内容和教育形式，针对突出性问题展开教育，提升全体公民的生态自觉性。中国通过生态文明教育直面生态环境问题的方法取得了一定的成效，为其他发展中国家解决本国生态问题提供了中国方案。

2. 生态文明教育以提升国际话语权为重要内容

建设全球生态文明，是中国站在全人类立场提出的重要理念，是中国特色话语体系的重要内容。然而，西方大国长期霸占着国际话语体系的领导权，在国际社会歪曲、攻击中国，建构中国生态文明国际话语权任重而道远。众所周知，国际话语权的竞争归根结底比拼的是一个国家的综合国力，教育、文化等软实力是综合国力的重要因素。我国在全社会开展生态文明教育，提升全民生态意识、发展生态文化，提升生态软实力，向世界展示中国生态文明建设取得的成就、未来的方向，吸引世界各国逐步认同中国道路、中国方案，打破西方国家长久以来在生态环境问题领域的话语封锁，共同参与到全球生态文明建设中来，以自身的国力发展贡献国际社会，以中华民族伟大复兴带动人类进步事业。中国以生态文明教育提升生态软实力，进一步提升生态领域的国际话语权，为其他发展中国家坚持独立自主发展提供了中国模式。

3. 生态文明教育以推进全球生态文明建设为重要任务

生态文明教育加强了环境领域的国际合作。作为全球生态文明建设的重要引领者，中国利用自身的影响力，为国际生态文明建设搭建交流平台，推动国际社会生态文明共享生态文明建设先进成功经验，增进生态文明建设国际合作。生态文明教育借助绿色"一带一路"建设契机，通过孔子学院、学术交流等活动，与沿线国家开展生态交流，共谋环境保护、节能减排、绿色消费的生态出路，同时在"一带一路"建设的工程中推进绿色化项目，让绿色成为"一带一路"的鲜明底色，让绿色发展理念成为全人类发展的共同理念。同时，中国积极深度参与全球生态治理，已签约或签署加入的国际公约、议定书达 50 多项，涉及全球气候变化、生物多样性保护、大气海洋治理等多个领域，并在国际组织中发挥重要作用，通过生态文明教育呼吁我国 14 亿人民及全球越来越多的人参与生态文明建设，为全球生态文明建设做出中国贡献。

（三）生态文明教育为改进全球生态文明建设提供中国借鉴

1. 生态文明教育提升中国生态文明建设的影响力

中国生态文明建设取得的卓越成绩，需要被本国公民和世界各国所认可支持，以此注入源源不断的动力，中国生态文明建设的巍巍巨轮才能行稳致远。要通过生态文明建设培育公民的生态道德观念，使全社会公民认识到日常行为可为与不可为，自觉杜绝破坏生态行为，参与生态文明建设；提升公民生态文明素养，使其在日常生活中具备生态环境保护能力，能够有效建设生态文明，参与生态文明；培养公民的绿色消费习惯，使其在日常消费时尽可能选择绿色产品，以实际行动参与生态文明建设，感受我国生产的生态消费产品；提升公民的生态情趣，使其在休闲旅游时选择我国打造的生态景区，感受我国打造的生态旅游产品。同时，要通过生态文明教育开展国际交流，让世界越来越多的国家、人民了解中国在生态文明建设上的举措、成果，提升中国生态文明建设的国际影响力，为全球生态文明建设提供中国借鉴。

2. 生态文明教育力推中国生态文明建设生态产品

党的十八大以来，中国以经济建设为中心统筹生态文明建设，把生态文明建设与脱贫攻坚、乡村振兴相结合，将人与自然和谐共生打造为中国式现代化的鲜明底色，把治沙、治污、治荒、治水与治穷相结合，打造出许多富有特色的生态产品，走出一条中国特色的生态治理道路。生态产品是生态文明建设成果的重要体现，包括生态工农业产品、旅游服务业、生态基地等。共建全球生态文明，要从绿色发展领域切入，通过生态文明教育国际交流，将中国生态治理同经济发展相结合的中国经验同其他发展中国家共同交流，通过借助"一带一路"、"中非合作论坛"、"G20"峰会等国际平台，宣传中国打造的生态产品，让全球从具象的生态产品认识中国，进一步了解中国的生态技术、生态理念、生态方法，共享我国的生态治理经验，为全球生态治理贡献中国经验。

3. 生态文明教育不断提升生态技术的高科技含量

生态文明建设需要源源不断的生态技术革新，中国已经成为国际生态技术革新的领军者，生态文明教育功不可没。一方面，在全社会开展生态文明教育，使各行各业了解生态、认识生态，吸引资本在生态技术领域的投资，进一步参与生态、建设生态；另一方面，通过生态文明教育提升生态技术科研水平，通过立项重大项目等途径，促使各行业的生态技术更新换代。在工业方面，我国近年来加强绿色工业技术研发，以电能替代、氢基工业、生物燃料为趋势革新工业技术，在生产技术上趋向集约化、无害化、清洁化、低碳化，促使我国生态工业绿色、低碳、循环、持续发展；在服务业方面，通过研发节能减排技术促进污染能耗的绿色替代，加快传统服务业的绿色转型；在农业方面，以生态农业为抓手，加快推动以数字化生态产品绿色种植、绿色生产、绿色产品、绿色营销为链条的绿色农业革新，全面提升生产绿色化、产品优质化革新。

二　"中国之智"贡献构建全球人类命运共同体的中国方案

秉持和践行新发展理念，是建设中国特色社会主义生态文明的必由之路，是推动高质量生态文明教育的客观要求。生态文明教育在理论和实践中秉持和践行创新、协调、绿色、开放、共享的新发展理念，是新时代"中国之智"的具体表现，为培养生态公民、共建生态文明、共享生态成果，为中国式现代化提供坚实保障，是构建人类命运共同体的战略举措。

（一）生态文明教育秉持和践行创新发展理念

1. 坚持以创新理念丰富生态文明教育的教学内容

新时代生态文明建设为生态文明教育提供了新的时代背景、实践素材、理论资源和历史使命。新时代生态文明教育应该坚持创新发展理念，紧扣建设美丽中国、建设生态文明、构建人类命运共同体的需要，理性审视和把握国际国内生态文明教育发展的最新问题，聚焦涉及生态文明各学科各专业各行业的前沿问题，在教学实践中使教学内容与时俱进，让生态文明教育紧扣时代、引领时代。同时，要根据不同受众的不同需要，适时调整生态文明教育的教学内容，在家庭生态文明教育中侧重生态道德教育内容，强调以生态道德培育孩子生态萌芽；在学校生态文明教育中侧重生态理论教育内容，强调以生态理论教育引领学生健康成长；在社会生态文明教育中侧重生态实践教育，强调以生态实践教育促进公民建设生态文明；在党政干部生态文明教育中侧重生态法治教育，强调以生态法治教育督促干部依法治理。

2. 坚持以创新理念优化生态文明教育的方式方法

生态文明教育源于生态文明建设，落脚于生态文明建设，因此生态文明教育方法的创新必须突出理论性与实践性相统一。在理论教育方面，围绕受众的不同身份分析教育对象在生态文明方面的关注点、困惑点和渴求点，发挥好课堂教学的主渠道作用，把马克思主义生态文明教育理论、中国传统文化生态文明教育资源、国外生态文明教育观念、中国共产党生态文明教育经验以及习近平生态文明思想在课堂中融会贯通，构建起具有"中国特色、中国风格、中国气派"的生态文明教育话语体系，让精深的理论大众化，使抽象的逻辑具体化，将文本的语意情景化，把握好灌输教育和启发教育的有机结合，用彻底的生态理论说服人。在实践教学方面，把生态小课堂同社会大课堂结合起来，发挥起生态实践基地的作用，使教育对象在大自然中深入体会所学到的生态文明理论知识，灌输生态文明理念、培育生态文明习惯、培养生态文明能力，让公民自觉参与到祖国生态文明建设中来。

3. 坚持以创新理念完善生态文明教育方式

移动互联网的普及和5G、AI、VR、大数据技术的突破，为生态文明教育拓展了新的渠道和载体。要坚持创新理念，借助新技术完善生态文明教育方式，要在坚持传统优势和有效做法的前提下，利用微博、微信、抖音、快手等网络平台，建立生态文明教育公众账号，适时发布教育对象喜闻乐见的生态文明内容，构筑教育主体与教育对象的及时交流平台，以短视频、短文、动漫等形式传播好生态声音，充分发挥生态文明教育的矩阵作用。同时，利用AI、VR等技术把生态文明教育课堂、生态文明教育实践基地数字化，让教育对象不受时空限制参与学习、参与互动，凝聚虚拟空间与现实空间的教育合力，发挥思想引导和教育实践的聚合效应，努力把网络打造成生态文明教育的有力助手，提升生态文明教育的传播力、引导力和整合力。

（二）生态文明教育秉持和践行协调发展理念

1. 坚持协调以促进生态文明教育供给侧与需求侧的良性互动

在生态文明教育中，教育主体和教育对象相当于供给侧和需求侧。毋庸讳言，当前生态文明教育存在强调理论教育而忽视实践养成、强调共性培养而忽视个性传授等现象，供给侧与需求侧存在一定程度的失衡，忽视了生态文明教育需求侧的主体性，造成教育参与热情降低、教育实效弱化。新时代生态文明教育秉持和践行协调发展理念，科学把握在生态文明教育过程中教育主体和教育对象的辩证关系，用联系的观点把教育者和受教者统一起来，从生态文明教育的最终目的和教育对象的实际需求出发，在教学内容上，注重烦琐复杂的生态理论知识与深入浅出的生态日常经验相结合；在教学方式上，注重抽象的课堂生态教学与生动的实践生态教学相结合；在教学环境上，注重传统课堂同在线平台以及实训基地相结合，最终在教学中不仅应实现有教无类，更应实现因材施教，实现生态文明教育供给侧与需求侧的协调发展和良性互动，切实提升生态文明教育实效。

2. 坚持协调以畅通顶层设计与渠道路径

生态文明教育的顶层设计，即素材、内容、主体等相关问题，是工作基础和前提关键；生态文明教育的渠道路径，即家庭、学校、社会等相关场域，是技术支撑和综合保障。顶层设计与渠道路径的协调发展，具体落实到生态文明教育实际中就是理论与实践、目标与路径的协调发展。要提高生态文明教育的针对性与实效性，首先要以协调理念考量顶层设计，把生态文明教育同我国教育事业、新时代生态文明建设、中国式现代化、建设人类命运共同体联系起来；在实践层面上，需要对育人的本质规律加以把握，深入探究生态文明建设的教育队伍现状、教育对象需求，更要深入挖掘自然环境规律、生态建设步骤，在把握本质的基础上做到因材施教、按需施教、精准施教，使生态文明教育符合个人生存、社会进步、国家发展的共同需求。

（三）生态文明教育秉持和践行绿色发展理念

1. 以绿色理念保持生态文明教育可持续发展

生态文明教育不是轻轻松松、一朝一夕就能实现其目标效果的，需要长久不懈地努力。可持续发展理论是绿色发展理念的重要组成部分，生态文明教育必须坚持可持续发展。第一，生态文明教育以公平性为原则，在全社会有教无类地开展全方位、多层次生态文明教育，在山地、湖泊、高原、盆地、平原、丘陵、荒漠、草原用生态道德、生态文化、生态技能筑牢人人参与、人人共建、人人共享的生态屏障。第二，生态文明教育以持续性为原则，融入育人全过程，在家庭、学校、社会、党政机关因地制宜、因时制宜地持续开展生态文明教育，根据不同人群不同阶段的不同需要，适应性地开展项目化的生态学习方式，以持续性生态文明教育保障生态文明建设行稳致远。第三，生态文明教育以共同性为原则，视野不仅局限于我国，而是着眼于全球，通过学术交流、国际会议、"一带一路"等方式，引领全球各国人民共同关注生态、建设生态、改善生态，解决全球气候变暖、大气海洋污染、生物多样性下降等问题，为全球生态治理、构建全球命运共同体贡献中国力量。

2. 以绿色理念推动生态文明教育高质量发展

进入新发展阶段、贯彻新发展理念、构建新发展格局，归根结底是中国特色社会主义进入新时代的客观要求，是我国经济社会从高速发展转向高质量发展的必要路径。绿色是高质量发展的鲜明底色，生态文明教育以人与自然和谐共生为理念，面向人类未来生态文明新形态，决定其必须坚持高质量发展，以高质量生态文明教育助力中国特色社会主义生态文明建设高质量发展。第一，生态文明教育面向全体社会公民，面对不同群体不同阶段的不同需要，"大水漫灌"不仅浪费社会资源，更难以取得应有实效，因此生态文明教育要"因材施教"，对不同人群有针对性的确定教育方法、教育内容，推动社会公民的高质量生态转型。第二，生态文明建设不仅仅是生态环境保护的单一内容，而是贯穿于经济、政治、文化、社会全方位立体化的转型升级，而生态文明教育是社会主义生态文明建设的其中一个方面，其内涵不应局限于生态环境保护，应在绿色发展理念的基础上融入各学科、各领域教育，推动公民文化、道德、修养、理念的生态转型，为中国特色社会主义生态文明建设、中国式现代化、中华民族伟大复兴提供生态人力保障。

（四）生态文明教育秉持和践行开放发展理念

1. 以开放理念拓宽生态文明教育的国际视野

我国开展生态文明建设，不仅有利于中国，更有利于世界；不仅有利于当代，更有利于千秋。生态文明教育应引导公民立足中国生态文明建设，面向世界生态环境治理，讲好中国生态文明建设的思想、政策、方略、成绩，引导公民以开阔的视野、开放的心态主动融入生态文明建设，用鲜活的例子让全社会领悟中国特色社会主义生态文明建设道路自信、理论自信、制度自信、文化自信。同时，生态文明教育应走出国门、走向世界，学习和借鉴其他国家的先进经验，取长补短、去粗取精，把中国生态文明教育经验推向全球，共同交流、协同进步，以中国特色生态文明教育共谋世界人类命运共同体建设。

2. 以开放理念扩展生态文明教育的学科视域

建设生态文明不仅仅是环境保护，而是涉及经济、政治、文化、科技、思想等多领域的共同合力，因此生态文明教育不能局限于环境保护教育，而是多学科的横向交流与纵深发展的交叉与渗透。生态文明教育对象涉及全体公民，不同人群兼具共性与个性；生态文明建设不是一成不变的，在不同阶段需要与时俱进；生态文明内容相对抽象，教育方法需要因地制宜。复杂的背景要求我们把生态文明教育放在更为广阔的跨学科视野中去考察。因此，生态文明教育要在明确学科边界、理清职责分工的前提下，以问题为导向，强化开放意识，明晰开放思路，挖掘哲学、政治学、教育学、心理学、法学等学科生态文明内容，促进与化学、物理学、生物学、环境学等相关学科的生态融合，探索跨学科或学科交叉的生态文明研究范式，确立以实用为导向、以多元为取向的生态文明研究路径，以开放的理念不断推动生态文明教育向高而攀、向新而生、向远而行。

（五）生态文明教育秉持和践行共享发展理念

1. 生态文明教育彰显中国式现代化的价值底蕴

党的二十大报告中明确了中国式现代化是"人口规模巨大的现代化、全体人民共同富裕的现代化、物质文明和精神文明相协调的现代化、人与自然和谐共生的现代化、走和平发展道路的现代化"①，彰显着共享发展理念的深刻含义。生态文明教育秉持和践行共享发展理念，彰显着中国式现代化的价值底蕴。第一，党和国家把生态文明教育融入育人全过程，全体社会公民共同参与、共同建设、共同学习、共同进步，正是基于我国在960多万平方公里的土地上建设生态文明，需要动员起14亿人的磅礴伟力的现实要求。第二，生态文明是人类文明的新形态，是人类发展的全方位进步，在社会、家庭、学校有教无类地开展生态文明教育，是马克思主义人的全面发展的题中应有之义。第三，生态文明教育以文化人、以文育人，在落实生态文明建设的同时提升全体公民的生态素养，是物质文明和精神文明相协调发展的真实写照。第四，生态文明教育是生态文明建设的基础性、先导性工程，其理论、内涵、运行、制度无不体现着人与自然和谐共生的理念。第五，生态文明教育面向中国、造福世界，以互助交流形式向世界宣扬中国方案，是绿色高质量发展道路的光辉典范。

2. 生态文明教育契合社会主义核心价值观的本质追求

党的二十大报告指出："社会主义核心价值观是凝聚人心、汇聚民力的强大力量。"② 生态文明教育组织广大人民群众了解生态、学习生态、认识生态、参与生态，以人民力量建设生态文明，人民共同享有生态文明，

---

① 习近平：《高举中国特色社会主义伟大旗帜　为全面建设社会主义现代化国家而团结奋斗——在中国共产党第二十次全国代表大会上的报告》，人民出版社，2022，第22～23页。

② 习近平：《高举中国特色社会主义伟大旗帜　为全面建设社会主义现代化国家而团结奋斗——在中国共产党第二十次全国代表大会上的报告》，人民出版社，2022，第44页。

引导公民在建设美丽中国时以绿色发展建设富强中国、以生态共治建设民主中国、以生态文化建设文明中国、以生态理念建设和谐中国，彰显了社会主义核心价值观"富强、民主、文明、和谐"的价值取向。建设生态文明，社会发展是关键，通过在家庭、学校、社会领域全方位、立体化地开展生态文明教育，推动我国社会生态转型，使公民在生态文明社会中真正享有自由发展、平等共生、价值公正、文明法治，以实际行动实现我国经济社会高质量发展，彰显了社会主义核心价值观"自由、平等、公正、法治"的价值取向。生态文明是继工业文明后的人类文明新形态，是人类社会全方位的转型升级，生态文明教育通过对全社会的生态道德教育、生态法制教育、生态文化教育、生态技能教育等方式提升全体公民的生态属性，引导公民在建设生态文明中践行爱国主义、工匠精神、诚信经营、友善待人，这与马克思主义人的全面发展思想相契合，彰显了社会主义核心价值观"爱国、敬业、诚信、友善"的价值取向。

结　语

中国之治的最大优势是中国共产党的领导，中国之治取得历史性成就和变革的根本原因在于以习近平同志为核心的党中央掌舵领航。"新中国成立七十年来，我们党领导人民创造了世所罕见的经济快速发展奇迹和社会长期稳定奇迹，中华民族迎来了从站起来、富起来到强起来的伟大飞跃。"①"两大奇迹"，世所罕见，史所罕见。在以习近平同志为核心的党中央坚强领导下，中国之治的生态文明治理成效更是令人瞩目。回溯人类生态治理历史，在人类走向工业化、现代化的进程中，西方发达国家普遍走了一条"先污染、后治理"的道路，在创造巨大物质财富的同时加速了对自然资源的攫取和对生态环境的破坏，人与自然深层次矛盾日益凸显。党的十八大以来，以习近平同志为核心的党中央把生态文明建设作为关系中华民族永续发展的根本大计，从思想、法律、体制、组织、作风上全面发力，开展了一系列根本性、开创性、长远性的工作。习近平总书记以马克思主义生态哲学为基础，对中国传统生态智慧进行了创造性转化和创新性发展，形成了习近平生态文明思想。在习近平生态文明思想的指导下，我国生态文明建设和生态环境保护发生历史性、转折性、全局性变化，人与自然和谐共生的美丽中国正在从蓝图变为现实，中国式现代化厚植起绿色底色。从全球化视野来看，习近平生态文明思想是中国化时代化的马克思主义生态文明思想。近年来，在习近平生态文明思想引领下，中国的生态治理取得了举世瞩目的"中国奇迹"。随着全球生态危机加剧，"绿色发展"已成全球发展共识。习近平生态文明思想为建设美丽中国提供了根本遵循，也为建设美丽清洁新世界提供了"中国方案"。

---

① 《十九大以来重要文献选编》（中），中央文献出版社，2021，第270页。

本书正是着眼于中国之治的生态治理理论和实践视域，聚焦社会主义生态文明教育问题，明确指出了中国特色社会主义生态文明教育的指导思想和理论基础，系统梳理了新中国生态文明教育历史，并以问卷调查的研究方法审视我国生态文明教育的现状，总结经验，分析特色，指出问题，深层次分析问题困境背后的原因，对中国特色社会主义生态文明教育体系构建以及工作机制、实施模式、推进策略做出了全面系统的探讨。

一 中国之治视域下的中国特色社会主义生态文明教育必须坚持习近平生态文明思想

全面建设社会主义现代化国家、全面推进中华民族伟大复兴，科技是关键，人才是根本，教育是基础。教育兴则国家兴，教育强则国家强。我国教育全面进入高质量发展新阶段，迈上加快建设教育强国新征程，教育系统的前进动力更加强大、奋斗精神更加昂扬、必胜信念更加坚定。教育事业的中国特色更加鲜明，服务经济社会发展能力和国际影响力加快提升。生态文明教育是一项长期的系统工程，基本内容涵盖生态文明建设相关制度、生态思想理念、生态知识技能、生态伦理道德、生态法律法规等，为提升我国生态治理能力奠定基础和提供制度保障。美丽中国建设需要全体公民生态文明素养的提升，需要培育一代又一代具备生态文明素养的时代新人。

中国特色社会主义生态文明教育要毫不动摇地坚持以习近平生态文明思想为指导，切实将思想伟力转化为引领生态文明教育事业发展的实践伟力，把人与自然和谐共生作为建构中国特色社会主义生态文明教育理论框架与实践模式的核心理念，推动我国生态文明教育理论在实践中不断丰富成熟，统筹规划生态文明教育的目标、内容及实施路径，提高全民的生态文明素养，坚定走绿色、可持续、高质量发展之路，实现我国生态软实力持续增强，不断提升我国在全球生态环境治理体系中的话语权和影响力。

党的二十大报告系统总结了新时代我国生态文明建设取得的举世瞩目的重大成就、重大变革，对推动绿色发展、促进人与自然和谐共生做出重大决策部署。新征程上，全面贯彻落实党的二十大精神，坚定践行习近平生态文明思想，统筹产业结构调整、污染治理、生态保护、应对气候变化，协同推进降碳、减污、扩绿、增长，打好绿色发展组合拳，就能不断书写人与自然和谐共生的现代化新篇章。我国经济发展必须加大生态系统保护力度，打好污染防治攻坚战，让绿色成为高质量发展的底色和主打色，成为高质量发展的最大优势和最大品牌。尊重自然、顺应自然、保护自然、崇尚自然，是全面建设社会主义现代化国家的内在要求。深入学习贯彻习近平生态文明思想，让绿水青山就是金山银山、山水林田湖草沙是生命共同体、人与自然和谐共生等理念不断深入人心，广大人民群众节约资源和保护环境意识不断增强。

二　全面构建中国特色社会主义生态文明教育体系和工作体制机制

生态文明教育的发展状况决定着人们在生态文明建设中的角色认知与价值判断，进而决定着生态文明建设质量与进程。进入新时代，人们对生态环境的要求越来越高，"既要金山银山，又要绿水青山"，生态环境质量在人们幸福指数中的地位愈加凸显。要从根本上实现公民从传统被动的生态文明保护到积极的生态文明建设支持与生态保护自觉，离不开家庭、学校和社会的共同努力，本书以中国之治视域下中国特色社会主义生态文明教育为研究对象，指出社会主义生态文明教育既是培育公民生态文明素养、走向生态文明建设新时代的根本措施，又是提升中国之治的基础工程。在中国之治视域下构建"三位一体"中国特色社会主义生态文明教育理论范式与实践模式，系统深入地研究中国特色社会主义生态文明教育体制、机制、内容、路径等。生态文明教育有助于提高全民生态文明素质、弘扬社会主义生态文明新理念、坚持和完善生态文明制度体系、促进生态文明建设，进而从多方面实现中国之治。

生态文明建设是一场持久战，绝不是轻轻松松、敲锣打鼓就能实现的。生态环境问题既是发展方式和生活方式问题，也是人的思想认识和实践行为的问题。生态问题的复杂性决定了生态文明教育的复杂性，生态文明教育的对象是人，生态环境问题本质上是人的问题。每个人都是生态环境的受益者，也是生态环境的保护者、建设者。新时代新征程，唯有携手奋斗，汇聚起人民群众生态文明建设的磅礴力量，才能走出人与自然不和谐的泥淖与困境，建设人与自然和谐共生的现代化，共建人类更加美丽美好的家园。

构建中国特色社会主义生态文明教育理论，形成"加强生态文明教育⟷提高公民生态文明素养⟷促进生态文明建设⟷提升中国之治效能"的闭环效应。中国特色社会主义生态文明教育旨在提升我国公民整体生态文明素质，将绿色发展理念内化于心，外显于行，实现人的发展与生态优化的同构性，确保人的充分发展与生态系统改善的高度自觉，把绿色发展转化为新的国际竞争新优势，在全民行动中汇集成强大的生态文明建设合力，形成人与自然和谐发展的现代化建设新格局。要开展生态文明教育，推进绿色发展，共建美丽中国。生态文明教育可以增强人们的制度认同，提高全体公民参与美丽中国建设的层次与品位，不断增强人民群众的生态环境获得感、幸福感、安全感，为提升中国之治奠定坚实的人力资源基础。要推进我国生态文明教育制度化，确保公民参与美丽中国建设的规范化与有序性，努力建设人与自然和谐共生的美丽中国，绘出美丽中国的精彩画卷，为共建清洁美丽世界和全球可持续发展做出更大的贡献，促进生态文明建设更加出彩，进而提升中国之治的效能。

三　加强中国特色社会主义生态文明教育，推进人与自然和谐共生的中国式现代化

人与自然和谐共生的现代化是中国式现代化的中国特色之一。人与自然的问题，归根结底是人的问题。生态文明建设是关系中华民族永续发展的根本大计，要清醒认识保护生态环境、治理环境污染的紧迫性、艰巨性与重要性。人是生态文明建设的核心，美丽中国建设人人有责、人人共享，要增强人民群众生态文明建设的主体意识，开展生态环境危机教育。人是生态文明建设的主体和关键因素，新时代生态文明教育的核心问题在于人，特别是人的整体生态文明素质的提升。生态文明建设、美丽中国建设都需要加快建设教育强国，从而提供强有力的人才和智力支撑。习近平生态文明思想是建成美丽中国的根本遵循，美丽中国建设既要金山银山，又要绿水青山，需要一代又一代"生态人"接续奋斗。要通过加强中国特色社会主义生态文明教育培养生态文明建设"排头兵"，为美丽中国建设

提供人才支撑；加强生态文明建设，为我国绿色发展按下"快进键"，助推美丽中国建设驶入"快车道"。新时代美丽中国建设从理论到实践都发生了根本性、历史性变化，中华民族永续发展探索出了一条生产发展、生活富裕、生态良好的文明发展道路。中国特色社会主义生态文明教育推动习近平生态文明思想深入人心，培养对我国根本制度、基本制度、重要制度高度认同和自信的生态文明建设积极参与者，形成人与自然和谐共生的生态文明建设新格局。同时，讲好生态文明教育的中国故事，在国际舞台上传播中国生态文明教育创新实践经验，成为全球可持续发展教育的重要参与者、贡献者和引领者，不断提升作为全球生态文明建设重要参与者、贡献者、引领者的地位和作用，增强我国生态文明的软实力和在国际社会的竞争力。

四　加强中国特色社会主义生态文明教育，提升中国之治的国际话语权

中国共产党矢志中华民族伟大复兴，胸怀人类和平与发展崇高事业。中国政府秉持人类命运共同体理念，引领全球生态治理方向，积极参与全球生态环境和气候治理，推动国际社会共同建设清洁美丽的世界，已成为全球生态文明建设坚定的参与者、贡献者和引领者，持续增强我国在全球生态治理体系中的话语权和影响力，在推进全球生态治理体系和生态治理能力现代化中贡献中国智慧、中国经验、中国力量。

通过加强中国特色社会主义生态文明教育培育高素质生态文明建设者，助推建成美丽中国，实现我国生态环境治理现代化，以生态文明制度体系建设增强制度自信，为推进全球生态环境治理、构建人类命运共同体贡献中国力量，提供"中国之智"和"中国方案"，增进国际社会对中国道路的理解和认同，在世界文明交流互鉴中不断拓展中国式现代化的广度和深度，持续推动构建人类命运共同体，携手开创人类更加美好的未来，充分彰显了鲜明中国之治的强大制度优势和影响力，奋力书写新时代举世瞩目的生态文明史诗。进入新时代，我国生态文明教育将以更加开放自信的姿态主动地走向国际舞台，加强生态文明教育，教育引导全国人民更加自觉投身建设人与自然和谐共生现代化的伟大实践，为促进生态文明建

设、建成美丽中国、成就中国之治提供基础性、战略性支撑。中国式现代化正朝着建设富强民主文明和谐美丽的社会主义现代化强国迈进，中国共产党正团结带领全国各族人民奋力谱写新的赶考路上建成美丽中国、成就中国之治的出彩新篇章。

参考文献

一　重要文献

《马克思恩格斯选集》第 1~3 卷，人民出版社，2012。

《列宁全集》第 55 卷，人民出版社，2017。

《列宁全集》第 35 卷，人民出版社，2017。

《毛泽东选集》第 1~4 卷，人民出版社，1991。

《毛泽东文集》第 7 卷，人民出版社，1999。

《邓小平文选》第 1~2 卷，人民出版社，1994。

《邓小平文选》第 3 卷，人民出版社，1993。

《江泽民文选》第 1~3 卷，人民出版社，2006。

《胡锦涛文选》第 1~3 卷，人民出版社，2016。

《十三大以来重要文献选编》（下），中央文献出版社，1993。

《十六大以来重要文献选编》（上），中央文献出版社，2005。

《十六大以来重要文献选编》（中），中央文献出版社，2006。

《十七大以来重要文献选编》（上），中央文献出版社，2009。

《十七大以来重要文献选编》（中），中央文献出版社，2011。

《建党以来重要文献选编（1921~1949)》第 26 册，中央文献出版社，2011。

《十八大以来重要文献选编》（上），中央文献出版社，2014。

《十九大以来重要文献选编》（上），中央文献出版社，2019。

《十九大以来重要文献选编》（中），中央文献出版社，2021。

《全面建成小康社会重要文献选编》（上），人民出版社、新华出版社，2022。

《习近平谈治国理政》第 1 卷，外文出版社，2018。

《习近平谈治国理政》第 2 卷，外文出版社，2017。

《习近平谈治国理政》第 3 卷，外文出版社，2020。

《习近平谈治国理政》第 4 卷，外文出版社，2022。

《习近平著作选集》第 1~2 卷，人民出版社，2023。

习近平：《之江新语》，浙江人民出版社，2007。

《习近平关于社会主义生态文明建设论述摘编》，中央文献出版社，2017。

习近平：《思政课是落实立德树人根本任务的关键课程》，人民出版社，
　　2019。

习近平：《论坚持人与自然和谐共生》，中央文献出版社，2022。

《习近平生态文明思想学习纲要》，学习出版社、人民出版社，2022。

习近平：《高举中国特色社会主义伟大旗帜　为全面建设社会主义现代化
　　国家而团结奋斗——在中国共产党第二十次全国代表大会上的报告》，
　　人民出版社，2022。

习近平：《坚持、完善和发展中国特色社会主义国家制度与法律制度》，
　　《求是》2019 年第 23 期。

习近平：《中国共产党领导是中国特色社会主义最本质的特征》，《求是》
　　2020 年第 14 期。

习近平：《推动我国生态文明建设迈上新台阶》，《求是》2019 年第 3 期。

二　专著

本书编写组：《〈中共中央关于深化党和国家机构改革的决定〉〈深化党和
　　国家机构改革方案〉辅导读本》，人民出版社，2018。

本书编写组：《〈中共中央关于坚持和完善中国特色社会主义制度、推进国
　　家治理体系和治理能力现代化若干重大问题的决定〉辅导读本》，人
　　民出版社，2019。

本书编写组：《中国共产党第十九届中央委员会第四次全体会议文件汇
　　编》，人民出版社，2019。

陈红：《别尔嘉耶夫的人学思想研究》，黑龙江人民出版社，2009。

陈丽鸿、孙大勇：《中国生态文明教育理论与实践》，中央编译出版社，2009。

费孝通：《费孝通九十新语》，重庆出版社，2005。

冯友兰：《中国哲学史》，华东师范大学出版社，2011。

福州市委办公厅：《福州市 20 年经济社会发展战略设想》，福建美术出版社，1993。

高春花：《当代西方社会思潮述评》，人民日报出版社，2013。

国家环境保护局：《中国环境保护 21 世纪议程》，中国环境科学出版社，1995。

何爱平：《以生态文明看待发展》，科学出版社，2015。

郇庆治：《环境政治国际比较》，山东大学出版社，2007。

郇庆治：《环境政治学》，山东大学出版社，2007。

郇庆治：《重建现代文明的根基——生态社会主义研究》，北京大学出版社，2010。

郇庆治等：《绿色发展与生态文明建设》，湖南人民出版社，2013。

郇庆治等：《生态文明建设十讲》，商务印书馆，2014。

郇庆治：《当代西方生态资本主义理论》，北京大学出版社，2015。

郇庆治：《资本主义自然的限度：帝国式生活方式的理论阐释及其超越》，中国环境出版集团，2019。

郇庆治：《生态文明建设试点示范区实践的哲学研究》，中国林业出版社，2019。

郇庆治等：《绿色变革视角下的当代生态文化理论研究》，北京大学出版社，2019。

解保军：《生态学马克思主义名著导读》，哈尔滨工业大学出版社，2014。

李光禄等：《差别生态责任研究》，中国政法大学出版社，2016。

李君如：《社会主义和谐社会论》，人民出版社，2005。

李梁美：《走向社会主义生态文明新时代》，上海三联书店，2014。

李龙强：《生态文明建设的理论与实践创新研究》，中国社会科学出版社，2015。

李晓菊：《环境道德教育研究》，同济大学出版社，2008。

陕西人民出版社编撰《梁家河》，陕西人民出版社，2018。

谭培文、陈新夏、吕世荣：《马克思主义经典著作选编与导读》，人民出版社，2005。

唐代兴：《生态理性哲学导论》，北京大学出版社，2005。

王雨辰：《生态批判与绿色乌托邦》，人民出版社，2009。

杜昌建、杨彩菊：《中国生态文明教育研究》，中国社会科学出版社，2018。

龙睿赟：《中国特色社会主义生态文明思想研究》，中国社会科学出版社，2017。

叶冬娜：《中国特色社会主义生态文明建设研究》，人民出版社，2022。

鲁洁：《道德教育的当代论域》，人民出版社，2005。

王志刚等：《中国油气产业发展分析与展望报告蓝皮书（2021～2022)》，中国石化出版社，2022。

吴林富：《教育生态管理》，天津教育出版社，2006。

吴苑华：《生存生态学：马克思主义学说新解读》，天津人民出版社，2014。

余维海：《生态危机的困境与消解》，中国社会科学出版社，2012。

袁振国：《中国教育政策评论》，教育科学出版社，2010。

张双喜：《思想政治教育哲学导论》，广东高等教育出版社，2005。

张孝德：《文明的轮回》，中国社会出版社，2012。

张耀灿等：《思想政治教育学前沿》，人民出版社，2006。

张耀灿等：《现代思想政治教育学》，人民出版社，2006。

周鑫：《西方生态现代化理论与当代中国生态文明建设》，光明日报出版社，2012。

卢风：《生态文明与美丽中国》，北京师范大学出版社，2018。

王春益：《生态文明与美丽中国梦》，社会科学文献出版社，2014。

贾治邦：《论生态文明》，中国林业出版社，2014。

戴圣鹏：《人与自然和谐共生的生态文明》，社会科学文献出版社，2022。

高红贵：《生态文明教育》，中国环境出版社，2022。

叶峻、李梁美：《社会生态学与生态文明论》，上海三联书店，2016。

〔加〕本·阿格尔：《西方马克思主义概论》，慎之等译，中国人民大学出版社，1991。

〔美〕大卫·雷·格里芬：《后现代精神》，王成兵译，中央编译出版社，1998。

〔美〕迈克·波特、〔美〕诺曼·迈尔斯：《最终的安全：政治稳定的环境基础》，王正平等译，上海译文出版社，2001。

〔法〕塞尔日·莫斯科维奇：《还自然之魅：对生态运动的思考》，庄晨燕等译，生活·读书·新知三联书店，2005。

〔美〕丹尼尔·A. 科尔曼：《生态政治：建设一个绿色社会》，梅俊杰译. 上海译文出版社，2006。

〔加〕威廉·莱易斯：《自然的控制》，岳长岭、李建华译，重庆出版社，2007。

〔美〕理查德·瑞吉斯特：《生态城市：重建与自然平衡的城市》，王如松等译，社会科学文献出版社，2010。

〔美〕梅多斯、〔美〕兰德斯、〔美〕梅多斯：《增长的极限》，机械工业出版社，2013。

〔英〕克莱夫·庞廷：《绿色世界史：环境与伟大文明的衰落》，王毅译，中国政法大学出版社，2015。

〔英〕乔纳森·休斯：《生态与历史唯物主义》，张晓琼、侯晓滨译，江苏人民出版社，2011。

〔英〕杰里米·里夫金：《零碳社会：生态文明的崛起和全球绿色新政》，赛迪研究院专家组译，中信出版集团，2020。

〔英〕安德烈·克莱威尔、詹姆斯·阿伦森：《生态修复——新兴行业的原则、价值和结构》，姜芊孜等译，中国城市出版社，2022。

〔美〕蕾切尔·卡森：《寂静的春天》，吕瑞兰等译，上海译文出版社，2015。

三 期刊论文

白刚：《马克思的"自由三部曲"》，《山东社会科学》2018 年第 2 期。

陈红：《马克思主义理论的当代价值——访俄罗斯新马克思主义流派代表人物布兹加林》，《马克思主义理论学科研究》2016 年第 4 期。

陈红、孙雯：《生态人：人的全面发展的当代阐释》，《哈尔滨工业大学学报》（社会科学版）2019 年第 6 期。

陈艳：《论高校生态文明教育》，《思想理论教育导刊》2013 年第 4 期。

程广丽：《新时代中国特色社会主义生态文明：逻辑起点、理论实质与重要意义》，《思想理论教育导刊》2019 年第 1 期。

初丹：《大学生生态文明观现状及对策研究》，《黑龙江高教研究》2015 年第 1 期。

邓亦林等：《论"中国之治"的历史逻辑、理论逻辑和实践逻辑》，《新疆师范大学学报》（哲学社会科学版）2020 年第 2 期。

杜昌建：《论构建我国生态文明教育机制的三个维度》，《沈阳师范大学学报》（社会科学版）2018 年第 5 期。

杜昌建：《习近平生态文明思想研究述评》，《北京交通大学学报》（社会科学版）2018 年第 1 期。

方世南：《论人与自然和谐共生的现代化的真善美意蕴》，《学术探索》2023 年第 1 期。

冯刚、王莹：《习近平总书记敢于时代新人重要论述的基本内涵与时代特征》，《湖南大学学报》（社会科学版）2021 年第 1 期。

高勇、吴莹：《"强国"与"新民"：中国情境中的国家－社会议题》，《甘肃行政学院学报》2014 年第 1 期。

顾钰民：《论生态文明制度建设》，《福建论坛》（人文社会科学版）2013 年第 6 期。

海明月、郇庆治：《马克思主义生态学视域下的生态产品及其价值实现》，《马克思主义与现实》2022 年第 3 期。

郝栋：《新时代中国特色社会主义生态文明建设的重要顶层设计》，《中国党政干部论坛》2018 年第 4 期。

胡长生：《习近平新时代"两山论"的思想内涵——学习〈习近平新时代中国特色社会主义思想三十讲〉体会》，《中共天津市委党校学报》2018 年第 5 期。

郇庆治、陈艺文：《马克思主义生态学构建的三大进路：学术文献史视角》，《当代国外马克思主义评论》2020 年第 4 期。

郇庆治：《改革开放和社会主义现代化建设新时期党的生态文明建设历史考察》，《理论与评论》2022 年第 5 期。

郇庆治：《开辟马克思主义人与自然关系理论新境界》，《理论导报》2022 年第 7 期。

郇庆治、刘力：《社会主义生态文明视域下的消费经济、消费主义与消费社会》，《南京工业大学学报》（社会科学版）2020年第1期。

郇庆治：《绿色转型战略需要更明确的路径选择》，《人民论坛》2016年第11期。

郇庆治：《论我国生态文明建设中的制度创新》，《学习论坛》2013年第8期。

郇庆治：《论习近平生态文明思想的马克思主义生态学基础》，《武汉大学学报》（哲学社会科学版）2022年第4期。

郇庆治：《论习近平生态文明思想的世界意义与贡献》，《国外社会科学》2022年第2期。

郇庆治：《生态文明建设政治学：政治哲学视角》，《江海学刊》2022年第4期。

郇庆治：《习近平生态文明思想的科学体系研究：一种分析框架》，《福建师范大学学报》（哲学社会科学版）2022年第6期。

郇庆治：《习近平生态文明思想的理论与实践意义》，《马克思主义理论学科研究》2022年第3期。

郇庆治：《以更高理论自觉推进全面建设人与自然和谐共生现代化国家》，《中州学刊》2023年第1期。

黄承梁：《从统治自然的探索走向人与自然和谐共生的哲学—论中国马克思主义生态学的构建》，《马克思主义研究》2023年第3期。

黄承梁：《生态文明与现代大学的教育使命》，《中国高等教育》2014年第2期。

黄承梁：《走进社会主义生态文明新时代》，《红旗文稿》2018年第3期。

李大健：《夯实少数民族地区建设生态文明的思想基础》，《新疆大学学报》（哲学·人文社会科学版）2018年第2期。

李宏伟：《推进人与自然和谐共生现代化的三重维度》，《城市与环境研究》2023年第1期。

李龙强：《公民环境治理主体意识的培育和提升》，《中国特色社会主义研究》2017年第4期。

李全喜：《全球生态治理视域下习近平生态文明思想的重要贡献》，《学习与实践》2022年第5期。

李嵩誉：《生态优先理念下的环境法治体系完善》，《中州学刊》2017 年第 4 期。

李忠友、穆艳杰：《"生态人"的发展定位及其当代价值——基于马克思主义人的全面发展理论的视角》，《理论导刊》2016 年第 6 期。

刘芳：《当代大学生生态文明观教育研究》，《河南社会科学》2014 年第 5 期。

刘伟、周锦丽：《新时代中国之治的战略思维：理论内涵与实践启示》，《社会主义研究》2022 年第 2 期。

刘燕：《以人民为中心的绿色方略：习近平新时代中国特色社会主义思想的继承与超越》，《生态经济》2018 年第 8 期。

刘振清：《美丽中国视域下大学生生态文明教育探析》，《黑龙江高教研究》2014 年第 9 期。

柳思思：《欧洲生态学校：理论、政策与实践创新》，《比较教育研究》2019 年第 7 期。

陆雪飞、潘加军：《澄明与辨正：生态文明自然观的理论出场》，《学术论坛》2017 年第 4 期。

罗靖：《生态素养培育的社会联动机制》，《理论与改革》2016 年第 4 期。

骆郁廷：《中国共产党"思想先行"的历史经验及其现实价值》，《马克思主义研究》2021 年第 9 期。

马丽、尧凡：《党政领导干部环境责任追究的机制演变与逻辑阐释——兼论政党对公共行政的调节》，《当代世界与社会主义》2021 年第 2 期。

牛庆燕：《伦理世界"预定的和谐"与生态文明》，《学术论坛》2015 年第 10 期。

沈国明、刘华：《地方法制化建设和地方立法》，《毛泽东邓小平理论研究》2005 年第 4 期。

孙芬、曹杰：《论中国生态制度建设的现实必要性和基本思路》，《学习与探索》2011 年第 6 期。

孙芙蓉：《健康课堂生态系统研究刍论》，《教育研究》2012 年第 12 期。

孙琳琼、彭肖建：《生态价值观与高校思想政治教育——生态学马克思主义理论对高校思想政治教育的启示》，《长白学刊》2015 年第 4 期。

孙晓艳、李爱华：《马克思生态教育思想与中国当代生态文明观教育》，《教育探索》2016 年第 2 期。

万俊人等：《生态文明与"美丽中国"笔谈》，《中国社会科学》2013 年第5 期。

王宁：《传统生态文明与当代教育的价值选择》，《东北师大学报》（哲学社会科学版）2015 年第 4 期。

王睿：《"五个统一"：新时代中国生态文明建设的新意境》，《探索》2018 年第 4 期。

王晓为、王尧：《生态人格的养成：大学生伦理道德培育的新维度》，《思想政治教育研究》2018 年第 5 期。

王雨辰：《人类命运共同体与全球环境治理的中国方案》，《中国人民大学学报》2018 年第 4 期。

王雨辰：《生态学马克思主义的探索与中国生态文明理论研究》，《鄱阳湖学刊》2018 年第 4 期。

王雨辰、汪希贤：《论习近平生态文明思想的内在逻辑及当代价值》，《长白学刊》2018 年第 6 期。

温远光：《世界生态教育趋势与中国生态教育理念》，《高教论坛》2004 年第 2 期。

吴金锋：《当代学生生态文明观教育论析》，《教学与管理》2018 年第 3 期。

辛鸣：《中国之治的制度逻辑》，《理论导报》2018 年第 11 期。

邢永富：《世界教育的生态化趋势与中国教育的战略选择》，《北京师范大学学报》（社会科学版）1997 年第 4 期。

徐水华、陈璇：《习近平生态思想的多维解读》，《求实》2014 年第 11 期。

徐艳玲、陈明琨：《人类命运共同体的多重建构》，《毛泽东邓小平理论研究》2016 年第 7 期。

杨慧民等：《人与自然和谐共生的现代化走向世界的叙事逻辑》，《思想教育研究》2023 年第 10 期。

杨开忠：《习近平生态文明实践模式》，《城市与环境研究》2021 年第 1 期。

杨开忠：《中国式生态文明建设道路》，《城市与环境研究》2022 年第 4 期。

杨宜勇：《生态文明与人类命运共同体建设的理论与实践》，《人民论坛》

2018 年第 30 期。

叶娟丽、范晨岩：《中国之治概念考》，《探索》2020 年第 1 期。

于江丽：《生态教育：学校教育新使命》，《思想政治课教学》2017 年第 11 期。

余谋昌：《论生态安全的概念及其主要特点》，《清华大学学报》（哲学社会科学版）2004 年第 2 期。

余卫国：《儒家生态伦理思想的核心价值和出场路径》，《西南民族大学学报》（人文社会科学版）2014 年第 2 期。

袁东：《美国教育体系中的环境教育》，《深圳大学学报》（人文社会科学版）2014 年第 4 期。

张雷声：《科学把握马克思主义中国化时代化》，《教学与研究》2023 年第 1 期。

张新平、刘栋：《"世界之乱"与"中国之治"的原因探析及启示》，《思想理论教育导刊》2018 年第 10 期。

张云飞等：《建设人与自然和谐共生现代化的价值抉择》，《东南学术》2022 年第 4 期。

张云飞等：《建设人与自然和谐共生现代化的系统抉择》，《西南大学学报》（社会科学版）2021 年第 11 期。

张云飞：《建设人与自然和谐共生现代化的创新抉择》，《思想理论教育导刊》2021 年第 5 期。

张蕴：《如何践行社会主义生态文明观》，《人民论坛》2018 年第 6 期。

赵振华：《走向社会主义生态文明新时代——学习习近平总书记关于生态文明建设的重要论述》，《学习论坛》2015 年第 2 期。

朱冬香：《全方位把握社会主义生态文明观》，《人民论坛》2019 年第 24 期。

四 报纸文章

本报评论部：《这是人与自然和谐共生的现代化》，《人民日报》2022 年 11 月 9 日。

龚昌菊、庞昌伟：《值得借鉴的国际生态文明制度》，《光明日报》2014 年

1月9日。

于文秀：《生态文明有赖于生态教育》，《光明日报》2015年12月16日。

张文凤：《"绿色"发展指引中华民族永续发展》，《中国社会科学报》2020
年8月6日。

人民日报评论员：《增强全民生态环境保护的思想自觉和行动自觉—写在
首个全国生态日》，《人民日报》2023年8月15日。

赵永平等：《努力建设人与自然和谐共生的现代化—习近平总书记引领生
态文明建设纪实》，《人民日报》2023年7月17日。

李文堂：《站在人与自然和谐共生的高度谋划发展》，《光明日报》2023年
10月28日。

孙金龙等：《新时代新征程建设人与自然和谐共生现代化的根本遵循》，
《人民日报》2023年8月1日。

张云飞：《建构中国自主的生态文明知识体系》，《人民日报》2022年7月
18日。

五　外文文献

Bronfenbrenner, U. *The Ecology of Human Development*: *Experiences by Nature and Design*, Harvard University Press, 1979.

Löwy Michael, *Ecosocialism*: *A Radical Alternative to Capitalist Catastrophe*, Haymarket Books, 2015.

附录一　中国之治视域下社会主义生态文明教育研究调查问卷

亲爱的朋友：

您好！

请您仔细阅读题目，再根据您对题目叙述的认识逐题填写。本问卷所得结果只做团体性分析，不做任何个别情况呈现。请您结合自身实际情况认真填写问卷。

谢谢！

一、基本信息

1. 您的性别：

A. 男　　　　　B. 女

2. 您的职业：

A. 公务员　　　B. 企业家　　　C. 农民　　　D. 教师

E. 学生　　　　F. 其他

3. 您的学历：

A. 高中及以下　B. 专科　　　　C. 本科　　　D. 研究生

4. 您的年龄：

A. 18 岁以下　B. 18～44 岁　C. 45～59 岁　D. 60 岁及以上

5. 您的居住地：

A. 大城市　　　B. 中小城市　　C. 城镇　　　D. 乡村

二、问题部分

1. 全国统一生态环境保护举报热线（　　　）

A. 12369　　　B. 12315　　　C. 12386　　　D. 不清楚

2. 6 月 5 日是（　　　）

　A. 世界环境日　B. 世界地球日　C. 世界节水日　D. 世界能源日

3. 您认为自己的生态素养（　　　）

　A. 很高　　　　　B. 较高　　　　　C. 一般　　　　　D. 较低

4. 您是否认同，"人类是世界的主宰，可以以牺牲环境为代价来满足人的自身发展"（　　　）

　A. 非常认同　　B. 不太认同　　C. 不认同　　　　D. 不关心

5. 您认为我国公民生态素养整体水平（　　　）

　A. 普遍较高　　B. 一般　　　　C. 普遍较低　　D. 普遍缺失

　E. 不关心

6. 认为生态素养亟须提高的社会群体依次是（　　　）［多选题］

　A. 公务员　　　B. 农民　　　　C. 企业家　　　D. 学生

　E. 教师　　　　F. 其他群体

7. 您认为生态文明教育的最大障碍是（　　　）

　A. "人定胜天"思想影响　　　B. "应试教育"误导

　C. 家庭"生态启蒙"缺失　　　D. 师资队伍薄弱

8. 您认为人与自然界之间的关系是？（　　　）

　A. 人与自然和谐共生　　　　B. 自然界是人的生存空间

　C. 自然界是人获取物质的对象　D. 自然界是人征服和改造的对象

9. 您是否接受"为了经济发展，可以接受环境污染"？（　　　）

　A. 非常认同　　　　　　　　B. 可以接受

　C. 部分认同　　　　　　　　D. 不认同

10. 您或者您的孩子在上学期间是否接受过生态文明教育？（　　　）

　A. 接受过系统的生态文明教育　B. 有专门的生态文明课程

　C. 有但分属于各门课程中　　　D. 几乎没有　E. 参加过课外活动

11. 您认为学校是否应该开展系统的生态文明教育？（　　　）

　A. 非常需要　　　　　　　　B. 可以开展，控制规模

　C. 不应开展，耽误学习　　　D. 无所谓

12. 您或您的家人在学校中的生态文明教育中的关联性是否密切？（　　　）

　A. 十分密切　　B. 各说各话　　C. 缺乏实践　　D. 没听说过

13. 您或您的家人在日常生活中在言行上是否注意遵循"勤俭节约""绿色环保"等生态文明理念?（   ）

    A. 非常遵循   B. 没有注意   C. 偶尔为之   D. 从不在乎

14. 您或您的家人是否有意识、计划地对后代开展生态文明教育?（   ）

    A. 日常开展   B. 有意识，但没有计划

    C. 有意识，但自己不懂   D. 没有开展

15. 您或您的家人通常对后代开展哪方面的生态文明教育?

    A. 生态知识   B. 生态行为   C. 生态意识   D. 生态道德

    E. 基本没有

16. 您或您的家人是否参加过社会组织的生态文明活动?（   ）

    A. 经常参加   B. 偶尔参加

    C. 想参加，没有渠道   D. 从不关心

17. 如果组织生态文明相关活动，您是否愿意和您的家人一同参加?（   ）

    A. 非常愿意   B. 根据活动时间决定

    C. 无所谓   D. 不愿意

18. 您认为影响生态文明教育发展的主要因素是（   ）

    A. 政府导向   B. 社会引领   C. 家庭熏陶   D. 个人自觉

    E. 不清楚   F. 其他＿＿＿＿＿＿＿＿

19. 您认为当前生态文明教育存在的最大弊端是什么?（   ）

    A. 轻视实践   B. 缺乏系统   C. 参与度低   D. 宣传不足

20. 您参加或听说过的生态文明教育相关活动由哪个群体举办?（   ）

    A. 政府单位   B. 社会组织   C. 学校   D. 社区、村委

    E. 不知道

21. 开展生态文明教育，您认为哪个领域最为关键?（   ）

    A. 政府   B. 学校   C. 社会/社区   D. 家庭

    E. 个人   F 其他＿＿＿＿＿＿＿＿

22. 您认为生态文明教育与生态文明建设的关系（   ）

    A. 决定关系   B. 相辅相成   C. 相关性不大   D. 没有关系

    E. 不了解

23. 您认为开展生态文明教育有效途径是（   ）［多选题］

A. 课堂教育   B. 网络宣传   C. 生态实践   D. 家庭教育

E. 个人自学

24. 请问您对发展生态文明教育有什么建议？［填空题］

_____

附录二 中国之治视域下中国特色社会主义
生态文明教育研究调查问卷
效度分析结果

名称	多选题选项	因子载荷系数								共同度（公因子方差）
		因子 1	因子 2	因子 3	因子 4	因子 5	因子 6	因子 7	因子 8	
性别	–	– 0.05	0.024	0.035	– 0.23	– 0.05	0.877	– 0.04	0.212	0.874
职业	–	– 0.02	0.13	0.066	0.128	0.857	0.169	0.182	0.079	0.841
学历	–	0.119	– 0.04	0.075	– 0.52	0	– 0.07	– 0.77	0.056	0.892
年龄	–	0.141	0.034	– 0.23	0.417	0.661	– 0.4	– 0.05	– 0.14	0.871
居住地	–	0.213	0.11	– 0.09	– 0.11	– 0.17	– 0.04	– 0.84	– 0.14	0.825
全国统一生态环境保护举报热线	–	0.768	0.219	– 0.34	0.175	– 0.13	– 0.18	0.075	0.077	0.847
6 月 5 日是	–	– 0.76	0.408	0.041	– 0.24	– 0.03	– 0.04	0.212	– 0.06	0.846
您认为自己的生态素养	–	0.159	– 0.37	– 0.38	0.223	0.224	0.657	0.166	– 0.02	0.863
您是否认同，"人类是世界的主宰，可以以牺牲环境为代价来满足人的自身发展"	–	0.844	– 0.03	– 0.01	0.213	0.153	0.006	– 0.19	0.17	0.846
您认为我国公民生态素养整体水平	–	0.056	– 0.01	0.05	– 0.03	– 0.04	0.016	0.02	0.821	0.682

续表

名称	多选题选项	因子载荷系数								共同度（公因子方差）
		因子1	因子2	因子3	因子4	因子5	因子6	因子7	因子8	
您认为生态素养亟须提高的社会群体依次是	A	0.076	0.03	−0.01	−0.14	0.024	0.152	0.119	0.721	0.584
	B	−0.02	0.032	0.639	0.147	−0.38	−0.13	0.446	0.089	0.797
	C	0.738	0.142	0.176	0.006	−0.15	0.068	0.347	0.007	0.744
	D	0.446	0.233	0.299	0.221	0.229	−0.01	0.569	0.15	0.79
	E	0.02	0.006	0.387	0.594	0.504	−0.22	0.217	−0.12	0.868
	F	0.378	−0.43	0.088	0.37	0.229	0.003	0.438	0.16	0.742
您认为生态文明教育的最大障碍是	−	0.249	0.026	0.023	0.853	0.014	0.071	0.054	0.112	0.812
您认为人与自然界之间的关系是	−	−0.27	−0.25	−0.73	−0.13	−0.25	−0.1	0.013	−0.14	0.776
您是否接受"为了经济发展，可以接受环境污染"	−	−0.8	−0.01	0	−0.18	−0.2	−0.03	0.225	0.002	0.764
您或者您的孩子在上学期间是否接受过生态文明教育	−	0.776	−0.03	0.335	0.25	−0.04	−0.04	0.049	−0.18	0.814
您认为学校是否应该开展系统的生态文明教育	−	0.085	0.061	0.007	−0.53	0.072	0.454	0.35	0.112	0.639
您或您的家人在学校中的生态文明教育中的关联性是否密切	−	0.768	−0.01	0.328	0.108	−0.01	0.055	0.146	−0.2	0.772

名称	多选题选项	因子载荷系数								共同度（公因子方差）
		因子1	因子2	因子3	因子4	因子5	因子6	因子7	因子8	
您或您的家人在日常生活中在言行上是否注意遵循"勤俭节约""绿色环保"等生态文明理念	–	0.169	0.805	0.017	0.036	0.176	−0.03	−0.01	0.032	0.71
您或您的家人是否有意识、计划地对后代开展生态文明教育	–	0.177	0.036	0.284	0.8	−0.13	−0.02	0.221	0.021	0.821
您或您的家人通常对后代开展哪方面的生态文明教育	–	0.117	0.04	0.349	0.683	0.457	−0.22	0.188	−0.1	0.906
您或您的家人是否参加过社会组织的生态文明活动	–	0.019	0.04	0.631	0.434	−0.11	−0.21	0.378	0.027	0.787
如果组织生态文明相关活动，您是否原因和您的家人一同参加	–	0.353	−0.01	0.132	0.618	0.161	−0.21	0.136	0.082	0.62
您认为影响生态文明教育发展的主要因素是	–	0.762	0.012	0.342	0.419	−0.05	−0.14	−0.05	−0.06	0.902

名称	多选题选项	因子载荷系数								共同度（公因子方差）
		因子1	因子2	因子3	因子4	因子5	因子6	因子7	因子8	
您认为当前生态文明教育存在的最大弊端是什么	–	0.233	– 0.03	0.035	0.92	0.043	0.023	0.022	– 0.15	0.93
您参加或听说过的生态文明教育相关活动由哪个群体举办	–	0.404	– 0.12	0.2	0.798	0.277	– 0.03	0.015	– 0.08	0.938
开展生态文明教育，您认为哪个领域最为关键	–	0.776	0.086	– 0.03	0.146	0.142	0.1	– 0.11	0.209	0.717
您认为生态文明教育与生态文明建设的关系	–	0.625	0.34	– 0.02	0.101	– 0.15	0.356	0.124	0.181	0.714
您认为开展生态文明教育的有效途径是	A	0.235	– 0.04	0.035	0.922	0.045	0.023	0.015	– 0.14	0.929
	B	– 0.28	– 0.2	– 0.3	– 0.27	0.17	– 0.41	0.188	0.24	0.567
	C	– 0.02	– 0.02	0.079	0.803	0.113	– 0.05	0.38	0.033	0.813
	D	0.1	0.083	0.199	0.828	0.262	0.055	0.134	0.01	0.832
	E	0.154	0.014	0.033	0.794	– 0.04	– 0.02	– 0.03	– 0.08	0.665
特征根值（旋转前）	–	5.11	1.298	3.297	13.5	2.037	1.72	2.66	1.488	–
方差解释率%（旋转前）	–	0.131	0.0333	0.0845	0.3462	0.0522	0.0441	0.0682	0.0382	–
累积方差解释率%（旋转前）	–	0.4772	0.7977	0.5617	0.3462	0.6822	0.7263	0.63	0.7644	–
特征根值（旋转后）	–	7.222	1.609	3.455	9.154	2.567	2.285	3.071	1.748	

续表

名称	多选题选项	因子载荷系数								共同度（公因子方差）
		因子1	因子2	因子3	因子4	因子5	因子6	因子7	因子8	
方差解释率%（旋转后）	–	0.1852	0.0413	0.0886	0.2347	0.0658	0.0586	0.0788	0.0448	–
累积方差解释率%（旋转后）	–	0.4199	0.7977	0.5085	0.2347	0.653	0.7116	0.5872	0.7565	–
KMO值	–	0.879								–
巴特球形值	–	72575.75								–
df	–	741								–
p值	–	0								–

图书在版编目（CIP）数据

中国特色社会主义生态文明教育研究 / 蒋笃君，蒋
晓龙著. -- 北京：社会科学文献出版社，2023.12（2024.12 重
印）

ISBN 978 - 7 - 5228 - 3017 - 9

Ⅰ. ①中…　Ⅱ. ①蒋…　②蒋…　Ⅲ. ①中国特色社会
主义 - 生态环境 - 环境教育 - 研究　Ⅳ. ①X321.2

中国国家版本馆 CIP 数据核字（2023）第 241071 号

中国特色社会主义生态文明教育研究

著　　者 / 蒋笃君　蒋晓龙

出 版 人 / 冀祥德
组稿编辑 / 曹义恒
责任编辑 / 吕霞云
文稿编辑 / 茹佳宁
责任印制 / 王京美

出　　版 / 社会科学文献出版社·马克思主义分社（010）59367126
　　　　　地址：北京市北三环中路甲 29 号院华龙大厦　邮编：100029
　　　　　网址：www.ssap.com.cn
发　　行 / 社会科学文献出版社（010）59367028
印　　装 / 唐山玺诚印务有限公司

规　　格 / 开本：787mm × 1092mm　1/16
　　　　　印张：17.75　字数：281 千字
版　　次 / 2023 年 12 月第 1 版　2024 年 12 月第 2 次印刷
书　　号 / ISBN 978 - 7 - 5228 - 3017 - 9
定　　价 / 118.00 元

读者服务电话：4008918866